Alexander Akhmerov
Alexander Tyurin

Podstawowa matematyka wyższa Algebra liniowa

Alexander Akhmerov
Alexander Tyurin

Podstawowa matematyka wyższa
Algebra liniowa

i Geometria analityczna P.I.

Wydawnictwo Bezkresy Wiedzy

Imprint
Any brand names and product names mentioned in this book are subject to trademark, brand or patent protection and are trademarks or registered trademarks of their respective holders. The use of brand names, product names, common names, trade names, product descriptions etc. even without a particular marking in this work is in no way to be construed to mean that such names may be regarded as unrestricted in respect of trademark and brand protection legislation and could thus be used by anyone.

Cover image: www.ingimage.com

This book is a translation from the original published under ISBN 978-620-2-06066-0.

Publisher:
Wydawnictwo Bezkresy Wiedzy
is a trademark of
Dodo Books Indian Ocean Ltd., member of the OmniScriptum S.R.L Publishing group
str. A.Russo 15, of. 61, Chisinau-2068, Republic of Moldova Europe
Printed at: see last page
ISBN: 978-620-0-54330-1

MINISTERSTWO EDUKACJI I NAUKI UKRAINY
ODESSA NATIONAL UNIVERSITY PO I. I. MECHNIKOV
EDUKACYJNY INSTYTUT NAUKOWY INNOWACJI I TECHNOLOGII SPOŁECZNYCH
INSTYTUT BADAWCZY FIZYKI

A. V. TYURYN, A. Yu. AKHMEROV

PODSTAWOWA MATEMATYKA WYŻSZA

CZĘŚĆ 1

ALGEBRA LINIOWA I GEOMETRIA ANALITYCZNA

ODESSA
ONU
2017

Podręcznik jest rekomendowany do publikacji przez Akademicką Radę Oświatowo-Naukową Instytutu Innowacji i Technologii Społecznej Mechnikowskiego Uniwersytetu Narodowego po I.I.Mechnikowie. Proc. Nr 3 od 22 listopada 2016 roku.

Recenzenci:

Aleksander Głuszkow, doktor nauk fizycznych i matematycznych, profesor, kierownik katedry matematyki wyższej i stosowanej Odesskiego Państwowego Uniwersytetu Ochrony Środowiska.

Alexander Gokhman, doktor nauk fizycznych i matematycznych, profesor, kierownik katedry fizyki i matematyki Południowo Ukraińskiego Narodowego Uniwersytetu Pedagogicznego imienia K. D. Uszyńskiego.

Vladimir Kovalchuk, doktor nauk fizycznych i matematycznych, profesor, dyrektor Odesskiego Kolegium Technologii Komputerowych na Odesskim Państwowym Uniwersytecie Środowiska.

Tyuryn A.

T985 Podstawy wyższej matematyki. Część 1. Algebra liniowa i geometria analityczna: Podręcznik / A. V. Tyirin, A.Yu. Akhmerov - Odessa : Odessa National Unsversity po I. I. Mechnikov, 2017. - – 257 p.

JESTBN 978-617-689-

Cechą danego podręcznika jest ujednolicone metodyczne podejście do wyjaśniania kierunku matematyki wyższej w przyszłości. Wyjaśnieniu teoretycznego `materiału towarzyszy ilustracja i rozwiązanie typowych zadań. W celu konsolidacji materiału oferujemy praktyczne zadania do samodzielnej pracy.

Podręcznik przeznaczony jest dla studentów uczelni wyższych, którzy studiują informatykę i dążą do szybkiego przyswojenia przebiegu algebry liniowej i geometrii analitycznej, której objętość przypomina uniwersytecką.

ISBN 978-617-689-

SPIS TREŚCI

WPROWADZENIE

Nowoczesny poziom rozwoju nauki powoduje, że coraz więcej specjalności, które przedtem miały charakter aplikacyjny (techniczny), jest włączanych do sfery kształcenia uniwersyteckiego. Przede wszystkim do takich specjalności powinniśmy odwoływać się do specjalności z zakresu informatyki. Cechy kształcenia studentów na tych specjalnościach na uniwersytecie generują potrzebę przyspieszonego studiowania kierunku matematyki wyższej, którego objętość zbliża się do kierunku uniwersyteckiego. Takim wyzwaniem jest niniejszy podręcznik do zagadnień matematyki wyższej, przeznaczony dla studentów uczelni specjalizujących się w informatyce. Czytelnik znajdzie tu wiele doskonale opracowanych stron, ponieważ przebieg matematyki ogólnej nie może być pracą oryginalną. Powodem tego jest fakt, że kurs odbywa się przy pierwszym kontakcie z nową wiedzą i jest przeznaczony dla osób, które ukończyły edukację szkolną i posiadają jedynie zasady podstawowej wiedzy matematycznej. Cechą charakterystyczną danego podręcznika jest również jednolite podejście metodyczne do stwierdzenia całego kursu matematyki wyższej, polegające na tym, że podstawowe pojęcia matematyczne wynikają z pojęć ogólnych oraz z pojęć logicznych z następującym rozkładem materiału. Kurs jest podzielony na pięć książek.

Książka 1 zawiera niektóre pojęcia logiczne, podstawowe pojęcia dotyczące zbiorów i operacji na nich (połączenie, przecięcie, różnica, iloczyn), a także podstawowe pojęcia matematyczne, a mianowicie: pojęcie funkcji lub mapowania; pojęcie n - wymiarowej przestrzeni arytmetycznej.

Książka 2 jest poświęcona algebrze liniowej. Z fundamentalnej koncepcji mapowania wprowadzane są pojęcia praw wewnętrznych i zewnętrznych składu. Warunki, w których działanie tych praw na zbiorze przekształca je w grupy, pierścienie, pola i przestrzenie wektorowe są rozważane. Badane są: pole liczb złożonych; pierścień wielomianów; przestrzeń wektorowa wielomianów; przestrzeń wektorowa wolnych wektorów w przestrzeni geometrycznej; wektory w n - przestrzeni arytmetycznej wymiaru. Pojęcia macierzy, wyznaczników i układu równań liniowych wynikają z koncepcji przestrzeni wektorowej i liniowego mapowania jednej przestrzeni wektorowej na drugą. W osobnym rozdziale rozważana jest redukcja matryc poprzez zmianę podstawy na prostszą formę. Raczej szczegółowo, jest on pokazany dla redukcji matrycy kwadratowej do typu przekątnej, a forma kwadratowo-prawna do typu kanonicznego.

Książka 3 zawiera szereg koncepcji geometrii analitycznej wymaganych przez program: równania linii prostej na płaszczyźnie i w przestrzeni; równania płaszczyzny; krzywe i powierzchnie drugiego rzędu, równanie krzywych i powierzchni drugiego rzędu są zredukowane do typu kanonicznego za pomocą form kwadratowo-prawnych. Te koncepcje geometryczne działają jako bezpośredni dodatek do książki 2 lub jako przeniesienie wyników tej książki na język geometrii, jak to jest zrobione w niej dla wolnych wektorów w przestrzeni geometrycznej.

Książka 4 jest poświęcona analizie matematycznej. Pod uwagę brane są funkcje numeryczne jednej i wielu zmiennych rzeczywistych. Dla tych funkcji wprowadzono koncepcje ograniczeń i ciągłości. Książka kończy się wyciągiem z rachunku różnicowego i rachunku całkowego.

W książce 5 zebrano rozdziały dotyczące pojęć, mających charakter techniczny na poziomie kursu matematyki ogólnej; są to równania i linie różniczkowe.

Stwierdzeniu materiału teoretycznego towarzyszą ilustracyjne przykłady i rozwiązania typowych problemów. W celu wzmocnienia materiałów edukacyjnych oferowane są tu ćwiczenia do samodzielnej pracy.

KSIĄŻKA 1
OGÓLNE KONCEPCJE
ROZDZIAŁ 1
SETS

§ 1. DEFINICJE I SYMBOLE LOGICZNE

Wiele obiektów przez pewien atrybut, na przykład - obiekty jednego rodzaju, mogą być połączonc w zcstaw, który jcst możliwy do wyobrażenia jako całość. Obiekty tworzące zestaw, nazwiemy ***jego członków***. Zestaw jest zazwyczaj oznaczany wielkimi literami *A, B*, **X,** a jego członkowie są oznaczani małymi literami *a, в, x*. Przynależność członka x do zestawu *A* jest zapisana x $A\in$.

Jeśli zestaw zawiera skończoną liczbę członków, to jest on określany jako ***skończony zestaw.***

Jeżeli dla jakiejkolwiek wcześniej podanej liczby *β*, jakiej by nie było, w zestawie będzie ilość członków, która przekracza tę liczbę *β, to* mówi się, że taki ***zestaw*** jest ***nieokreślony***. Bardziej ścisła definicja nieskończonego zestawu zostanie podana poniżej.

1.1. Zestawy liczbowe

Zestawy, których członkowie są liczbami, określane są jako ***zestawy liczb.***

Zestaw liczbowy *P* może zawierać zmienną *x*, która posiada wszystkie wartości liczbowe tego zestawu, tzn. w której dziedzinie zmienności są wszystkie wartości liczbowe zestawu *P*. Zgodność taka jest zapisana w następujący sposób $P = \{x\}$.

Wiele zestawów liczbowych ma standardowe oznaczenia:

1. Zestaw wszystkich liczb naturalnych

$N = \{ n \}$, gdzie $n = 1, 2, 3$ ..;

2. Zestaw wszystkich liczb całkowitych

$Z = \{ x \}$, gdzie $x = 0, \pm1, \pm2, \pm3, ..$;

Zestaw wszystkich nieujemnych liczb całkowitych

$Z0 = \{ x \}$, gdzie $x = 0, 1, 2, 3, ..$;

3. Zestaw wszystkich racjonalnych liczb

$Q=\left(\frac{m}{n}\right)$ где $m \in Z$, $n \in N$..;

4. Zestaw wszystkich liczb rzeczywistych

$R = \{ x \}$, gdzie x = $\pm\beta, \alpha 1, \alpha 2, ...\alpha n ...$ - nieskończony ułamek dziesiętny lub okresowy (zbiór liczb racjonalnych), lub nieperiodyczny (zbiór liczb nieracjonalnych), tutaj jest $\beta \in Z0$ i $\alpha i \in Z0$.

Zbiór wszystkich dodatnich liczb rzeczywistych jest oznaczony jako $R+$, a wszystkich ujemnych - R^-. Jeśli te zbiory są dodawane do liczby zero, zapisujemy odpowiednio R_0^+ и R_0^-

1.2. Zestawy punktowe przestrzeni geometrycznej

Punktem jest najmniejsza i niepodzielna struktura przestrzeni geometrycznej. Wszystkie inne figury geometryczne i korpusy przestrzeni geometrycznej są traktowane jako zbiór punktów. Zatem figury geometryczne na płaszczyźnie, takie jak odcinek, prosta, wielokąt itp., a także ciała w przestrzeni geometrycznej, na przykład kula, wielościan, stożek itp. reprezentują zbiory punktów, których elementami są punkty.

1.3. Zadanie ustalone

Przypisanie zbioru, oznacza określenie tych ogólnych cech, które oddzielają jego elementy od innych obiektów. W większości przypadków zestaw jest przypisywany za pomocą charakterystycznych właściwości jego członków. Przez właściwość charakterystyczną zestawu *A rozumie* się taką właściwość, którą posiadają i tylko posiadają wszyscy członkowie danego zestawu. Jeśli charakterystyczna właściwość zestawu *A*, którego członkiem jest *x*, oznaczamy przez *G (x)*, to zestaw jest zapisywany:

$A = \{x|G(x)\}$

Na przykład, jeśli *A* jest zestawem wszystkich parzystych liczb naturalnych, to jest ono zapisywane:

$A = \{ x \,|x=2n.\ n \in N \}$

Jeżeli dwa zbiory *A* i *B składają się z tych* samych elementów, zbiory te określane są jako ***zbiory równe*. Równość** dwóch zestawów jest zapisana $A=B$.

1.4. Włączenie. Pusty zestaw

Zbiór *A*, którego wszyscy członkowie należą do jakiegoś zbioru *B*, nazywany jest ***podzbiorem*** lub *częścią zbioru B. Zapisany jest* jako A ⊂*B* lub B A ⊃i odczytywany jest jako: *A* jest zawarte w *B* lub *B* zawiera *A*. . Symbol ⊂ nazywany jest ***symbolem włączenia***.

Podzestaw, który nie zawiera żadnych członków, jest określany jako ***pusty zestaw*** i jest oznaczany symbolem∅ .

Z definicji przyjmuje się, że dla każdego zestawu *A A :∅⊂A ;A⊂*.

Jeżeli A *B* ⊂i B *E*⊂, to A *E* ⊂- jest własnością tranzytową. Na przykład, *N Z* ⊂⊂*Q R*⊂, то *N R*⊂.

Jeżeli A *B* ⊂i B *A*⊂, to A *B*=.

1.5. Propozycja logiki. twierdzenie Niezbędne i wystarczające warunki

***Implikacja*. *Będziemy mówić*,** że propozycja *W* sugeruje lub przyciąga, a także ma w konsekwencji propozycję *Q*, jeżeli *Q* jest ważne za każdym razem, gdy jest ważne *W*, a my zapiszemy *W Q*⇒. Jeżeli z kolei *Q* przyciąga *W*, to wtedy propozycje *W* i *Q* odnoszą się jako równoważne; jest to zapisane *W Q*⇒. Następnie w każdym rozumowaniu jest możliwe, aby zastąpić jedną z tych dwóch propozycji inną.

Quantifiers. Do oznaczania wyrażeń "dla wszystkich", "dla wszystkich", "jakkolwiek to jest", "istnieje", "będzie nawet jeden" używane są symbole, które odnoszą się do kwantyfikatorów:

Uniwersalny kwantyfikator ∀: "dla wszystkich", "dla wszystkich", "jakkolwiek to może być".

Kwantyfikator istnienia∃:: "istnieje", "będzie nawet jeden".

Na przykład, stwierdzenie, że $A\ B \subset$ można zapisać w następujący sposób - $\forall a\ A\ a \in \Rightarrow B \in$. Przeciwieństwo jest niepoprawne. Ten fakt, że $a \in B$ *nie przyciąga*, że $a\ A \in$. Propozycje nie są równoważne.

Negacja. Negacja danej nieruchomości jest reprezentowana przez / symbol danej nieruchomości przekreślony linią $\not\subset, \notin, \not\Rightarrow$.

Na przykład, stwierdzenie, że zestaw *F* nie jest częścią zestawu *B*, jest równoważne z następującym stwierdzeniem: istnieje taki członek *a* od *F*, że *a* nie należy do *B*.

$F\ B \not\subset \mathbf{a} \Leftrightarrow (\exists \in F\ a \Rightarrow B \notin)$. Propozycje są równoważne.

Twierdzenie. Propozycja matematyczna, której ważność jest określona przez dowodzenie (przez rozumowanie), jest określana jako ***twierdzenie.*** Twierdzenie pomocnicze jest określane jako ***lemma.***

Sformułowanie każdego twierdzenia składa się z dwóch części: warunków i wniosków, które wynikają z danego warunku. Warunek i wniosek mogą zamienić się pozycją: warunek może stać się wnioskiem, a wniosek - warunkiem. Wtedy jedno z tych twierdzeń jest określane jako ***twierdzenie bezpośrednie***, a drugie jako ***twierdzenie odwrotne***.

W matematyce istnieją twierdzenia o trzech różnych warunkach; konieczne, wystarczające i zarówno konieczne, jak i wystarczające.

Warunkiem koniecznym jest warunek, którego spełnienie nie jest poprawne.

Wystarczającym warunkiem jest warunek, z którego wynika, że dane stwierdzenie jest prawdziwe.

Na przykład: 1. aby czworokąt był kwadratem, konieczne jest, aby jego przekątne były wzajemnie prostopadłe.

Ten warunek jest konieczny, ale nie jest wystarczający. W rzeczywistości, jeśli przekątne nie są prostopadłe, czworokąt nie jest kwadratem, ale jeśli przekątne są prostopadłe, nie oznacza to jeszcze, że czworokąt jest kwadratem.

2. Jeśli boki czworokąta są równe, to czworokąt taki jest równoległobokiem. Ten warunek jest wystarczający, ale nie jest konieczny, ponieważ i bez jego spełnienia (boki nie są równe) czworokąt może być równoległobokiem. Ten sam warunek może być zarówno konieczny, jak i wystarczający jednocześnie.

Na przykład, jeśli w trójkącie dwa kąty są równe, to taki trójkąt jest równoramienny. Podany warunek jest ***wystarczający***, ponieważ twierdzenie jest prawdziwe i ***konieczne***. Właściwie, jeśli w trójkącie dwa kąty nie są równe, to taki trójkąt nie może być równoramienny - warunek jest konieczny.

Konieczność i wystarczalność schorzenia można spisać, używając implikacji. Jeżeli twierdzenie jest rozpatrywane jako zestaw dwóch tez *W* i *Q* i jeżeli twierdzenie jest prawdziwe, tzn. implikacja jest prawdziwa *W* *Q*$\Rightarrow$, to *Q jest koniecznym warunkiem* dla *W*, a *W* jest warunkiem wystarczającym dla *Q*. Jeżeli twierdzenia są równoważne *W* *Q*$\Leftrightarrow$, to *W jest koniecznym* i wystarczającym warunkiem dla *Q*, przeciwnie *Q* jest koniecznym i wystarczającym warunkiem dla W.

§ 2. OPERACJE NA ZESTAWACH

2.1. Przecięcie zestawów

Niech będą dwa zestawy *A* i B. Zbiór wszystkich członków *x*, należących jednocześnie *do A* i *B*, tworzy nowy zbiór *F*, który jest określany jako ***skrzyżowanie A i B*** i jest zapisywany:

$F = A \cap B = \{x \mid x \in A \text{ u } x \in B\}$ (rys. 1.1)

Znak $\cap$ - to symbol skrzyżowania.

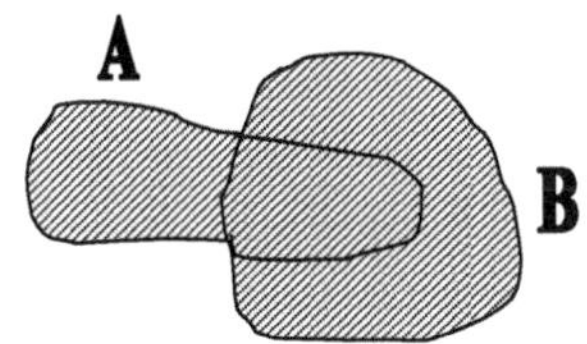

$- F =$ ▨ $B - C = A\, B\cup$ ▨

Rys. 1.1 **Rys . 1.2**

Działanie skrzyżowania posiada następujące właściwości:

1.$A \cap B = B \cap A$ - działanie $\cap$ jest komutatywne;

2.$(A\cap B)\, C \cap = A \cap (B\, C\cap)$ - jest asocjacyjny;

3.$A\, A\cap = A$, $A\cap\varnothing=\varnothing$;

4.Jeśli A $B\subset$, to $A\cap B = A$.

Jeśli zestawy nie mają wspólnych elementów, tzn. nie są przecięte, wówczas $A\cap B = \varnothing$.

2.2. Suma zestawów

Niech będą to dwa zestawy *A* i *B*. Zestaw *C*, składający się z członków należących do *A* lub *B*, tzn. należących lub *A* lub *B*, lub *A* i *B* jednocześnie, jest określany jako ***suma A i B*** i jest oznaczany

$C = A \cup B = \{x \mid x\in A,\ lub\ x\in B,$ lub $x\ A\in$ i $x\in B\}$. (rys.1.2).

Znak$\cup$ - symbol sumy.

Podstawowe właściwości operacji sumowania są następujące:

1.$A \cup B = B\, A\cup$ - działanie jest komutatywne;

2.$(A\, B\cup)\, C \cup= A \cup(B\, C\cup)$ - jest asocjacyjny;

3.$A\, A \cup= A,\ A = A;\cup\varnothing$

4.Jeżeli A $B\subset$ to $A\, B\cup = B$.

2.3. Określona różnica

Niech będą dwa zestawy *A* i *B*. Zestaw *D*, składający się z członków x zestawu *A* i nienależący do zestawu *B*, jest określany jako ***zestaw różnica A i B*** i jest oznaczany:

$D = AB = x\, x|\ x\, A\ \in u\ x\ B\}\notin$(rys.1.3).

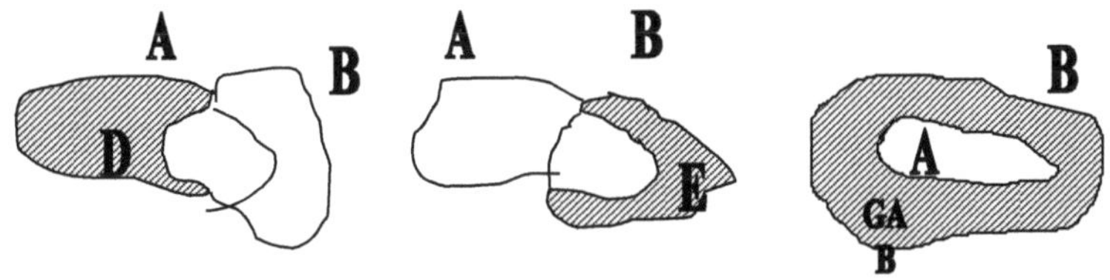

= A \U0026APOS; \U0026APOS; **\U0026APOS; \U0026APOS - GA= B\A**

B

Rys. 1.3 **Rys. 1.4** **Rys. 1.5**

Podstawowe właściwości

1. $A\ A \neq$ operacja nie jest komutatywna (rys. 1.3 i 1.4);
2. $(AB)\backslash\backslash C\ \backslash\backslash B\neq)$ - nie jest stowarzyszony ;
3. Jeżeli $AB\subset$, to A B = $\varnothing$, ale B B A tworzy zestaw nazwany ***uzupełnieniem zestawu A względem B*** i jest oznaczony G^{A}_{B} **= B B A** = $x\ \{/x$

$B \in i\ x\ A\notin,\ A\ B\ \subset\}$(rys. 1.5).

Mamy: $A \cup \left(G^{A}_{B}\right) = B\ u\ A \cap \left(G^{A}_{B}\right) = \varnothing$.

2.4. Produkt zestawów

Niech będą dwa zestawy *A* i *B*. I niech *A*∈, B*b*∈. Rozważmy uporządkowaną parę (a, b), a pary (a, b) i (b, a) są uważane za odrębne, nawet jeśli *A*=*B*. Zestaw wszystkich możliwych zamówionych par (*a*, *b*) tworzy nowy zestaw o nazwie ***produkt A i B*** i jest oznaczony jako *A B*×. Elementy *a* i *b określane* są jako ***składniki*** lub ***współrzędne*** pary (*a*, *b*).

Jako przykład iloczyn dwóch zestawów punktowych *A* i *B* przestrzeni geometrycznych podano na rys. 1.6.

Z rys. 1.6 widać, że *AB* ×*B* ≠*A*×, a więc iloczyn zestawów nie jest komutatywny.

Gdy zestaw *B* jest identyczny z zestawem *A*(*B* = *A*), wówczas A *A*×reprezentuje zestaw uporządkowanych par (**a**, *a* ′), gdzie a i a ′należą do tego samego zestawu *A* (*a A*∈*i a A*′∈). Taki zestaw nazywany jest ***kwadratem kartezjańskim***. Ale także w tym przypadku (*a*, *a* ′) (≠*a*′, *a*). Zilustrujmy to na przykładzie zestawów punktów (rys. 1.7).

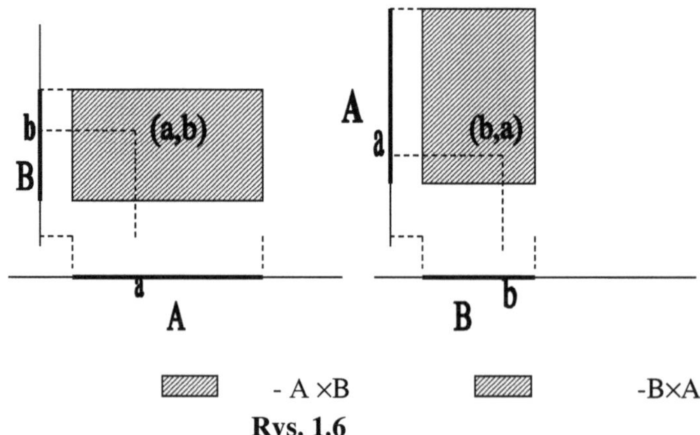

- A ×B   -B×A

Rys. 1.6

Zbiór punktów zacienionej części płaszczyzny tworzy zbiór *A A*×- kwadrat kartezjański.

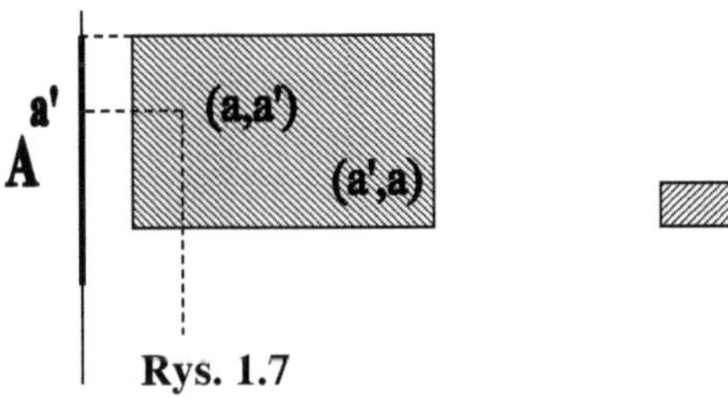

Rys. 1.7

Ogólnie rzecz biorąc, niech jest agregat zestawów A1, $A2$, $_{A3}$... An, niekoniecznie odrębne, nazwiemy jako produkt i oznaczymy poprzez

$\prod_{i=1}^{n} A_i = A1 \times A2 \times_{A3} \times ... \times An$

zestaw uporządkowanych systemów$(a1, a2, _{a3}...$ an gdzie i-członek należy do zestawu $_{Ai}$. Symbol oznacza Πznak produktu:

$$\prod_{i=1}^{n} \alpha_i = \alpha_1 \cdot \alpha_2 \cdot ... \cdot \alpha_n .$$

Indeks i jest określany jako indeks operacyjny. Można go zastąpić dowolną inną literą:

$$\prod_{i=1}^{n} \alpha_i = \prod_{k=1}^{n} \alpha_k$$

Definicja. Element iloczynu nieskończonej liczby zestawów, który jest równy zestawowi R liczb rzeczywistych jest określany jako ciąg ***liczb.***

$(\beta_1, \beta_2, \beta_3, ..., \beta_n, ...) \in \times R\ R\ R \times \times ... \times R \times ...$

ROZDZIAŁ 2. FUNKCJE, MAPOWANIA

§ 1. FUNKCJE

Niech będzie zestaw *D* ***nazwany domeną ostateczną***. A niech tam jest zestaw *E o* nazwie ***zakres wartości***.

Definicja. Zgodność, która odnosi każdy element *x* $\in$*D*do jakiegoś elementu *y E*$\in$, jest ***nazywana mapowaniem*** *D* na *E*.

Element$\in$*D x (*$\in$*D*prototyp *y)* jest określany jako ***zmienna*** lub ***argument***, element *y E*$\in$jest określany jako ***wartość*** lub ***bezpośredni obraz***.

Mapowanie nazywane ***jest*** również ***funkcją***, zwykle oznaczane jest literami *f, ψi φ* zapisywane jest *y = f(x)*. Używane jest również oznaczenie x *→f(x),* które otrzymuje brzmienie: element *x* odpowiada elementowi *f (x)*. Istnieje również oznaczenie *f:D E→*, które brzmi: *f* jest mapowaniem zestawu *D* na zestaw E. Można też powiedzieć, że *f* jest funkcją zmiennej *x* z wartościami w *E* lub że *y=f (x)* jest bezpośrednim obrazem elementu *x* przy mapowaniu *f* (lub za pomocą *f)*.

Konieczne jest dokładne rozróżnienie zmiennej *x*, która jest członem zbioru *D*, wartości funkcji *f (x)*, która jest członem zbioru *E*, i operacji *f*, która reprezentuje kategorię, która jest różna od dwóch poprzednich. W podanej definicji funkcji istotne są dwa aspekty: po pierwsze, wskazanie zbioru *D* dla członków *x* (tj. dziedziny funkcji) oraz, po drugie, ustanowienie zasady lub prawa do korespondencji *f* między członkami *x* $\in$*D* и y *E*$\in$. Zakres wartości posiadanych przez funkcję *f (x)*, która jest zazwyczaj podzbiorem zbioru *E* domeny funkcji, zazwyczaj nie jest wskazany, ponieważ prawo korespondencji już definiuje ten podzbiór. Oznaczony jest zakres wartości posiadanych przez funkcję lub *f (D)*, lub *E (f)*;

$$f(D) = E(f)=\{ f(x)\ x /\in D\} \subset E$$

i nazywa się to obrazem ***zbioru*** *D* na mapowaniu *f* lub po prostu ***obrazem mapowania*** *f*. Tak więc, na mapowaniu *f: D→E* nie wszyscy członkowie y *E*$\in$powinni być obrazami dowolnego *x* $\in$ *D*.

1.1. Identyczne mapowanie

Jeśli $E = D$, to f definiuje mapowanie D do (lub na) siebie. ***Definicja.*** Mapowanie, które umieszcza dowolny członek $x \in D$zgodny z tym samym członkiem, jest mapowaniem D na D, nazwanym ***identycznym mapowaniem*** i oznaczonym *e***,** tj. $e{:}D \to D$ i $e(x) = x, \forall x \in D$.

1.2. Wykres funkcji (mapowania)

Definicja. Niech f jest mapowanie zestawu D do zestawu E. Zestaw zamówionych par (x, $f\ (x)$), gdzie $x \in D$, i $f(x)\ E \in$, które są podzbiorem produktu$D \times E$, $D \times$***określa*** się jako ***wykres funkcji*** *f.*

Rozważmy to na przykładzie zestawów punktowych (rys. 1.8)

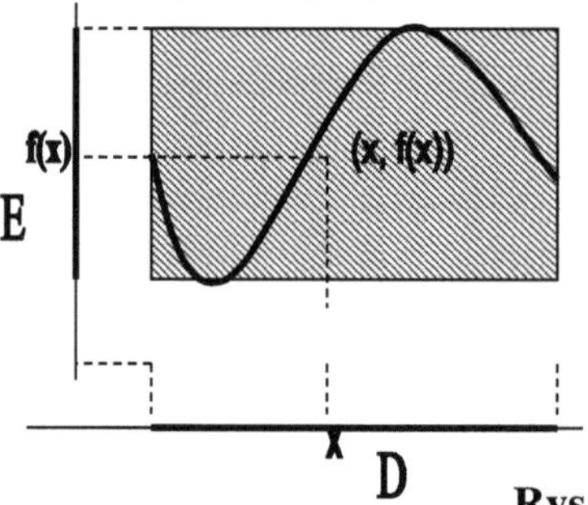

Rys. 1.8

Zestaw punktów zacienionej części płaszczyzny tworzy zestaw E$D \times$. Cmiz to podzbiór par $(x, f\ (x))$ - wykres funkcji *f.* Zauważmy, że każda wartość argumentu x odpowiada tylko jednemu punktowi $(x, f\ (x))$, należącemu do wykresu funkcji *f.*

1.3. Kolejność członków zestawu

Weźmy jako D zestaw$N$liczb naturalnych, a jako E - dowolny zestaw.

Definicja 1. Mapowanie f zestawu$N$ w zestawie E jest określane jako sekwencja członków z E.

W ten sposób sekwencja *f* łączy każdą liczbę naturalną *n* z jakimś członem *y* z E, który zwykle jest oznaczony *yn* lub *fn*, *yn*, zamiast *f (n)*, a *n* jest nazywany indeksem. Sekwencja będzie często oznaczana *f* = *{ f1*, *f2*, ... *fn*, ... lub w formie skróconej *f* = *{fn}*, a członek *fn*= *yn* z *E* nazwiemy członka z indeksem *n* (lub *n-tym* członkiem) sekwencji *f*.

Mapowanie (sekwencja) *f* nie może być jednoznaczne: ten sam element z *E* może służyć jako obraz wielu różnych liczb z*N*. Dlatego nie należy mylić wyrażenia "sekwencja *f* = *{fn}*" z wyrażeniem "zakres sekwencji *f* ". Zakres sekwencji {fn} może składać się tylko z jednego członu *y* = *a* od E *at* = *i*, takie sekwencje określane są jako ***sekwencje stałe*** i są oznaczone {a}, *tzn*. *fn* = *a*, *n* ∀*N*∈.

Definicja 2. Dwie sekwencje {fn} i { Ψ_{n}} od E {fn} są równe, jeśli *fn* = Ψ_n w ogóle *n*∈*N*.

Nie powinniśmy mylić równości dwóch sekwencji z równością zakresów tych sekwencji. Rozważymy więc ciąg {fn}, określony za pomocą *f2p*= *0*, *f2p+1*=*1*, gdzie p ∈*N*, i. e. *fn*= *0*, jeżeli n - jest parzysty, a *fn* = 1, jeżeli n - jest nieparzysty, oraz ciąg *{* Ψ_{n}}, określony jako $\Psi_{2p} = 1$, $\Psi_{2p+1} = 0$. *Ciąg* ten reprezentuje mapowanie zbioru *N* na *E* = *Z0*; zakres tych dwóch ciągów jest taki sam; składa się z dwóch członów - *0* i *1*; ciągi *{fn}* i { Ψ_{n}} nie są równe.

Stosując pojęcie funkcji dla ciągu liczbowego (rozdział 1, § 2, punkt 2.4.), możemy podać następującą definicję.

Definicja 3. Mapowanie *f* zbioru *N* liczb naturalnych na zbiór *R* liczb rzeczywistych jest określane jako ***ciąg liczbowy***.

Na przykład, mapowanie

$$f : n\, fn \rightarrow = \frac{2n^2 - 17}{\sqrt{n} + 3},$$

gdzie *n*∈*N* jest ciągiem liczbowym, i jest zapisane $\{fn\} = \frac{2n^2 - 17}{\sqrt{n} + 3}$

Dany ciąg liczbowy jest sekwencjonowany w taki sposób, że z indeksem n-tego członu ciągu{*fn*} możemy zdefiniować również wartość liczbową *fn* tego członu. Na przykład, 9-ty członek określonej sekwencji jest równy

$$f_9 = \frac{2\times 9^2 - 17}{2\sqrt{9}+3} = \frac{162-17}{9} = \frac{145}{9}$$

Rozważymy również takie wstępnie ***ustawione sekwencje numeryczne*** poniżej.

Definicja 4. Sekwencja numeryczna *f : n* $_{an=}$ $\rightarrow$ *a1*+ *(n-1)d,* gdzie $_{a1}$ $\in R$ i jest określana jako ***progresja arytmetyczna***. Liczba *d* jest określana jako ***różnica*** progresji arytmetycznej.

Definicja 5. Ciąg liczbowy *f : n* $_{an=}$ $\rightarrow$ *a1 gn-1*, gdzie $a1 \in R$ i $g \in R$ *określa* się jako ***progresję geometryczną***. Liczba *g* jest określana jako ***mianownik*** progresji geometrycznej.

§ 2. RODZAJE MAPPINGU

Rozważmy mapowanie *f* zbioru *D* do zbioru *E*. zbioru wszystkich obrazów *f (x),* gdzie $x \in D$ przy mapowaniu *f : D E* $\rightarrow$tworzy podzbiór w zbiorze *E* i jak wspomniano powyżej, podzbiór ten jest oznaczony jako *f(D)*. Następnie $f(D)=\{f(x)/x \in D\} \subset E$.

Definicja 1. Jeśli *f (D) = E, tzn.* gdy dowolny członek z *E* służy jako obraz nawet jednego członka z *D,* mapowanie jest określane jako ***superpozycja*** **(przypuszczenie)** i możemy powiedzieć, że *f* jest mapowaniem *D* na *E*.

I tak, jeśli $y \forall E \in \Rightarrow y = f(x)$, gdzie x $\in D$ to *f* - jest superpozycją, a *E* = *f (D)*.

Definicja 2. Mapowanie, przy którym różne elementy zestawu *D* mają różne obrazy, określane jest ***jako zagnieżdżanie (iniekcyjne), tzn.*** jeśli $_{x1\ x2}\neq$, to *f(x1)* $f\neq(x2)$.

2.1. Biurowe mapowanie

Definicja. Mapowanie, które jest przypuszczalne i iniekcyjne, nazywane jest ***biunique mappingiem***. Innymi słowy: każdy członek $x \in D$

ma jako obraz jakiś unikalny członek $y = f(x)$ $E\in$, a każdy członek y $E\in$ma prototyp jakiegoś unikalnego członka $x \in D$.

Dla biunique mapping operacja, która jest odwrotna do f, jest mapowaniem E oto D, ponieważ dla $\forall$ y $E\in$obraz jest unikalnym elementem $x \in D$. Takie mapowanie jest określane jako ***odwrotne mapowanie*** do f i jest oznaczone f^{-1}.

Tak więc cechą charakterystyczną biunique mapping jest istnienie dla niego odwrotnego mapowania.

Na przykład, mapowanie f: f: $x \to y = x3$, gdzie x $\in R$ mapuje R na R i jest biunique mapping. Inwersyjne mapowanie dla niego będzie f^{-1}:$y \to x = \sqrt[3]{y}$, gdzie $y \in R$. Mapowanie x x $x2$ $\to$jest mapowanie R na R i nie jest biunique. Ponieważ żaden pręt $y\in R$ *nie* jest obrazem jakiegoś pręta x $\in R$, a ten pręt $y\in R$, który jest obrazem, jest obrazem nie pojedynczego pręta x $\in R$**:** y = -5 nie jest obrazem x $\forall\in R$, a y = 4 jest obrazem dla x = 2 i x = 2. Dlatego operacja $y \to x = \pm\sqrt{y}$, która jest odwrotna do mapowania x $\to y = x2$, nie jest mapowaniem.

2.2. Zestawy liczalne

Definicja 1. Jeśli dla zestawów D i E jest nawet jeden biurowy mapujący D na E, to możemy powiedzieć, że D i E mają ***identyczną moc***, a także, że takie zestawy ***są równoważne***.

Koncepcja potencji służy jako uogólnienie zwykłej koncepcji liczenia. Właściwie to liczenie polega na ustaleniu biurowej zgodności pomiędzy zbiorem obiektów a pewnym skończonym zbiorem kolejnych liczb całkowitych, zaczynając od jednej.

Koncepcja potencji pozwala nadać dokładne znaczenie koncepcji zestawu posiadającego ***nieskończoną*** ilość członków. Taki zestaw zostanie określony za pomocą następującej właściwości: ***istnieje nawet jeden podzestaw różniący się od wszystkich zestawów i posiadający z nim identyczną moc***. Tak więc, niech N jest zestaw liczb naturalnych; zestaw liczb parzystych stanowi część zestawu N, który różni się od N. Ale zgodność n $2n\rightarrow$ jest biunique; tak, te dwa zestawy mają identyczną moc, więc N jest nieskończona.

Definicja 2. Zestaw E jest określany jako ***zestaw policzalny,*** jeśli ma taką samą moc, jak zestaw N.

Oznacza to, że istnieje biurowe mapowanie f zestawu N na E, tzn. każdy $n\in N$ może być umieszczony zgodnie z jednym i tylko jednym takim członkiem x $E\in$, że x = $f(n)$, a $n = f^{--1}(x)$. Zazwyczaj członek z E, *odpowiadający n*, jest oznaczany przez xn, a n jest określany jako indeks. Tak więc, zestaw policzalny jest zestawem, którego wszyscy członkowie mogą otrzymać naturalne indeksy. Zauważymy jednak, że nie jest dokładnie odwrotnie; zestaw członków sekwencji nie może być policzalny, ale może być skończony. Tak więc, sekwencja określona za pomocą środków xn = 1 w dowolnym n, tworzy zestaw składający się z unikalnego członka 1 tak, ten zestaw jest skończony i tym samym nie może być zestaw o tej samej mocy z N.

Przykładowy zestaw do liczenia. Zestaw $N^{/}$ numerów parzystych jest policzalny: w rzeczywistości, mapowanie n $2n\rightarrow$ jest biunique mapowanie N na $N^{/}$.

Twierdzenie. Produkt o skończonej liczbie zestawów skończonych lub policzalnych jest skończony lub policzalny.

Przyjmijmy to twierdzenie bez dowodu.

Kolejny fakt. Zestaw Q wszystkich racjonalnych liczb jest policzalny. Zestaw R wszystkich liczb rzeczywistych - jest niepoliczalny.

2.3. Określona permutacja

Definicja 1. Każde biurowe przyporządkowanie zestawu D do siebie jest określane jako ***permutacja*** zestawu D.

Niech D będzie zbiorem skończonym z n członów $D = a1\{.. an\}= \{ai\}$, gdzie $i = 1, 2, ... n$. Mapowanie f jest permutacją dla zbioru D, jeżeli $f(ai) = aj$, gdzie $ai\in D$ i $aj\in D$, $i = 1, 2, ... n, j = 1, 2, ... n$. Jeżeli $i = j$, wówczas $f(ai) = ai$ i istnieje identyczne mapowanie. $(f = e)$. Tak więc, identyczne mapowanie jest zawsze permutacją.

Liczba różnych permutacji zestawu *D* z *n* członków jest równa *n* (!*n* factorial). $n! = 1 \cdot 2 \cdot 3 \cdot \ldots \cdot n$ - jest iloczynem *n* kolejnych liczb naturalnych, zaczynając od jednej.

Definicja 2 . ***Zezwolenie***, w którym zmieniają się miejsca tylko dwóch członków zestawu, określa się jako ***transpozycję.***

$$\tau_{ij} = \begin{matrix} a1, a2, \ldots ai \ldots aj \ldots aj \ldots aj \ldots \\ a1, a2, \ldots aj \ldots ai \ldots aj \ldots aj \ldots \end{matrix}$$

Każda permutacja może być uzyskana z podstawowej permutacji poprzez kolejne transpozycje. Wybór podstawowej permutacji jest całkowicie arbitralny. Dla pewności nazwiemy podstawową permutację *a1, a2,. . . . .,* a_n i rozważymy arbitralną permutację tego zbioru $a_i' = f(a_i)$, $i = 1, 2, \ldots n$, ale ai 'jest jednym z członków *a1, a2,. ... .,* a_n i so ai $' = a_{m_i}$, gdzie *m1*, m_2, ... , m_n - wartości pewnej ustalonej permutacji *1, 2... n,* pierwsze *n* liczb naturalnych. Tak więc, następujące dwie permutacje są równoważne:

$$f = \begin{pmatrix} a_1, & a_2, \ldots & a_n \\ a_{m_1}, & a_{m_2}, \ldots & a_{m_n} \end{pmatrix} \sim \begin{pmatrix} 1, & 2, & \ldots, n \\ m_1, & m_2, & \ldots m_n \end{pmatrix}.$$

Jeśli w permutacji *m1*, ...m_n będzie taka para (m_j, m_i), że $i > j$, *i* , *a>jm m* ,$_i <_j$możemy powiedzieć, że taka para tworzy ***inwersję***

Definicja 3. Ogólna liczba inwersji utworzonych przez każdą możliwą parę permutacji *m1*, $m_2, \ldots m_n$, jest określana jako ***liczba inwersji*** tej permutacji.

Permutacja *f* jest określana jako permutacja ***parzysta,*** jeżeli liczba jej inwersji $\nu(f)$ jest parzysta, w przeciwnym razie jest określana jako ***permutacja nieparzysta***.

Na przykład, w permutacji

$$f = \begin{pmatrix} 1234567 \\ 3156472 \end{pmatrix}$$

liczba inwersji jest równa: (2); (0) (;2) (;2) (;1) (;1) - ogólna liczba inwersji $\nu(f)$ =8. Permutacja *f* jest równa.

Twierdzenie. Przy transpozycji zmiana parzystości, czyli transpozycja - jest dziwną permutacją.

Dowód

$$\tau(i, j) = \begin{pmatrix} 1,2,\ldots,i,\ldots,j,\cdots n \\ 1,2,\ldots,j,\ldots,i,\ldots,n \end{pmatrix}$$

$\nu((\tau i, j)) = (j -) i(+j - i- 1) 2=(j - i) - 1$ - liczba nieparzysta.

Tutaj: *(j -)i* - jest liczbą inwersji dla liczby *j* po jej permutacji; *(j - - i1)* - jest liczbą inwersji dla wszystkich liczb znajdujących się po *j* i przed *i*. Dla wszystkich pozostałych liczb liczba inwersji nie uległa zmianie.

§ 3. ZŁOŻONA FUNKCJA. ODWROTNE MAPOWANIE

Definicja 1. Niech *f* - mapowanie zestawu *D* na zestaw *E* (tzn. *f (D) = E*), a *g* - mapowanie zestawu E na zestaw *G*. I niech *x* ∈*D*, potem *y = f(x) E*∈, można też wziąć pod uwagę członka *z = g (y)*, który należy do *G*. Tak więc każdy x ∈*D* odpowiada *z = g[f(x)]* od *G* i w ten sposób określa się odwzorowanie zbioru *D* na *G*, które nazywa się ***funkcją złożoną***, albo ***skład (superpozycja)*** odwzorowania *f* na *g* i jest oznaczone *g0 f (*tutaj jest odczytywane od prawej do lewej, zamiast od lewej do prawej, ponieważ *g0 f* jest *g[f(x)])*, *g* - jest określane jako funkcja ***zewnętrzna***, a *f* - ***funkcja wewnętrzna***.

Przykład. Niech będzie f*: x y →= f(x) = 2x***,** gdzie *x* ∈*R, y* ∈*R+*. W tym przypadku *f* jest mapowaniem zestawu *R* na zestaw *R+* i niech *g: y →z = g(y) = 5 -* $\frac{3}{y}$**,** gdzie *z*∈*R***,** a więc *g* jest mapowaniem *R+* na *R*.

Następnie *g0 f: x →z = =g[f(x)]* = 5 - и $\frac{3}{2^x} = 5 - 3\cdot 2^{-x}$ *g0 f : R R→.*

Działanie składu mapowań $(_0)$ jest zasadniczo niekomputatywne: $g0\, f f0 \neq g$ i $f0\, g$ nie może mieć sensu, ponieważ f jest mapowaniem D na E, a g - jest mapowaniem E na G.

Przeciwnie, jest to asocjacyjne: jeżeli h jest mapowaniem G na H, to $h0\ (g0\ f) = (h0g)_0 f$. Niech $f(x) = y,\ g(y) = z,\ h(z) =$ wtedy $\omega\ (g0\ f)\ (x) = g(y) = \quad z$ i $h0[(g0\ f)]\ (x) = h(z) = \omega$; *podobnie* jak $(h0g)_0 f\ (x) = [(h\ _0\ g)\ (y) =]\ h(z) = \omega$.

Teraz za pomocą kompozycji mapowań zdefiniujemy odwrotne mapowanie f- $^{-1}$ do mapowania f.

Definicja 2. Niech podane będą mapowania: $f : DE \to$i ψ: DE→... Mapowanie ψ jest określane jako mapowanie odwrotne do f i jest oznaczone jako $\psi = f^{--1}$, jeżeli $\psi_0\, f = f0\, \psi = e$, gdzie e - jest mapowaniem identycznym: $e\ (x) = x$.

Jak wspomniano powyżej, istnieje odwrotne mapowanie, jeśli f - jest biunique mapping. Odwrotna propozycja jest prawdziwa - jeśli f ma odwrotne mapowanie f^{--1}, to jest to biunique mapping.

§ 4. MAPISANIE ZESTAWÓW R, R R×и RxRxR NA ZESTAWY PUNKTÓW MIEJSCA GEOMETRYCZNEGO

4.1. Biurowe odwzorowanie zestawu R liczb rzeczywistych na zestaw punktów osi współrzędnych

Weźmy linię prostą i ustawmy na niej pozytywny kierunek (zwykle jest on pokazany strzałką). Wtedy odwrotny kierunek będzie negatywny. Taką skierowaną linię prostą określa się jako ***oś.*** Jeśli wybraliśmy na osi jakikolwiek punkt odniesienia *OO* i odcinek skali OOE, *to* taka oś jest określana jako ***współrzędna*** lub ***oś numeryczna***. Punkt *O* jest określany jako początek współrzędnych. Osie współrzędnych są zazwyczaj oznaczone jako *x, y, z* lub Ox, *Oy*, *Oz.*

Wybierzmy na osi *Ox* punkt *M* i określmy jego położenie. W tym celu zmierzmy długość segmentu *OM* według segmentu skali *OE*. Długość odcinka skali przyjmuje się jako równą jednemu *OE=1*. Uzyskamy abstrakcyjną liczbę $\alpha \in R_0^+$, która będzie racjonalna, jeśli jednostka skali i dany segment są współmierne, i będzie nieracjonalna, jeśli są niewspółmierne.

Definicja.* Współrzędna punktu *M*. *na osi numerycznej to liczba $x \in R$ i równa długości odcinka OM $x = \alpha$, jeżeli punkt M *znajduje się w* kierunku dodatnim od początku współrzędnych, a ujemny $x = -\alpha$, jeżeli punkt znajduje się w kierunku ujemnym od początku współrzędnych. Współrzędną pochodzenia współrzędnych uznaje się za zerową. Ten fakt, że x jest współrzędną punktu M, *jest* zapisany $M\ (x)$.

W tym przypadku między zestawem R liczb rzeczywistych a zestawem punktów osi współrzędnych Ox można ustalić zgodność $f{:}x\ M \to (x)$ - jest to zgodność f będzie biunique mapping. Każdy punkt M osi współrzędnych Ox odpowiada unikalnej liczbie rzeczywistej x od R i przeciwnie, każda liczba rzeczywista x od R odpowiada tylko jednemu konkretnemu punktowi M na osi współrzędnych *Oh*. Tak więc, zestaw R i zestaw punktowy linii prostej mają identyczną moc i dlatego są równoważne. Mapowanie f *rozumiane jest* tutaj jako sposób definiowania współrzędnych punktu M na osi współrzędnych Ox.

4.2. Biurowe mapowanie zbioru R×R na zbiór punktów płaszczyzny współrzędnych

Niech dwie przecinające się osie współrzędnych zostaną podane na płaszczyźnie, a ich kolejność na płaszczyźnie określona, na przykład pierwsza oś x, a druga - y. Osie te określane są jako ***osie uporządkowane***. Punkt przecięcia osi O jest brany pod uwagę jako początek obu osi współrzędnych. Segmenty skali przy tych osiach mogą być różne.

Kąt dwóch uporządkowanych osi x i y to kąt, pod którym należy obrócić oś x do y tak, aby kierunki obu osi pokrywały się. Jeżeli obrót jest wykonywany w kierunku przeciwnym do ruchu wskazówek zegara, kąt jest uznawany za dodatni, a jeżeli obrót jest wykonywany zgodnie z ruchem wskazówek zegara - za ujemny. Wędkarz pomiędzy osiami jest zdefiniowany dwuznacznie. Jeżeli wyznaczymy najmniejszy kąt między osiami przez φ, to kąt $\kappa\varphi + 2\pi$, gdzie $\kappa \in Z$, będzie również kątem między tymi osiami. Jeśli konieczne jest jednoznaczne określenie i kąt nachylenia, wprowadzamy ograniczenia, biorąc pod uwagę na przykład *lub* $-0 \leq \varphi < 2\pi\pi$ $. < \varphi \leq \pi$

Definicja 1. Dwie uporządkowane osie współrzędnych przecinające się z kątem φ w punkcie przyjętym jako początek obu osi, tworzą ogólny ***kartezjański układ współrzędnych na płaszczyźnie*** (rys. 1.9, a).

Pierwsza oś *Ox* jest ***określana jako oś odcięta***; druga oś *OU* - ***oś rzędna***. Płaszczyzna ta nazywana jest ***płaszczyzną współrzędnych*** i oznaczana jest jako *xOy*.

Definicja 2. Uporządkowany zestaw dwóch wzajemnie prostopadłych osi o współrzędnych $(/2\ \varphi = \pm\pi)$ z odcinkami o równej skali kawałki $_{OE1}$ = *OE2* = *OE* oraz z ogólnym początkiem współrzędnych *Ot* na każdej osi jest określany jako ***kartezjański prostokątny układ współrzędnych na płaszczyźnie***.

Jeśli $\varphi = + /2\pi$, układ współrzędnych jest określony jako ***prawy*** (rys. 1.9, b) jeśli $-\varphi = /2, \pi$układ jest określony jako ***lewy*** (rys. 1.9, c).

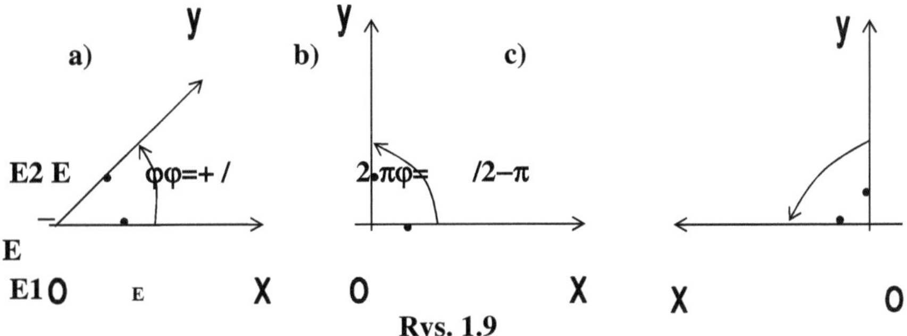

Rys. 1.9

Dalej będziemy używać tylko prawego kartezjańskiego prostokątnego układu współrzędnych.

W płaszczyźnie współrzędnej *xOy* weźmiemy dowolny punkt *M* i przeciągniemy przez nią dwie proste równoległe do osi *Ox* i *Oy* (rys. 1.10). Taka operacja nazywana jest ***projekcją równoległą***. Punkty przecięcia tych linii prostych z osiami współrzędnych oznaczymy *Ml* i M2, a ich współrzędne - odpowiednio przez x i y. Punkty $M1(x)$ i M2(y) odnoszą się do ***rzutów*** punktu M do odpowiednich osi współrzędnych (rys. 1.10).

W wyniku operacji rzutowania punkt M jest ustawiony na zgodność z zamówioną parą liczb (x, y), gdzie $x \in R$ i y $\in R$, a więc $(x,y) \in R \times R$. Numery te znajdują się w kolejności osi współrzędnych i odnoszą się do ***kartezjańskich współrzędnych punktu M na płaszczyźnie*** i są zapisane jako $M\ (x, y)$.

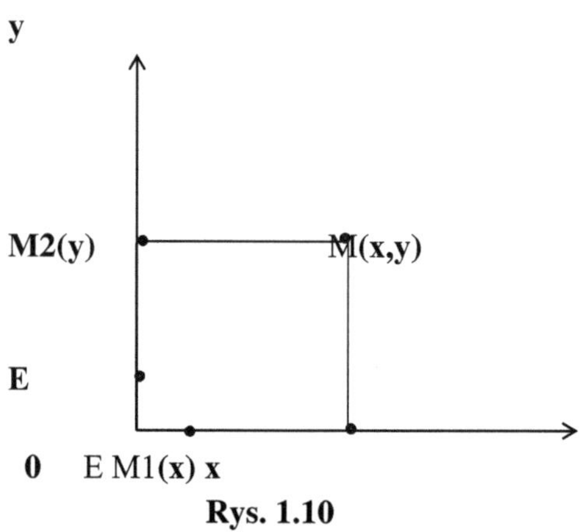

Rys. 1.10

Łatwo zauważyć, że każdy punkt M znajdujący się w płaszczyźnie współrzędnych xOy, odpowiada unikalnej uporządkowanej parze liczb $(x,y) \in R \times$. *Wręcz* przeciwnie, każdy zestaw uporządkował kilka liczb $(x,y) \in R \times R$ odpowiada unikalnemu punktowi M na płaszczyźnie współrzędnych xOy. Aby go zdefiniować, należy narysować linie proste przez punkty $M1(x)$ и M2(y), które są równoległe do osi współrzędnych. Punktem przecięcia jest pożądany punkt $M\ (x, y)$.

Tak więc, pomiędzy zestawem $R \times R$ uporządkowanych par liczb rzeczywistych a zestawem punktów płaszczyzny współrzędnych xOy

ustanawia się zgodność biurową *(x,y) M→(x,y)*, tak więc zestaw *R×i* zestaw punktów płaszczyzny są zestawami równoważnymi.

4.3. Biurowe mapowanie zestawu R×R×R na zestaw punktów przestrzeń geometryczna w wybranym układzie współrzędnych

Przyjmijmy trzy uporządkowane osie współrzędnych *x, y, z,* które nie leżą w jednej płaszczyźnie i przecinają się w punkcie *O*. Przyjmijmy ten punkt jako początek wszystkich trzech osi współrzędnych. Taki uporządkowany zbiór osi współrzędnych jest określany jako ***ogólny kartezjański układ współrzędnych w przestrzeni geometrycznej***.

Definicja. Trzy uporządkowane parami prostopadłych osi współrzędnych o ogólnym pochodzeniu współrzędnych *O* na każdej z nich i o tym samym odcinku skali *OE=1* dla każdej osi współrzędnych określa się jako

Kartezjański prostokątny układ współrzędnych w przestrzeni geometrycznej (rys. 1.11).

Pierwszą osią jest oś *Ox* lub oś **odcięta**, drugą oś *Oy* lub oś ***rzędna***, trzecią oś *Oz* lub ***oś stosowana***. Płaszczyzna, która przechodzi przez dwie z trzech osi *Oh, Oy, Oz, nazywana* jest ***płaszczyzną współrzędnych***; istnieją trzy płaszczyzny współrzędne; są one oznaczone jako: *xOy, yOz* i *zOx*.

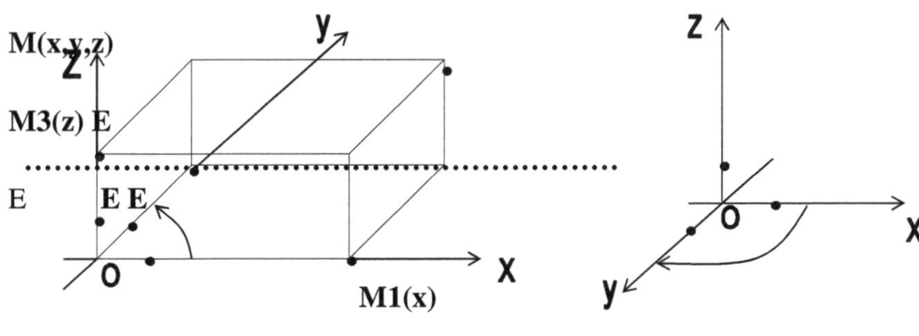

Rys.1.11,a Rys .1.11,b

Uporządkowana trójka osi współrzędnych, które nie leżą na jednej płaszczyźnie, jest wskazana ***w prawo***, jeśli od końca dodatniego kierunku osi *OZ* widziany jest najkrótszy obrót od osi OX do osi *OY w* kierunku przeciwnym do ruchu wskazówek zegara (rys. 1.11, a). W przeciwnym razie układ współrzędnych jest określony w ***lewo*** (rys. 1.11, b). Będziemy używać tylko właściwego układu współrzędnych.

Niech *M* - będzie dowolnym punktem w przestrzeni. Narysujmy przez nią płaszczyzny równoległe do płaszczyzn współrzędnych (rys. 1.11, a). Punkty przecięcia się płaszczyzn z odpowiadającymi im osiami współrzędnych wyznaczamy przez *M1, M2, M3*, a ich współrzędne - *x, y, z.* . Taka liczba porządkowa potrójna $(x, y, z) \in \times R\ R \times R$ jest nazywana ***współrzędnymi kartezjańskimi punktu M w przestrzeni geometrycznej***, a punkty *M1(x), M2(y), M3(z)* - nazywane są rzutami punktu *M* na osie współrzędnych i zapisywane są jako *M (x, y, z).*

Jest oczywiste, że każdy punkt przestrzeni geometrycznej odpowiada w kartezjańskim układzie współrzędnych unikalnej, uporządkowanej liczby potrójnej. Ważna jest również propozycja konwersji: każda uporządkowana liczba potrójna w kartezjańskim układzie współrzędnych odpowiada unikalnemu punktowi przestrzeni. Aby go znaleźć, należy narysować płaszczyzny przez punkty *M1(x), M2(y), M3(z),* które są równoległe do odpowiednich płaszczyzn współrzędnych. Proste skrzyżowanie tych płaszczyzn przecina się w punkcie, który jest żądanym *M (x, y, z).*

Tak więc w kartezjańskim układzie współrzędnych ustala się biurowe odwzorowanie zbioru $R \times R \times R$ uporządkowanej trójki liczb rzeczywistych na zbiór punktów przestrzeni geometrycznej: (x, *y, z)* $M \to (x,y,z)$, tzn. można powiedzieć, że zbiór $R \times \times R$ i zbiór punktów przestrzeni geometrycznej są równoważne. Mapowanie to odbywa się za pomocą kartezjańskiego układu współrzędnych oraz sposobu definiowania współrzędnych punktu.

W przypadku produktu$\times R\ R\ R \times R \times \ldots \times R$, z liczbą czynników *n* zbiorów punktów>3, w przestrzeni geometrycznej, które są równoważne z tymi zbiorami, nie istnieją, biorąc pod uwagę fakt, że nie mamy intuicji przestrzeni z liczbą pomiarów, więcej niż trzy. Jeżeli jednak chcemy rozłożyć metody geometryczne także na iloczyny zbiorów *R, to* przez liczbę, która jest większa od drzewa, wprowadzamy pojęcie n - wymiarowej przestrzeni arytmetycznej R^n i przy $n > 3$.

ROZDZIAŁ 3
POWIERZCHNIA ARYTMETYCZNA Rn

Punkt *M* przestrzeni arytmetycznej to uporządkowany zbiór z *n* liczb rzeczywistych (x1, *x2, ... xn*), które są nazywane współrzędnymi punktu M, tzn. *M = M =* ***(x1**, x2, ...* ***xn***) (или M *(x1, x2, ... xn)*). Przestrzeń arytmetyczna tworzy zbiór wszystkich możliwych punktów *M*. Liczba *n* współrzędnych punktu *M*, określona przez ilość czynników w iloczynze *RxRxRx* . ... *xR* , jest określany jako ***wymiar przestrzeni arytmetycznej***. Jest ona oznaczona jako *n* - wymiarowa przestrzeń arytmetyczna *Rn*.

Na przykład: ***jednowymiarowa*** przestrzeń arytmetyczna *R1*. Punkt *M* tej przestrzeni to liczba $x \in R$, i. e. $M = (x)$. W przestrzeni geometrycznej przestrzeń *R.* [1] jest odwzorowana przez linię prostą; przestrzeń **dwuwymiarowa** *R2*. Punkt *M* tej przestrzeni to uporządkowana para liczb $(x1, x2) \in R\times$, i. e. $M = (x1, x2)$. W przestrzeni geometrycznej przestrzeń *R2* jest mapowana przez płaszczyznę; przestrzeń ***trójwymiarowa*** *R3* jest mapowana na całej przestrzeni geometrycznej i punkcie $M = (x1, x2, x3) \in RxRxR$. Dalsza zgodność przestrzeni arytmetycznej *Rn*, która nie może mieć wymiaru *n z>3* przestrzenią geometryczną, również te przestrzenie nie mają wizualizacji geometrycznej.

§ 1. PRZESTRZEŃ EUKLIDESOWA

W przestrzeni arytmetycznej *Rn* przez analogię z przestrzenią geometryczną wprowadza się pojęcie "odległości" pomiędzy punktami *M1 = (x1,x2, ... , xn)* i M2 = *(y1,y2, ... , yn)*, oznaczonymi *d (M1, M2)*. Jeśli ta "odległość" jest zdefiniowana za pomocą wzoru

$$d\,(M1,\,M2) = \sqrt{(\,y1\,-x1\,)^2 + (\,y2\,-x2\,)^2 + \ldots.\,(\,yn\,-xn\,)^2}\,, \qquad (3.1)$$

więc taka przestrzeń arytmetyczna jest określana jako ***przestrzeń euklidesowa***. W tym przypadku dla $n \leq 3$ *"odległość"* pomiędzy punktami w przestrzeni arytmetycznej pokrywa się z odległością pomiędzy punktami w przestrzeni geometrycznej.

W n - wymiarowej przestrzeni arytmetycznej euklidesowej, jak również w przestrzeni geometrycznej możemy wprowadzić pojęcia "linii", "figury", "ciała" itp.

Na przykład. 1. Zbiór punktów $M = (x1, x2, \ldots\ldots, xn)$, których współrzędne niezależnie od siebie zadowalają do nierówności

$$a1\ {}_{x1} \leq в1 \leq a2\ {}_{x2} \leq в2 \leq \ldots, an\ {}_{xn} \leq вn \leq$$

jest określany ***jako zamknięty*** n - wymiarowy prostokątny "równoległościenny" i jest oznaczany jako

$[\,a1, в1; a2, в2; \ldots; an, вn\,] = \{\,M(\,x1, x2, \ldots\ldots, xn\,) |\ ai\ {}_{xi} \leq_{вi} \leq\ i = 1, 2, \ldots \ldots n\,\}$

Jesli tam surowa nierównosc $_{ai\ xi} <_{вi} <$ "parallelepiped" jest okreslana jako ***otwarta***.

W n 3 ≤n-wymiarowym prostokątnym "równoległościennym" posiada rzeczywiste reprezentacje geometryczne. Jeśli n = 1 i $a\ {}_x \leq_в \leq$ taki zamknięty jednowymiarowy prostokąt "równoległościenny" jest określany jako ***odcinek***, to jest on oznaczany jako a[, $в$]i jest geometrycznie reprezentowany przez odcinek. Otwarty jednowymiarowy "równoległy" (a $_x$ $<_в<$), nazywany jest ***interwałem*** i oznaczany jest (a, $_в$).

W przypadku n = 2 zamknięte dwuwymiarowe prostokątne "równoległościenne"

(a $_x \leq_в \leq\ c \leq y\ d \leq$) jest on geometrycznie reprezentowany przez prostokąt o bokach $в$ - a i d - c .

Trójwymiarowy (n=3) zamknięty prostokąt "równoległościenny" $a\ {}_x \leq_в \leq c \leq y\ d \leq f\ z \leq l \leq$ jest geometrycznie reprezentowany przez zwykły prostokąt równoległościenny o bokach в - a , d - c i l - f.

2. Zbiór punktów $M = (\,x1, x2, \ldots\ldots, xn\,)$, określony przez nierówność

$$(\,x1 - y10)^2 + (\,x2 - y20)^2 + \ldots\ldots + (\,xn - yn0)^2\ r \leq^2 \text{ (lub } r <^2 \text{)},$$

gdzie $M0 = (\,y10, y20, \ldots\ldots, yn0\,)$ jest punktem stałym, a r jest dodatnią liczbą stałą, tworzy ***zamkniętą*** (lub ***otwartą***) n - wymiarową "kulę" o promieniu r, ze środkiem w punkcie M_0. **Innymi** słowy, "sfera" to zbiór punktów M, których odległość od jakiegoś stałego punktu M_0 nie przekracza (lub mniej) r. Jest oczywiste, że ta "sfera" jeżeli $n = 1$ odpowiada odcinkowi, jeżeli $n = 2$ - okręgu, a jeżeli $n = 3$ - zwykłej sferze.

Otwarta "kula" o dowolnym promieniu $r > 0$, której środek znajduje się w punkcie M0 $(y_{10}, y_{20}, \ldots, y_{n0})$ może być również uważana ***za bliskość*** promienia r *lub* r - ***bliskość*** tego punktu. Przy n=1 bliskość punktu x_0 o promieniu r reprezentuje odstęp od środka w tym punkcie i jest oznaczona (x_0-r, x_0+r).

Wszystko, co zostało stwierdzone w tym paragrafie, należy uznać za ustalenie tylko pewnego języka geometrycznego; nie jest on związany (w $n>3$) z żadnymi rzeczywistymi przedstawieniami geometrycznymi, dlatego też wszystkie terminy geometryczne, które zostały użyte w znaczeniu różniącym się od zwykłego, umieściliśmy tzw: "odległość", " prostokątna równoległościanka", "kula". Odtąd będziemy to robić dalej.

§ 2. PODSTAWOWE WŁAŚCIWOŚCI PRZESTRZENI ARYTMETYCZNEJ R1

Fakt, że pomiędzy zestawem R liczb rzeczywistych (spacja $R1$) a punktowym zestawem osi współrzędnych ustanowiona jest zgodność biurokracji (rozdział.2, §4, pkt. 4.1.) pozwala na dostateczną prezentację podstawowych właściwości zestawu liczb rzeczywistych.

2.1. Własność porządkowa

Dla dwoch rzeczywistych liczb $x1$ i x2 jest jeden, i tylko jeden stosunek:

a) $x1 = x2$ - punkty M1$(x1)$ i **M2**$(x2)$ pokrywają się na osi współrzędnych;

б) $x1$ $x2$ > punkt M1$(x1)$ *znajduje się na* prawo od punktów M2$(x2)$ na osi współrzędnych;

в) $x1$ $x2$ <- punkt M1$(x1)$ *znajduje się na* lewo od punktów $M2(x2)$ na osi współrzędnych.

Znaki (>większe niż) i (<mniejsze niż) mają właściwości przechodnie. To wynika od x1 $x2>$, $x2$ $x3$ >, to x1 $x3$ >i od x1 $x2<$, $x2$ $x3$ $<x1$ $\Rightarrow x3<$.

2.2. Gęstość zaludnienia

Jakkolwiek co moze byc dwie prawdziwe liczby x1 i $x2$, przy tym x2 $x1$ >zawsze bedzie liczba $x3$, umieszczona miedzy nimi: $x2$ $x3$ $>x1>$.

Istnieje niepoliczalny zestaw liczb $x3$, ponadto wśród nich znajduje się również niepoliczalny zestaw liczb racjonalnych. Właściwie punkty $M1(x1)$ i M2$(x2)$ to końce odcinka M1 $M2$, którego długość $d(M1\ M2)$ różni się od zera, a według wzoru (3.1.) jest równa x2 - $x1$. Wybierzmy na osi współrzędnych dowolny punkt $M3$, którego współrzędne wyznaczymy $x3$. *Będziemy* żądać, aby punkt $M3(x3)$ nie pokrywał się z punktem $M2(x2)$ i weźmiemy pod uwagę stosunek

$$\frac{d(M_1M_3)}{d(M_3M_2)} = \frac{x_3 - x_1}{x_2 - x_3} \qquad (3.2)$$

Jeżeli stosunek ten jest równy dowolnej liczbie dodatniej od $\lambda R+$, to z właściwości uporządkowania zbioru *R wynika*, że punkt $M3(x3)$ znajduje się wewnątrz odcinka M1M2 i oznacza $x1$ $x3<x2<$(pod warunkiem, że x2 $>x1$).

Tak więc, dla wszystkich $R+\lambda\in$, punkt $M3$ o współrzędnej

$$x_3 = \frac{x_1 + \lambda x_2}{1 + \lambda} \qquad (3.3)$$

jest wewnątrz segmentu M1M2, i. e. $x1$ $x3<x2<$(je¶li x2 $>x1$) kawałek $M1M2$, czyli $x1$ < $x3$ < $x2$ (je¶li $x2>$ x1) *i* jest niezliczony zbiór takich punktów, ponieważ - jest dowolnaλ liczba z R+.

Wzór (3.3), który otrzymuje się z (3.2.) pod warunkiem, że$\frac{x_3 - x_1}{x_2 - x_3} = \lambda$ jest on określany **jako *wzór podziału na segmenty w danym stosunku.***

2.3. Własność ciągłości

Podzielmy zestaw *R* na dwa niepuste zestawy *P* i P1 i niech będą spełnione następujące warunki:

1. Każda liczba rzeczywista trafia do jednego i tylko w jednym z zestawów *P,* P1. 2. Każdy numer zestawu *SCO* jest mniejszy od każdego numeru α^1 zestawu *SCO.*

Przegroda taka nazywana jest ***sekcją***. Set *P* jest określany ***jako dolna klasa sekcji***, set *P1* - ***górna klasa*** sekcji. Sekcja ta jest oznaczona jako *SCO 1/*. Dla sekcji w polu liczb rzeczywistych ważne jest następujące twierdzenie.

Twierdzenie. Dla każdej sekcji *P P1/*w polu liczb rzeczywistych znajduje się liczba rzeczywistaβ, co czyni tę sekcję. Ten numerβ, będzie:

1) albo największy w klasie dolnej *P* (a potem nie ma najmniejszego w klasie górnej *P1 nie ma najmniejszego*),
2) lub najmniej w górnej klasie *P1* (wtedy nie ma największej w dolnej klasie *P*).

Naprawdę, ponieważ *x x* $\to M()$jest biunique mapowania, a między punktami na osi współrzędnych, które są obrazy liczb rzeczywistych i w ten sposób odcinek zawsze spada w punkcie osi współrzędnych, który służy jako obraz liczby rzeczywistej, która βjest odcinek zbioru *R.*

2.4. Wartość bezwzględna

Niech *x* będzie jakąś liczbą z *R.* Dla tego istnieje tylko jeden przypadek z trzech przypadków $x < 0$, $x=0$, $x > 0$. *Teraz* zdefiniujmy mapowanie x f($x\to$), *w* następujący *sposób*. Wprowadzamy $f(x)=x$, jeżeli $x \geq 0$ i $f(x)= -x$, jeżeli x <0.. Wtedy mapowanie (funkcja) $x \to f(x)$, jest określane jako ***wartość bezwzględna*** lub ***moduł*** liczby *x* i *f (x)* jest oznaczony *x* ||, i. e. $f(x)$ = x ||.

Geometrycznie wartość bezwzględna liczby rzeczywistej *x* jest równa odległości od początku współrzędnych *0* do punktu *M* mapującego daną liczbę *x* na osi współrzędnych, tj. x ||= *0M* (rozdział.2,§4.pkt.4.1).

Wartość bezwzględna ma następujące trzy właściwości: niezależnie od tego, że liczby R$\beta\in$' *R*$\gamma\in$, mogą być, zawsze jest to

1. $|\beta| \geq 0$, и $|\beta|=0 \Leftrightarrow \beta=0$;

2. $|\beta\gamma| = |\beta||\gamma|$;
3. $|\beta\gamma| \leq |\beta| + |\gamma|$

Ostatnia nierówność jest określana jako nierówność trójkąta.

§ 3. MAPPING Rn INTO R; FUNKCJE NUMERYCZNE ZMIENNYCH RZECZYWISTYCH

Rozważmy zestaw *D* punktów M= *(x1, x2, ..., x n)* z *Rn*. Jeżeli w tym zestawie *D* jest określona funkcja *f* z wartością w *R*, **tzn.** *∀M∈ D* jest ustawione na zgodność z jakąś liczbą *y∈R*, to funkcja taka jest określana jako ***funkcja numeryczna zmiennych rzeczywistych*** i jest oznaczona *y = f(x1, x2, ... xn).*

Jeżeli *D R⊂*, funkcja *f*, określona na *D*, jest określana jako ***funkcja numeryczna jednej zmiennej rzeczywistej***. W tym przypadku zmienna *x* i wartość *y = f (x)* funkcji *f* należy do tej samej przestrzeni *R1*. Wykres takiej funkcji - to zbiór punktów w przestrzeni *R2* o współrzędnych *(x, f (x))*. W przestrzeni geometrycznej jest to linia w płaszczyźnie współrzędnych *xOy*. *Zwróćmy* również uwagę, że ciąg liczb rzeczywistych (rozdział 2, §1.pkt.1.3) jest ciągiem wartości funkcji numerycznej określonej na zbiorze *N*, a więc w którym rola liczby naturalnej *n*, przyjmowanej w kolejności rosnącej.

Gdy *R2D⊂*, funkcja *f*, określona na *D*, jest określana jako ***funkcja numeryczna dwóch zmiennych rzeczywistych***. W tym przypadku zmienna to punkt z *R2*, czyli uporządkowana para *(x, y)*, a wartość *z = f (x, y)*funkcji *f* - to liczba z *R*. Wykres takiej funkcji - to zbiór punktów z przestrzeni *R3* o współrzędnych *(x, y, f(x, y))*: w przestrzeni geometrycznej - to powierzchnia. Na przykład: *z = oś + przez + c* - płaszczyzna; $z = \frac{x^2}{a} + \frac{y^2}{b}$, gdzie a >0 i b >0 - paraboloid eliptyczny (rys. 1.12).

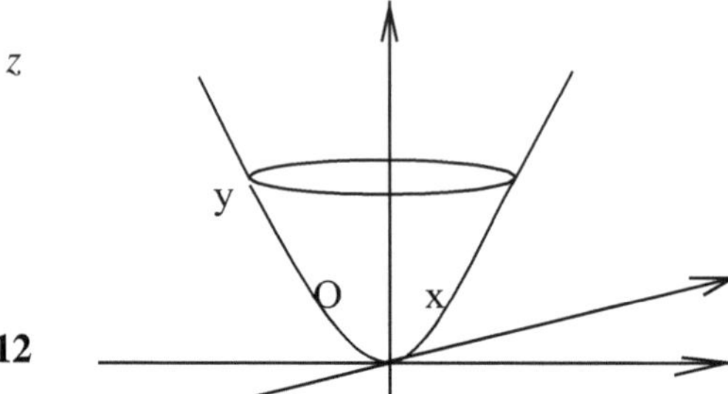

Rys.1.12

Funkcja *f,* określona na *(D⊂R*^{n} n 2≥), jest określana jako ***funkcja numeryczna wielu zmiennych rzeczywistych***. W tym przypadku wartość funkcji *y* od *R*, jest oznaczana: *y = f(x1, x2, ...xn). Na* przykład, *f(x1, x2, ... , xn)* = **a1x1** + + a2x 2+ . . . . + *á* x_{nn}- funkcja liniowa.

Wykres opisowy w przestrzeni geometrycznej przy takich funkcjach (n> 2) nie istnieje.

EKSPERCJE

1. Przedstawicielstwo w samolocie *A B* ∩, jeżeli:

   a) $A = \{M(x,y) \mid x^2 + y^2 \le 1\}, B = \{M(x,y) \mid y \ge x^2\}$;

   b) $A = \{M(x,y) \mid x^2 + y^2 \le 25\}, B = \{M(x,y) \mid |x| \le 7, |y| \le 4\}$.

Udowodnić, że działanie skrzyżowania zestawów jest asocjacyjne.

2. Zdefiniować wszystkie członki zestawu *A B*×, jeżeli *A* = *B* = {a, *в }*.
3. Co z następujących zgodności są mapowania *f:R R→?*

   a) x $\to \sqrt{x}$ *; b) x→ tg x; c) x sin→ x.*
4. Zdefiniować zestaw*D⊂R*, tak aby następujące oznaczenia zgodności były zgodne f:*D→R* : *a) f(x)* = $\frac{1}{x}$; b) *f(x) = ln x;* c) *f(x) = x β, u β>01.β≠*
5. Zastanówmy się nad układem współrzędnych w samolocie. Każdy punkt samolotu umieścimy zgodnie z jego rzutem na oś *OX.* Powiedz, czy to mapowanie jest: a) mapowanie na osi *Ox;* b) mapowanie biunikowe?
6. Zdefiniuj *f(R)*, jeśli :

   a) f*(x) = x2, x ∀∈R;* b) *f (x) = (0,3)x, x ∀∈R;* c) *f (x) = cos x, x ∀∈R.*
7. Wykonaj wszystkie mapowania zestawu *A = {a, b, c}* do siebie i wybierz spośród nich permutacje zestawu

8. Określić długość dwusiecznej kąta *A* w trójkącie o wierzchołkach A*(2, - 1), B(5, 3), C(-6, 5)*

9. Określić liczbę inwersji w permutacji

$$f = \begin{pmatrix} 1\,2\,3\,4\,5\,6\,7\,8 \\ 3\,5\,2\,1\,6\,4\,7\,8 \end{pmatrix}$$

10. Powiedz, czy zestaw $A = \{ \frac{m}{n} \mid m \in N, n \in N\}$ jest policzalny?

11. Zdefiniować wszystkie punkty na osi numerycznej, współrzędne *x*, które zadowalają do nierówności: a) x-7 b|2|<5;) *x2* |- *4x -5 x2* |>- *4x -5.*

12. Pod jakim warunkiem mapowania *f: x→y =* i $\sqrt{x}$ *g : y →z = 5y mogą* tworzyć złożone funkcje $g_0 f : x \to z = 5^{\sqrt{x}}$.

13. Zdefiniować zbiory *D* i *E*, dla których następujące funkcje numeryczne jednej zmiennej rzeczywistej mają funkcje odwrotne: a) y = *x2*; b) y = *ax*, a >0 и a 1≠; c) y = grzech *x*.

KSIĄŻKA 2
ALGEBRA LINIOWA
ROZDZIAŁ 1
PRAWA SKŁADU

§ 1. PRAWA WEWNĘTRZNE SKŁADU

Definicja. ***Wewnętrzne prawo składu*** lub ***operacja algebraiczna*** podana na zestawie *K*, nazywana jest mapowaniem produktu $K \times K$ (kwadrat kartezjański) na *K*. *Innymi* słowy, operacja algebraiczna jest regułą, zgodnie z którą uporządkowaną parę (x1, *x2*), gdzie x1 $\in K$(x1, $_{x2}$) i x2 $\in K$, **porównuje się** do członu *x3* z tego samego zestawu *K*.

Zamiast zapisywania reguły, za pomocą symbolu funkcyjnego *f:(x1,x2) x3* $\rightarrow$lub *f(x1,x2) = x3*, używa się niektórych specjalnych symboli, a mianowicie: + dla dodatku *x1+x2 = x3*, symbol •dla mnożenia, $_{x1}$ *x2* ·= *x3*, oznaczenie $x_1^{x_2}$ = *x3* dla mocy, itp. Aby mieć możliwość studiowania ogólnych właściwości właściwych dla wszystkich tych praw, będziemy używać jednolitego symbolu $\top$, i będziemy pisać *x1* $\top$ x2 = *x3*, że werbalnie jest wyrażony: x1 w kompozycji z x2 daje x3.

1.1. Właściwości wewnętrznych praw składu

Commutativity. Ustawa wewnętrzna $\top$ jest określana jako ***komutatywna***, jeśli dla któregokolwiek z x1 i x2 warunek spełnia

x1 $\top$ x2 = *x2* $\top$ x1 (1.1)

Przykłady. Niech *K* = *Z.* Operacje dodawania i mnożenia liczb całkowitych są komutatywne, a wykładanie i odejmowanie - nie są komutatywne:

$x_1^{x_2} \neq x_2^{x_1}$ и x1 - *x2* $_{x2}$ $\neq$- *x1.*

Kojarzenie. Wewnętrzna ustawa $\top$ jest określana jako ***stowarzyszeniowa***, jeśli dla jakichkolwiek *x1, x2, x3* z *K* , warunek ten spełnia

$$(x1 \top x2) \top x3 = x1 \top (x2 \top x3) \qquad (1.2)$$

Tutaj ważne jest, aby przestrzegać kolejności członków.

Przykłady. Dodawanie i mnożenie liczb całkowitych jest asocjacyjne, a wykładanie i odejmowanie - nie jest asocjacyjne: $(3 - 5) - 2 \neq 3 - (5 - 2)$; $(2^2)^3 = 64$, ale $2^{(2^3)} = 256$..

Neutralny element. Jeśli jest taki element$\in K$, że

$$e \top x = x \top e = x, \qquad (1.3)$$

cokolwiek $x \in K$może być, więc e jest określane jako ***neutralny element*** dotyczący działania $\top$.

Jeśli element neutralny *e* istnieje, to będzie on unikalny. Ponieważ, jeśli możemy mieć inny element *e '* mielibyśmy $e' \top y = y \top e' = y$ jeśli jakieś *y*. Wtedy, wezmawszy $x \top e = x$ jak *x* , element *e '*, otrzymamy $e' \top e = e'$. Po wzięciu $e' \top y = y$ jako elementu *e*, otrzymamy również $e' \top e = e$. Dlatego też, $e = e''$.

Przykłady. Jeśli $K = N$, to dodawanie nie ma elementu neutralnego, a 1- neutralny element mnożenia. Jeśli $K = Z$, zarówno dodawanie jak i mnożenie mają elementy neutralne, odpowiednio 0 i 1. Dla prawa składu mapowań $g \circ f$, identyczne mapowanie $e \circ f = f \circ e = f$ służy jako element neutralny.

Elementy symetryczne. Niech $\top$ będzie wewnętrznym prawem składu na *K*, który ma neutralny element. Możemy powiedzieć, że element $\bar{x}$ od K $\bar{x}$***jest symetryczny*** do elementu *x* od *K* dotyczącego działania $\top$, jeśli

$$\bar{x} \top x = e . \qquad (1.4)$$

Jeśli $x = e$, to służy jako symetryczny element samego siebie, ponieważ $e \top e = e$.

Jeżeli element *x* ma element symetryczny $\bar{x}$, a element $\bar{x}x$ ma element symetryczny, to znaczy, że warunek jest spełniony,

$$\bar{x} \top x = x\ \bar{x} \top \bar{x} = e \qquad (1.5)$$

możemy powiedzieć, że element *x* ***jest odwracalny*** w zakresie działania $\top$.

Jeżeli każdy element $x \in K$jest kabrioletem w odniesieniu do działania $\top$, to działanie w tym zestawie *K* jest określane jako ***odwracalne.***

Przykłady. Jeżeli x jest liczbą rzeczywistą, to $-x$ jest symetryczne do niej w zakresie dodawania, a operacja dodawania jest odwracalna na zestawie R. Jeżeli oprócz x $0\neq$, to $\frac{1}{x}$jest symetryczne do x w zakresie mnożenia, a operacja mnożenia jest odwracalna również na zestawie R, ale bez $x = 0$.

Dystrybucja. Jeżeli na zestawie K *zostaną* określone dwa prawa składu, które są oznaczone jako $\top$ i $\top$, wówczas prawo będzie określane jako ***dystrybucyjne*** dotyczące prawa$\perp$, jeżeli dla jakiegokolwiek x, y, z od K mamy:

$x \top (y z\perp) = (x \top y) \perp(x \top z) ($ *1*.6)

Przykłady. Mnożenie liczb jest dystrybucyjne w przypadku dodawania, ponieważ x-(y + z)=x-y + **xz**, ale dodawanie nie jest dystrybucyjne w przypadku dodawania, ponieważ równość $x +(y-z) = (x+y) -(x + z)$ nie obowiązuje dla wszystkich x , y, z od R.

Operacje asocjacji i krzyżowania się zbiorów są również prawami składu i jak łatwo jest wykazać, dla każdego A, B, C

$A\ C\cap(B\cup) = (A\ C)\cap B)\cup(A\cap,\ A\ C\cup(B\cap) = (A\ C)\cup B)\cap(A\cup;$

W związku z tym każde z tych praw jest dystrybucyjne i dotyczy innego.

1.2. Podstawowe formacje algebraiczne: grupy, pierścienie, pola

Grupa. Możemy powiedzieć, że zestaw K, który ma wewnętrzne prawo $\top$, jest grupą, jeśli prawo $\top$ posiada następujące trzy właściwości:

á) prawo jest asocjacyjne;

b) istnieje element neutralny;

c) dowolny element x $\in K$ma symetryczny.

Jeśli te trzy właściwości zostaną dodane jako czwarta właściwość komutatywności, wówczas grupa jest określana jako ***komutatywna lub grupa Abelian.***

Przykłady. Jeśli $K = N$, to dodanie nie przekształca N w grupę, ponieważ dwa ostatnie warunki nie są spełnione. Jeśli $K = Z$, to dodatek przekształca Z w grupę Abelian.

Pierścień. Niepusty zbiór K , na którym wyszczególniono dwie operacje algebraiczne $\perp$ i $\top$, nazywany jest pierścieniem, jeżeli zbiór K *w* stosunku do grupy abeliowskiej, a drugie prawo $\top$ jest stowarzyszone na K i dystrybucyjne w stosunku do $\perp$.

Jeśli drugie prawo $\top$ jest komutatywne, wtedy pierścień jest nazywany komutatywnym.

Przykład. Zestaw Z jest pierścieniem komutacyjnym: prawo grupy (Abelian) - jest dodawane, drugie prawo - jest mnożeniem.

Pole. Pierścień K, posiadający tę samą właściwość, co zbiór członków z K, nie posiadający neutralnego elementu pierwszej ustawy, tworzy grupę Abelian dotyczącą drugiej ustawy i jest określany jako ***pole.***

Z definicji pola wynika, że zawiera ono co najmniej dwa neutralne elementy (ale należą one do różnych praw).

Przykład. Zbiór R liczb rzeczywistych jest polem (prawo $\perp$- to dodawanie, $\perp$- to mnożenie).

§ 2. PRAWA ZEWNĘTRZNE SKŁADU

Definicja. Niech będą dwa zestawy K i L; mapowanie produktu $K\ L$ $\times$na K jest określane jako ***prawo zewnętrzne składu*** na K.

Przykładem zbioru tego typu jest ***przestrzeń wektorowa***, jej badaniu poświęcony jest IV rozdział danej książki.

§ 3. IZOMORFIZM

Definicja. Niech będą dwa różne lub zbieżne zestawy K i L; i niech K otrzyma prawo wewnętrzne $\top$, i L - prawo wewnętrzne $\perp$. Izomorfizm zestawu K na L jest określany jako biunique mapping f zestawu; możemy powiedzieć, że K i L ***są izomorficzne*** w odniesieniu do praw $\top$ i $\perp$.

Przykłady. 1. $K = Z$, prawo $\top$ j□□t d□d□□□; L - jest zbiorem liczb typu $2m$ (gdzie $m \in Z$), a prawo $\perp$ - jest mnożnikiem. Mapowanie f: $m \rightarrow 2m$ jest izomorfizmem, ponieważ m + $2mm' \rightarrow^{+m'} = 2m - 2^{m'}$, tj. $f(m$ +

m') = f(m) - f (m'), a mapowanie jest biunique, ponieważ *2r = 2g* wynik w p = g.

2. Niech $K = R^{+}$, a prawo ⊤ jest mnożnikiem; niech dalej $L = R$, a prawo⊥ jest dodatkiem. Mapowanie *x ln x*→, i. e. $f(x) = ln\ x$, jest izomorfizmem, jak $ln\ (x, y) = ln\ x + ln\ y$ i poza tym, mapowanie jest biunique od $ln\ u = ln$ v⇒ u = v.

Izomorfizm pozwala na zastąpienie operacji *a* ⊤ в w zbiorze *K* następującymi operacjami: tworzymy członków *a' = f(a)* i *в' = f(в) w* zbiorach *L*, a w *L* stosuje się do nich operację⊥ , tzn. tworzymy członka *a' в⊥'* = *c'*; w końcu otrzymamy *a* ⊤ в = f^{-1} *(c').* Proces ten jest interesujący w tym przypadku, gdy operacja w⊥ *L* jest prostsza, niż operacja ⊤ w K. Robimy to w przypadku zastępowania logarytmów mnożeniem logarytmów przez dodanie.

Gdy pomiędzy dwoma zbiorami występuje izomorfizm, każdemu z nich przypisano jedno lub kilka wewnętrznych praw odpowiadających sobie w tym izomorfizmie, zbiory te ***są*** często ***identyfikowane,*** tzn. do oznaczenia ich członków i symboli wewnętrznych praw odpowiadających sobie w izomorfizmie używane są te same symbole. Będziemy spotykać się z przykładem takiej identyfikacji przy badaniu złożonych liczb i przestrzeni wektorowych.

ROZDZIAŁ 2
ZŁOŻONE LICZBY

Rozważymy równanie $x2 + 1 = 0$. Jest oczywiste, że jakakolwiek liczba rzeczywista $x \in R$ nie jest rozwiązaniem tego równania. Narysujemy takie pole C, zawierające R jako podpole (R $C\subset$), na którym dane równanie może być rozwiązane. To pole jest polem złożonych liczb.

§ 1. POLE *C* NUMERÓW ZŁOŻONYCH

Definicja. Zamówiona para $(a, в)$ dwóch liczb rzeczywistych, $a \in R$ i в $\in R$, *nazywana* jest ***liczbą złożoną***. Stąd $z = (a, в)$ jest członem iloczynu $R \times R$ lub punktem przestrzeni arytmetycznej $R2$.

Zdefiniujemy na zbiorze $R \times R$ dwa prawa wewnętrzne - dodawanie i mnożenie - za pomocą następujących zasad:

$$z1 + z2 = (a1, в1) + (a2, в2) = (a1 + a2, в1 + в2)$$

$$z1 \cdot z2 = (a1, в1)\cdot (a2, в2) = (a1a2, - в1в2, a1в2 + a2, в1) (\qquad 2.1)$$

Dla $z1 = z2$ jest to konieczne i wystarczające, aby $a_1 = a2$ i в1 $= в2$.

Pokażemy teraz, że zestaw złożonych liczb, na których podane są te dwie operacje, to pole C.

Dodatek na zestawie C:

1. jest asocjacyjny: $z1 + (z2 + z3) = (z1 + z2)+ z3;$
2. jest komutatywny: $z1 + z2 = z2 +z1;$
3. ma element neutralny $e = (0, 0);$
4. jest odwracalny, tzn. każda liczba złożona $(a, в)$ ma element symetryczny $(-a, -в)$

$$(a, в) + (-a, -в) = (0, 0) = e .$$

Stąd dla uzupełnienia zestawu C jest to grupa Abelian.

Mnożenie na zestawie C:

1. jest asocjacyjny $z1\cdot(z2\cdot z3) = (z1 \cdot z2)\cdot z3;$
2. jest komutatywny $z1 \cdot z2 = z2 \cdot z1;$
3. ma element neutralny $e = (1, 0)$

$$(a, в) (\cdot 1, 0) = (a \cdot 1 - в\cdot 0, a\cdot 0 +1\cdot в) = (a, в);$$

4. Bez elementu neutralnego $e = (0, 0)$ do dodania - jest odwracalny

$$(a,в)\left(\frac{a}{a^2+в^2},\frac{-в}{a^2+в^2}\right)=\left(\frac{a^2}{a^2+в^2}+\frac{в^2}{a^2+в^2},-\frac{aв}{a^2+в^2}+\frac{aв}{a^2+в^2}\right)=(1,0).$$

Tak więc, zestaw *C* bez $e = (0, 0)$ dla operacji mnożenia jest ***grupą Abelian.***

Multiplikacja jest dystrybucyjna w zakresie dodawania

$$[(a_1, b_1) + (a_2, b_2)] \bullet (a_3, b_3) = (a_1, b_1) \bullet (a_3, b_3) + (a_2, b_2) \bullet (a_3, b_3)$$

Tak więc, wszystkie warunki są spełnione, a zestaw złożonych numerów sprawia, że pole *C*.

Udowodnimy, że wykreślone pole spełnia pożądane wymagania.

1. Wyznaczymy poprzez *D* zestaw par typu $(a, 0)$, gdzie i $a \in R, D \subset C$. Zdefiniujemy sposób działania (2.1) określony na *C*, na zestawie funkcji *D*.

$$(a_1, 0) + (a_2, 0) = (a_1 + a_2, 0),$$

$$(a_1, 0) \bullet (a_2, 0) = (a_1 \bullet a_2 - 0 \bullet 0,\ a_1 \bullet 0 + a_2 \bullet 0) = (a_1 \bullet a_2, 0).$$

W związku z tym, jeżeli każda liczba jest $a \in R$zestawiana zgodnie$(a,0) \in D$, zestaw *D* liczb złożonych typu $(a, 0)$ jest izomorficzny w odniesieniu do dodawania i mnożenia odpowiednich liczb *a* od *R*. Dlatego też można zidentyfikować zestawy *D* i *R*. Tak więc, pierwszy warunek jest spełniony: $R \subset C$.

1. W polu *R* równanie nie $x^2+1=0$ma rozwiązania. Szukamy rozwiązania tego równania w polu *C*. Liczba rzeczywista$v),1 \to (1,0); 0 \to (0,0) x \to (u,$ a zawarte w niej równanie staje się

$$(u, v)^2 + (1, 0) = (0, 0).$$

Po wykonaniu operacji mnożenia $(u,$ (v)$\bullet u$, v$)$i dodania z$(1,0)$, , otrzymujemy

$$(u^2 - v^2 + 1, 2uv) = (0,0).$$

Z definicji mamy równość par i $u^2-v^2+1=00.2uv=$ Stąd ($u=0$lub v$=0$)i (vlub $=\pm 1 u^2=-1$, *nie* ma rozwiązania). W związku z tym otrzymujemy dwa rozwiązania

$$x1 = (0, 1) \text{ i } x2 = (0, -1).$$

Pary, które są rozwiązaniami równania x2 + $1 = 0$, oznaczamy $(0, 1) = i$, a $(0, -1) = -i$, a *i* jest nazywany ***jednostką urojoną.***

W tym przypadku każdy złożony numer może być zapisany jako

$z=\ \ (a, в) = (a, 0) + (0, в) = a + (0, 1)(в, 0) = a + вi,$ (2. 2)

Gdzie a i b - są liczbami rzeczywistymi, a $i^2 = (-i)^2 = -1$. Taka forma zapisu liczby złożonej jest określana jako ***algebraiczna***.

Liczbę *a określa się* jako ***ważną***, a b - jako część urojoną liczby z. Oznaczamy $a = Rez$, $в = Imz$. Jeśli a = 0, liczba $0 + iв = iв$ *określa się* jako ***urojoną***. Stąd w każdej operacji dodawania i mnożenia można zastąpić złożone liczby z sumą $a + в$ *i*i wykonywać operacje jak w przypadku liczb rzeczywistych; wystarczy zastąpić i^2 przez -1 *i2 za* każdym razem, gdy i pojawi się z mocą nie mniejszą niż 2, na przykład = $i^3 i^2 \bullet i = - i, i^4 = 1, i^5 =$ itd.*i*

Przykład.

$(a + вi)^3 = a3 + 3a2iв + 3a(вi)^2 + (iв)i^3 = a3 + i3a2в - 3aв2 - в3\, i=$
$= (a3 - 3aв2) + i(3a2в - в3).$

§ 2. ZŁOŻONE LICZBY KONIUGATOWE

Ponieważ $(-i)^2 = -1$, liczba-i ma własność liczby ***i*, a** mianowicie jej kwadrat jest równy -1.

Definicja. Liczba złożona $\overline{z} = a - в$ *i*jest określana jako liczba ***złożona koniugatowa*** z liczbą $z = a + вi$, *tzn.* liczbą różniącą się od z tylko znakiem części urojonej.

Mapowanie $z \rightarrow \overline{z}$jest biunikowym mapowaniem zbioru liczb złożonych na siebie, tzn. ***permutacją*** tego zbioru, ponieważ jeśli $z = a + вi$, $z' = a' + вi'$**,** warunek $\overline{z} = \overline{z}'$ skutkuje **a** $= a'$ i в $= в'$, a więc $z = z'$.

Niech $z = a + iв$ i $z' = a' + iв'$; mamy

$\overline{(z + z')} = (a + a') - i(в + в') = + \overline{z}\,\overline{z}'$.

Ten sam $z - z' = (aa' - вв') - i(aв' + a'в) = - \overline{z}'\overline{z}$.

Tak więc, mapowanie $z \rightarrow \overline{z}$jest izomorfizmem dotyczącym dodawania i mnożenia.

Występują również następujące właściwości:

1. $z + \overline{z} = 2Re\, z = 2\, a$... Dlatego też suma liczby złożonej z jej liczbą koniugatową jest zawsze liczbą rzeczywistą;

2. $z - \overline{z} = 2i\, Im\, z = 2iв$ Stąd różnica między liczbą złożoną a jej liczbą koniugatową jest zawsze liczbą urojoną;

3. $z\bar{z}= a2 + в2$. Stąd iloczyn liczby złożonej i jej liczby koniugatowej jest zawsze liczbą rzeczywistą, która wynosi 0≥;

4. jeżeli $z = \bar{z}$, to z - jest to prawdziwa liczba.

Rozważmy równanie $ax2 + вx + c = 0$,

gdzie a $\in R$, **в** $\in R$, i **c** $\in R$. (2.3)

Rozwiązaniem takiego równania są liczby:

$$x_1 = \frac{-в+\sqrt{в^2-4ac}}{2a} \quad \text{oraz} \quad x_2 = \frac{-в-\sqrt{в^2-4ac}}{2a}$$

$$x_1 = \frac{-в+\sqrt{в^2-4ac}}{2a} \; \text{i} \quad x_2 = \frac{-в-\sqrt{в^2-4ac}}{2a}.$$

Jeżeli wyróżnikiem jest $D = в2 - 4ac > 0$, to rozwiązaniem równania (2.3) będą dwie różne liczby rzeczywiste. Pod warunkiem, że $D = 0 \, x_1 = x_2 = -\frac{в}{2a}$ należy również do R. Jeżeli D $0<$, to równanie (2.3) nie ma rozwiązań w polu R. Zdefiniujemy je w polu C liczb złożonych. W tym celu przekształcimy wyróżnik $D = в2 - 4ac = -(4ac - в2) = i2(4ac-в2)$, gdzie $4ac - в2> 0$; Następnie mamy:

$$x_1 = -\frac{в}{2a}+i\frac{\sqrt{4ac-в^2}}{2a} = \alpha + i\beta \quad \text{i} \quad x_2 = -\frac{в}{2a}-i\frac{\sqrt{4ac-в^2}}{2a} = \alpha - i\beta;$$

Stąd równanie (2.3.), gdzie D $0<$ ma dwa korzenie na polu C: liczba złożona $x = +i\alpha\beta$ i jego liczba złożona sprzężona $\bar{x} = \alpha\text{-}i\beta$.

§ 3. MODUŁ O ZŁOŻONEJ LICZBIE. PODZIAŁ NA DWIE ZŁOŻONE LICZBY

Definicja. Moduł liczby złożonej z jest określony i oznaczony $|z|$ mapowaniem z | →z | zbiorów C na zbiór liczb nieujemnych od R, oznaczonych jako$|z| = \sqrt{z\cdot\bar{z}} = \sqrt{a^2+в^2}$.

Moduł jest wartością bezwzględną. Właściwie:

1. |z|0≥, **a |z|** = 0 wynik w $z = 0$ i na odwrót.

2. $|z1\ z2| = |z1|\ |z2|$.. W rzeczy samej,

$|z1\ z2|2 = (z1\ z2)\overline{(z1\ z2)} = z1\ z2 \cdot \bar{z}_1 \cdot \bar{z}_2\ (z_1\bar{z}_1)\cdot(z_2\bar{z}_2) = = |z1|2\cdot|z2|2$.

3. $|z1+ z2|\ |z1|+ \leq z2|$.

Poza tymi trzema właściwościami dodano jeszcze jedną właściwość:

4.$|z| = | | \bar{z}$.

Wprowadzenie modułu pozwala na natychmiastowe zapisywanie części rzeczywistych i wyobrażeniowych dla ilorazu dwóch złożonych liczb *z1* i *z2*.

$$\frac{z_1}{z_2} = \frac{z_i \cdot \bar{z_2}}{z_2 \cdot \bar{z_2}} = \frac{(a_1 + i\theta_1)(a_2 - i\theta_2)}{(a_2 + i\theta_2)(a_2 - i\theta_2)} = \frac{a_1 a_2 + \theta_1 \theta_2}{a_2^2 + \theta_2^2} + i\frac{a_2 \theta_1 - a_1 \theta_2}{a_2^2 + \theta_2^2} \quad (2.4)$$

§ 4. GEOMETRYCZNA INTERPRETACJA ZŁOŻONE LICZBY

Złożona geometrycznie liczba $z = a + i\theta$ jako element zbioru *RxR*, jest reprezentowana przez punkt *M* na płaszczyźnie współrzędnych *xOy* ze współrzędnymi *(a, в)*. I to mapowanie, jak widzieliśmy (Księga 1, rozdział 2, § 4, punkt 4.2), jest biunique.

Weźmiemy pod uwagę segment *OM* i kątφ, który tworzy z osią *Ox* (rys. 2.1). Zdefiniujemy długość segmentu *OM*. Z trójkąta prostokątnego (rys. 2.1) według twierdzenia Pitagorejczyka

$$d(OM) = \sqrt{a^2 + \theta^2},$$

stąd długość segmentu *OM* odpowiada modułowi o złożonej liczbie *z*: $d(OM) = |z|$.

Kątφ, jeżeli jest podany *(OM)*, jednoznacznie określa pozycję punktu na płaszczyźnie współrzędnych, a więc liczbę złożoną. Kąt ten nazywany jest ***argumentem liczby złożonej*** i jest oznaczany jako *Arg z*. Argument liczby złożonej jest uważany za pozytywny, jeżeli jest liczony od dodatniego kierunku osi *Ox* w kierunku przeciwnym do ruchu wskazówek zegara, a ujemny - w przeciwnym do kierunku liczenia. Oczywiste jest, że argumentφ dla danej liczby złożonej jest zdefiniowany nie jednoznacznie, lecz dokładnie w obrębie elementu, który jest podzielny przez 2π, czyli.

$\varphi = Arg\, z = arg z + 2\pi m$, gdzie $m = 0 \pm 1, \pm 2, \ldots,$

argz - wartości argumentu liczby złożonej określonej przez nierówności *0 argz* $\leq < 2\pi$ *(*<lub $-\frac{\pi}{2}$ *argz* $\leq\frac{3\pi}{2}$),< która jest nazywana ***głównym argumentem*** liczby złożonej.

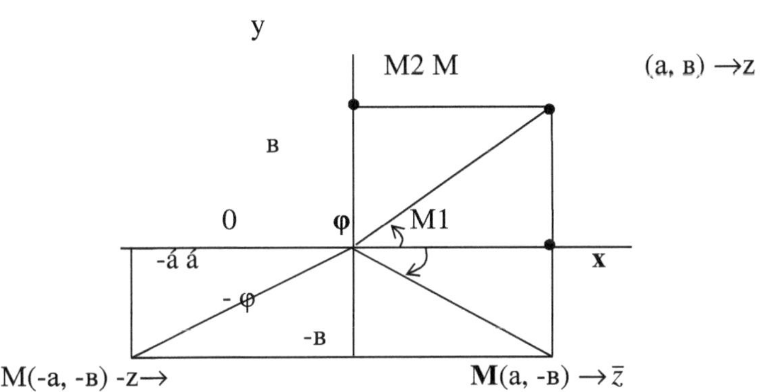

Rysunek 2.1

Jeżeli - arg$\frac{\pi}{2}\leq z<$, $a\frac{3\pi}{2}$punkt M znajduje się na półpłaszczyźnie współrzędnych dodatnich wartości osi Ox *(a > 0), to* arg z = *arc tg , jeżeli znajduje*$\frac{в}{a}$ się na półpłaszczyźnie wartości ujemnych (a < *0), to* arg z + *arc tg Jeżeli a 0=*$\pi\frac{в}{a}$*: arg=z , jeżeli b>0,=*$\frac{\pi}{2}$oraz *arg z - , jeżeli b<0.*=Do definicji *argumentu z* możemy użyć również następującego układu równań $cos\varphi = \frac{a}{\sqrt{a^2+b^2}}$, $sin\varphi = \frac{b}{\sqrt{a^2+b^2}}$.

Skąd, pod warunkiem że $0\leq\varphi<2\pi$

$$\arg z = \begin{cases} \arccos\frac{a}{\sqrt{a^2+b^2}}, & \text{if } b \geq 0; \\ 2\pi - \arccos\frac{a}{\sqrt{a^2+b^2}}, & \text{if } b < 0. \end{cases}$$

Tak więc, rozumiemy *Arg.z* jako wszystkie zestawy kątów odpowiednich do liczby *z* i widocznie z rys. 2.1, mamy: *Arg* $\bar{z}$= *-Arg.z; Arg(-z)* = π + *Arg.z.*

Zbiór liczb rzeczywistych charakteryzuje się stanem *(a, 0)* i dlatego leżały one na osi *Ox*. Zestaw liczb wyimaginowanych charakteryzuje się stanem *(0, в)* i leży na osi *Oy*. Dlatego oś *Ox* jest określana jako ***prawdziwa***, a oś ***O - jako oś wyimaginowana***. Cały samolot jest określany jako samolot ***złożony***.

§ 5. FORMA TRYGONOMETRYCZNA KOMPLEKSU NUMER. FORMUŁA MOIVRE. WYDOBYCIE KORZENIA

Weźmiemy pod uwagę liczbę złożoną, która różni się od *zera* $z = a + iв$, i zapiszemy ją, używając wartości $|z| = d\ (OM)$ i $\varphi = Argz$. Używając rys. 2.1, możemy zapisać $a = |z| bo\varphi$ и $в = |z| sin\ \varphi$. Następnie dla złożonego numeru otrzymujemy:

$z = |z|(cos\varphi + i\ sin\varphi)$ lub $z = r\ (cos\varphi + i\ sin\varphi)$, gdzie $r = |z|$. (2.5)

Rekord ten jest określany jako ***postać trygonometryczna*** liczby złożonej. Dla $z = 0$ forma trygonometryczna nie jest określona, a dla argumentu możemy przyjąć dowolną liczbę rzeczywistą.

Zastosowanie trygonometrycznej formy liczby złożonej znacznie upraszcza operacje mnożenia, dzielenia i ekstrakcji korzenia.

Mnożenie. Niech $z1 - z2\ 0\neq$

i $z1 = r1\ (cos\varphi1 + i\ sin\varphi1)$,i $z2 = r2\ (cos\varphi2 + i\ sin\varphi2)$. Następnie

$z1 - z2 = r1r2(cos\varphi1 + i\ sin\varphi1)(cos\varphi2 + i\ sin\varphi2) =$

$= r1r2\ [(cos\varphi1\ cos\varphi2 - sin\varphi1\ sin\varphi2) + i(sin\varphi1\ cos\varphi2 + cos\varphi1\ sin\varphi2\ )] =$

$= r1r2\ [cos(\varphi1 + \varphi2) + i\ sin(\varphi1 + \varphi2)]$.

Zatem iloczyn dwóch liczb złożonych, różniących się od zera, jest liczbą złożoną, której moduł jest równy iloczynowi modułów tych liczb, a argument jest równy sumie argumentów mnożonych liczb. Uzyskany wynik jest łatwy do przeniesienia na produkt n o numerach $z1, z2, \ldots, zn$. W szczególności jeśli $z1 = z2 = \ldots zn = z = r\ (cos\varphi + i\ sin\varphi)$, wówczas

$^n = rn(cos\ n\varphi + i\ sin\ n\varphi)$. (2.6.)

Ta równość nazywana jest ***formułą Moivre***. Stąd

$$|zn| = |z|n, \qquad Arg^{zn} = n\ Arg\ z.$$

Wydział.

$$\frac{z_1}{z_2} = r(\cos\varphi + i\sin\varphi) \Rightarrow z_1 = z_2 r(\cos\varphi + i\sin\varphi) = r_2 r[\cos(\varphi_2 + \varphi) + i\sin(\varphi_2 + \varphi)].$$

$$r_1(\cos\varphi_1 + i\sin\varphi_1) = r_2 r[\cos(\varphi_2 + \varphi) + i\sin(\varphi_2 + \varphi)]$$

Równość jest możliwa, jeśli

$$r_1 = r_2 r \Rightarrow r = \frac{r_1}{r_2}$$

$$\varphi_1 = \varphi_2 + \varphi \Rightarrow \varphi = \varphi_1 - \varphi_2$$

Iloraz dwóch liczb złożonych, różniących się od zera, jest liczbą złożoną, której moduł jest równy ilorazowi modułów danych liczb, a argument - jest równy różnicy argumentów licznikowych i mianownikowych.

Wydobycie korzenia. Korzeń *n-tej* potęgi złożonej liczby z jest określany jako dowolna liczba $Cz_k \in$, której n-tia potęga jest równa z. Tak więc $\sqrt[n]{z} = z_k \Rightarrow z_k^n = z$. Z ostatniego równania, które mamy:

$\left|z_k^n\right| = \left|z_k\right|^n = |z|$ i $Argz_k^n = nArgz_k = Argz$. Tak więc, i $\left|z_k\right| = \sqrt[n]{|z|}$

$Argz_k = \frac{Argz}{n}$.

W związku z tym, $\left|z_k\right| = \sqrt[n]{|z|}$ i $Argz_k = \frac{Argz}{n}$.

Jeżeli $z = 0$, to niezbędne jest, aby $z\kappa = 0$, czyli zero miało w C tylko jeden korzeń *n - th* mocy, czyli zero. *Załóżmy* teraz, że $z\ 0 \neq$. Jako $Arg\ z$ jest określany z dokładnością do 2π, a zatem argument liczby $z\kappa\kappa$ może przyjmować n, a tylko n wartości określanych z dokładnością do 2π, **a** mianowicie:

$$\arg z_k = \frac{\arg z}{n} + \frac{2\pi k}{n} \text{gdzie } \kappa = 0, 1, 2, ... n - 1.$$

Stąd $\sqrt[n]{z}$ ma na zestawie C n różne wartości $z_0, z_1, \ldots, z_{n-1}$ który *n-ta* moc jest *równa* z: $z_k^n = z$, κ = 0, 1, 2, ... - n1.

$$z_k = \sqrt[n]{|z|}\left[\cos\left(\frac{\arg z + 2\pi k}{n}\right) + i\sin\left(\frac{\arg z + 2\pi k}{n}\right)\right]. \qquad (2.7.)$$

Jest oczywiste, że punkty, które mapują liczby $z\kappa$ na złożonej płaszczyźnie, leżą na kole o środku O i promieniu $\sqrt[n]{|z|}$ i reprezentują wierzchołki regularnego n-kwadratu.

Rozważymy szczególny przypadek, gdy $z = 1$; następnie $|z| = 1$, $arg\ z = 0$, $Argz = 0 + 2\pi m$, $m = \pm 1, \pm 2, \ldots$ i wtedy n-ty korzeń jednego ma moduł 1, a argument $\left(\frac{2\pi k}{n} + 2\pi m\right)$,, gdzie $\kappa = 0$, 1, 2, ... - n1. więc korzenie jednego na planie *C* *będą* liczbami: $z_k = \cos\left(\frac{2\pi k}{n} + 2\pi m\right) + i\sin\left(\frac{2\pi k}{n} + 2\pi m\right)$,

gdzie k = 0, 1, 2... n - 1, m = 0, ±1, ±2

Punkty, odwzorowujące liczby z_K na złożonej płaszczyźnie w przypadku, gdy n = 6, są pokazane na rys. 2.2.

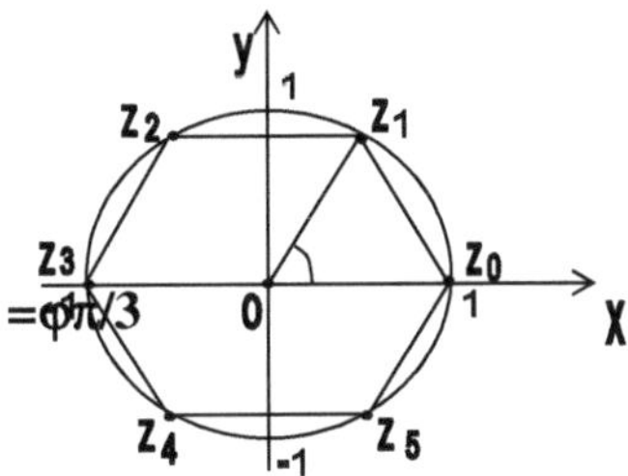

Rys.2.2

§ 6. ZŁOŻONE FUNKCJE

6.1. Złożone funkcje jednej zmiennej rzeczywistej

Definicja. Złożona funkcja jednej zmiennej rzeczywistej jest określana jako mapowanie *R* (lub jakiegoś podzbioru od *R*) na *C*.

Let *x* należy do jakiegoś zestawu *P* od *R*, a *F* jest funkcją złożoną od *x*, określoną na *P*. Wartość funkcji *F* w punkcie *x* jest liczbą złożoną *F (x)*, której części rzeczywiste i urojone są istotą liczb rzeczywistych, których wartość zależy od *x*, *tzn.* są to funkcje numeryczne zmiennej rzeczywistej. I tak, *(FxF)* = $\psi(x) + ig(x)$, gdzie iψ *g* - są funkcjami numerycznymi zmiennej rzeczywistej, określonymi na $P \subset R$.

Z definicji zestawu *C wynika,* że jest on identyczny z zestawem *R2*. Dlatego złożona funkcja *F* jednej zmiennej rzeczywistej może być uważana za mapowanie *SCO* na *R2* lub jeśli *SCO* = *R*, to F:*R R*→*R2*, albo za uporządkowaną parę dwóch funkcji numerycznych jednej zmiennej rzeczywistej *(Fx)* = $(\psi(x), g(x))$.

6.2. Złożone funkcje jednej złożonej zmiennej

Definicja. Złożona funkcja jednej złożonej zmiennej jest określana jako mapowanie *C (*lub pewnego podzbioru od *C*) na *C.*

Niech P będzie trochę ustawione od C. Jeżeli każda liczba złożona *z* $P\in$przy mapowaniu *F* jest ustawiona zgodnie z liczbą złożoną *F (z),* to liczby rzeczywiste i urojone części *F (z)* są istotą liczb rzeczywistych, których wartości zależą od *z*, **a** więc będą to wartości dwóch funkcji numerycznych zmiennej złożonej $z\in P$. Tak więc

$F\ (z) = \psi(z) + ig(z).$

Ale *C* jest utożsamiane z R^2, tzn. każda liczba złożona $z = x + iy\in$ *C* jest utożsamiana z punktem $(x, y)\in R2$, dlatego możemy uważać i ψg za funkcje numeryczne dwóch zmiennych rzeczywistych *x* i *y*. Dlatego możemy pisać

$F\ (z) = \psi(x, y) + ig(x, y)$ lub = $F+\ \psi ig.$

Następnie funkcja *F* działa jako mapowanie *R2* na *R2*, lub jako uporządkowana para dwóch funkcji numerycznych dwóch zmiennych rzeczywistych:

$$F(z) = (\psi(x, y), g(x, y)).$$

6.3. Funkcja wykładnicza $z \to e^z$ z czynnikiem złożonym i jego właściwościami

Numeryczna funkcja wykładnicza $x \to ax\ (a > 0\ u\ a\ 1) \neq$zmiennej rzeczywistej x *R* powoduje $\in$biurowe mapowanie zestawu R liczb rzeczywistych na zestaw R+ liczb rzeczywistych dodatnich; mapowanie to przenosi dodatek do mnożenia, tzn. funkcja ta ustawia sumę x1 + $_{x2}$ zgodnie ze $a^{x_1} \cdot a^{x_2}$ zdjęciami wyrobów: . Czy istnieje złożona funkcja *f* złożonej zmiennej *z,* określonej na *C* i takiej, tak że każdy z_1 $C\in$i $z_2\in$ C,$\in$

$(fz_1 + z_2) = f(z_1) \cdot f(z_2).$

Ustalono, że taka funkcja *f* istnieje również jest funkcją $z\to ez$, której wartości dla dowolnego $z = x + iy\in C$ są zdefiniowane w następujący sposób

$f(z) = {}^{ex+iy} = ex(cosy + i\ siny).$

Właściwie, to nie jest trudne do pokazania, że dla tej funkcji mamy $e^{z_1+z_2} = e^{z_1} \cdot e^{z_2}$.

Oprócz tej funkcji, funkcja wykładnika $f(z) = e^z$ posiada również następujące funkcje:

1. $e^{z_1-z_2} = \frac{e^{z_1}}{e^{z_2}}$;

2. $(e^{z})^{m} = e^{mz}$, gdzie m- jest liczbą całkowitą;

3. $|e^z| = |e^{x+iy}| = e^x$, $(e^z \cdot e^{\bar{z}} = e^{2x})$

4. $e^{z+i2\pi m} = e^z$, gdzie m - liczba całkowita.

Na podstawie funkcji 4 wynika, że funkcja wykładnicza e^{z} jest funkcją okresową z okresem $2\pi i$.

6.4. Formuły Eulera. Wykładnicza forma złożonej liczby

Jeśli wpiszemy $x = 0$ do $z = x + iy$, to dla e^{z} uzyskamy

$$e^{iy} = przytulny + i\ siny$$

(2.8)

Jest to formuła Eulera wyrażająca funkcję wykładniczą z urojonym parametrem poprzez funkcje trygonometryczne. Zastępując w formule Eulera y *-y, otrzymamy*:

$$e^{-iy} = przytulny - i\ siny.$$

Teraz, łącząc e^{iy} *i* e $^{-iy}$, mamy:

$$\cos y = \frac{e^{iy} + e^{-iy}}{2}; \qquad \sin y = \frac{e^{iy} - e^{-iy}}{2i}.$$

Formuły te nazywane są również formułami Eulera.

Będziemy reprezentować złożoną liczbę *в* $z=a+i$w formie trygonometrycznej

$z=r(cos\varphi+ \quad isin\varphi)$, gdzie $r = |z| = \sqrt{a^2 + b^2}$ $;\varphi\ argz + 2{=}\pi m,\ m = 0,\ \pm 1 \pm,$ $2, \ldots ,;$

$\arg z = arctg\frac{b}{a}$, jeżeli a>0; jeżeli $\arg z = \pi + arctg\frac{b}{a}$a $;<0\ argz \quad = /2$ $\pi lub\ -\ /2\ \pi(3\ /2\pi)$ *jeżeli* **a** $= 0.$

Według formuły Eulera $\cos\varphi + i \sin\varphi = e^{i\varphi}$, a więc każda złożona liczba może być przedstawiona w tzw. ***formie wykładniczej:***

$$z = |z|\, e^{i\varphi} = r\, e^{i\varphi} = r\, e^{i(\text{argument}\, z + 2\pi m)}$$

ROZDZIAŁ 3
MULTINOMIAŁY

Definicja. Niech P - będzie to podane pole (R lub C), a x - jakiś formalny symbol. Wyrażenie pewnego rodzaju:

$\alpha_{\kappa x\kappa} + \kappa\text{-}1\ \alpha_{x\kappa\text{-}1} + ... + \alpha_{1x} + \alpha_{0\,x0}$, gdzie indeks κ $\in Z0$: $\alpha_0, \alpha_1, \ldots.\ \kappa\ \alpha \in P$, jest określany jako ***wielomian*** od zmiennej lub (nieznanej) x powyżej pola P. W umowie zapisuje się go jako x0 = 1, a wielomian zapisuje się jako

$\alpha_{\kappa\, x\kappa} + \kappa\text{-}1\ \alpha_{x\kappa\text{-}1} + ... + \alpha_{1\,x} + \alpha_0$ (3.1)

Członkowie$\alpha_0, \alpha_1, \ldots\ldots, \kappa\ \alpha \in P$, są określane jako ***czynniki wielomianu;*** czynnikα_0, jest określany jako ***termin dowolny.*** Jeżeli wszystkie czynniki są równe zeru, odpowiadający im multimian jest określany jako multimian zero i jest oznaczany zerem.

Maksymalny indeks k, przy którym$\alpha_{\kappa}\ 0\alpha \neq$, jest określany jako ***stopień (lub kolejność) wielomianu,*** a $_{\kappa}\ \alpha$- jest wiodącym współczynnikiem wielomianu. Zero multimianał nie ma żadnego stopnia.

Jeżeli x $R \in$i P = R, to multimianał przedstawia numeryczną funkcję jednej zmiennej rzeczywistej. Taka funkcja jest określana jako ***wielomianowa*** lub ***całkowita funkcja racjonalna.***

Wielomiany zmiennej x oznaczymy jako $f(x)$, $g(x)$, ***itd.*** oraz zestaw multimianów nad polem P - $P[x]$.

Weźmy pod uwagę dwa wielomiany z zestawu $P[x]$

$f(x) = \kappa\ \alpha_{x\kappa} + \ldots + \alpha_{1\,x} + \alpha_0$ i $g(x) = \beta_m\, xm + \ldots. + \beta_1 x + \beta_0$

aby były równe i zapisujemy $f(x) = g(x)$, jeżeli $m = k$ (identyczny stopień) i$\alpha_i = i\beta$, dla $i = 0$, 1, ..., κ.

Wielomian może być zapisany również w rosnącej kolejności indeksów

$\alpha_0 + \alpha_{1\,x} + \ldots + \kappa\text{-}1\ \alpha_{x\kappa\text{-}1} + \kappa\ \alpha_{x\kappa}$ (3.2)

Należy zauważyć, że wielomian $g(x)$ stopnia m zawsze można zastąpić wielomianem, który jest równy temu z indeksem $\kappa\ m>$, dodając do $g(x)$ wielomianu

$\beta\ _{m+(\kappa-m)}\, x^{m+(\kappa-m)} + \ldots. + {}_{m+1x}\beta^{m+1}$, gdzie $_{m+1}\beta = {}_{m+2}\beta = \ldots = \beta_{m+(\kappa-m)} = 0$, *tzn.*

$g(x) = \beta_0 + \beta_{1\,x} + \ldots + \beta_{m\,x}{}^{m} + 0\,x^{m+1} + 0\,x^{m+2} + \ldots .\ 0\,x\,\kappa.$

Tak więc, każdy multimian może być uważany za sekwencję $\{\beta_0, \beta_1, \ldots$ $m\beta, 0, 0 \ldots\}$ od P, które wszyscy członkowie z pewnym indeksem są równe zeru.

§ 1. PIERŚCIEŃ WIELOMIANÓW

Wprowadźmy na planie z wielomianem $P\,[x]$ dwa wewnętrzne prawa kompozycji - dodawanie i mnożenie wielomianów, dystrybucyjne dotyczące dodawania wielomianów.

Dodatek. Suma dwóch wielomianów $f\,(x)$ *i* $g\,(x)$ jest określana jako wielomian

$h(x)=yt\,x^{t+} \ldots + y1\,x + y0$, gdzie $yi = {}_i\,\alpha_i + \beta$, $i = 0$, 1, 2,..... t,

stopień wielomianu t jest równy największemu z dwóch stopni, jeśli te stopnie nie są równe; jeśli są one równe, może się zdarzyć, że stopień wydaje się być mniejszy (na$m$ $)=k, \alpha_k=-\beta_k$ i dlatego zawsze mamy

$mCm\,fh(x) \leq max[Cm(x), Cmg(x)]$.

Jest oczywiste, że operacja dodawania jest asocjacyjna i komutatywna.

Istnieje element neutralny, a mianowicie wielomian oznaczony jako $0 = 0\,x\kappa + \ldots . + 0\,x$, które wszystkie czynniki to zero.

W końcu każdy wielomian ma symetryczny, oznaczony jako $-f(x) = -\alpha\,\kappa\,{}_x\,\kappa - \alpha\,\kappa\text{-}1\,{}_x\,\kappa\text{-}1 - \ldots . -\alpha_1\,{}_{x1} - \alpha_0$; *Jest to wielomian*, którego wszystkie czynniki są przeciwne do czynników wielomianu $f\,(x)$.

Stąd też zestaw wielomianów dostarczonych wraz z tym prawem tworzy grupę Abelian (komutatywną).

Mnożenie. Na podstawie rozkładu mnożenia dotyczącego dodawania wystarczy określić go dla wielomianów rodzaju $\alpha_{i\,xi}$. Dla ${}_i\alpha \in P$, ${}_j\beta \in P_{o\,i}\,x$ *założymy*, że

$$(\alpha_{i\,x}{}^{i})(\beta_{j\,x}{}^{j}) = {}_i\alpha_j\beta\,x^{i+j} \quad (3.3)$$

Innymi słowy, mnożymy zmienne tak, jakby ich indeksy były wykładnikami mocy. Jeśli

$f(x) = \alpha_0 + \alpha_{1\,x} + \ldots + \kappa\,\alpha_{x\kappa}, \quad g(x) = \beta_0 + \beta_1 + \ldots . + \beta_{m\,xm},$

następnie na mocy dystrybucji,

$f(x)\cdot g(x) = \alpha_0\beta_0 + (\alpha_0\beta_1 + \alpha_1\beta_0)\, x + \ldots + (\alpha_0\beta_i + \alpha_1\beta_{i-1} + \ldots + \alpha_i\beta_0)\, xi + \ldots + \kappa\ \alpha\beta_m\, x\kappa+m.$

Operacja ta jest komutatywna i dystrybucyjna w zakresie dodawania. Przy pomocy dość długiej, ale nie skomplikowanej kalkulacji stwierdzamy, że jest ona asocjacyjna.

Zwrócimy uwagę na następującą ważną cechę:

$$Cm[f(x)\text{-}g(x)] = Cm\, f(x) + Cm\ g(x).$$

(3.4)

Tak więc, zestaw $P\,[x]$ jest pierścieniem komutacyjnym. Wielomian u $(x) = \eta_0 + \eta_1 x + \ldots\ldots \eta_t + x^t$ jest elementem neutralnym dotyczącym mnożenia, jeżeli $u\ (x)\ \cdot f\ (x) = f\ (x)$ *dla* dowolnego wielomianu $f\ (x)$. W szczególności, powinno być spełnione $u(x)\ \text{-}\ x^{k=x\,k}$, a następnie,

$\eta_0\ xk + \eta_1\, x^{k+1+} \ldots\ldots + \eta_t x^{k+t} = x^{k,}$

co daje nam$\eta_0\eta_t = 1, \eta_1 = \eta_2 = \ldots\ldots == 0$. Tak więc, $u(x) = x0 = 1$; pozwala nam to zidentyfikować wielomian $x0$ z numerem 1.

Wielomian $f\ (x)$ nie ma do niego wielomianu symetrycznego w *zakresie* mnożenia.

Kolejny fakt. Równość $f(x)\text{-}g(x) = f(x)\text{-}\psi(x)$ przy $f(x)$ oznacza, że $g \neq 0(x) = (\psi x)$ *W.* rzeczywistości równość jest zapisana również jako $f(x)\ g[(x)\ (-\psi x)]$ i $=0,f(x)$ następnie , $\neq 0, g(x)\ (x-\psi)$ i $=0g(x) = (\psi x)$.

§ 2. PODZIAŁ WIELOMIANÓW W STOPNIACH MALEJĄCYCH

Jeśli podane są dwa wielomiany $f\ (x)$ i $g\ (x)$, nie zawsze możemy zdefiniować taki wielomian h (x), że $f\ (x) = g\ (x)\ h\ (x)$. Jeśli istnieje $h\ (x)$, to powiemy, że $f\ (x)$ *dzieli się* przez $g\ (x)$ *lub* że $g\ (x)$ dzieli się przez $f\ (x)$, a także, że wielomian $f\ (x)$ *dzieli się* przez $g\ (x)$. Tak więc, wielomian *0* jest podzielny przez dowolny wielomian:$0 = g\ (x)\ \text{-}\ 0$.

Twierdzenie (o podziale wielomianu z resztą). Niech będą dwa wielomiany $f\ (x)$ i $g\ (x)$ pierścienia $P\ [x]$. Istnieją takie unikalne wielomiany $h\ (x)$ *i* $r\ (x)$, że $f\ (x) = g\ (x)\ h\ (x) + r\ (x)$ gdzie $Cm\ r\ (x) < Cm\ g\ (x)$. $h\ (x)$ *jest* nazywany ilorazem, a r (x) - pozostałością podziału f (x) *przez* g (x).

Uwaga. Jeżeli *Cm g (x)> f (x), h (x) = 0,* a r *(x) = f (x).* Zatem *h(x)* *0≠,* gdy *Cm g (x) Cm <f(x).*

Dowód twierdzenia jest pominięty.

Kolejny fakt. Aby podzielić wielomian *f (x)* przez wielomian *g (x),* konieczne i wystarczające jest, aby pozostała część podziału *f (x) przez g (x)* była równa zeru.

Praktyczne obliczenia

Układ operacji jest taki sam jak przy podziale liczb całkowitych, a wielomiany są zapisywane w kolejności malejącej, według zmiennych stopni. Dlatego taki podział nazywany jest również podziałem o malejących stopniach.

Przykład. *f(x) = 5x6 + 1,* *g(x) = x2 + 2x + 1*

f(x) = 5x6 + 0x5 + 0x4 + 0x3 + 0x2 + 0x + 1 | x2 + *2x + 1 = g(x)*

y4x4- g(x) = 5x6 + 10x5 + 5x4 | *5x4-10x3+15x2 - 20x+25*

f5(x) = - 10x5 - 5x4 + 1 | *y4x4+y3x3+y2x2+y1x+y0*

y3x3- g(x) = - 10x5 - 20x4 - 10x3

f4(x) = 15x4 +10x3 + 1

y2x2- g(x) = 15x4 +30x3 + 15x2

f3(x) = - 20x3 - 15x2 + 1

y1x - g(x) = - 20x3 - 40x2-20x

f2(x) = 25x2+20x +1

y0- g(x) = 25x2+50x +25

f1(x) = -30x - 24

Tutaj mamy *f(x) = g(x)- h(x) + r(x),* gdzie *h(x) = 5x4 - 10x3 + 15x2 - 20x + 25,*

r(x) = 30x - 24. Cm r(x)= 1; Cm r(x) Cm <g(x)= 2.

§ 3. OBUSTRONNIE ODRĘBNE I NIEREDUKOWALNE MULTINOMIALS. TWIERDZENIE EUKLIDESOWE ORAZ ALGORYTHM

Niech zostaną podane dwa stałe wielomiany *f (x)* i *g (x),* jeśli nawet jeden z nich nie jest równy zero. Wielomian *t (x)* jest określany jako ***wspólny dzielnik*** *f (x)* i *g (x),* jeśli dzieli te wielomiany bez reszty. Wielomian stopnia zerowego, czyli stałe $\alpha_0 \neq 0$, jest zawsze wspólnym dzielnikiem.

Definicja 1. Wielomian o największym stopniu rozpowszechnienia, który jest wspólnym dzielnikiem wielomianów *f (x)* i *g (x),* jest określany jako ***największy wspólny dzielnik*** **(GCD)** wielomianów *f (x)* i *g (x).*

Jeżeli *h (x)* jest GCD wielomianów *f (x)* i *g (x),* to GCD wielomianów *f(x) x* ψ() i *g(x) x* ψ() jest *h(x) x* ψ() dla każdego wielomianu *x* ψ(). Oprócz GCD są odpowiednio wielomiany hλ*(x)* i hλ*(x) x* ψ*(),* gdzie $\lambda \in P$*ŕ* i nie jest równy zero. Dlatego też dalej będziemy rozumieć GCD jako tę GCD, której najwyższy współczynnik jest równy 1.

Każdy wspólny dzielnik *t (x)* wielomianów *f (x)* i *g (x)* dzieli GCD *h (x),* a każdy GCD *h (x)* dzieli się na *f (x)* i *g (x);* zatem zbiór wspólnych dzielników wielomianów *f (x)* i *g (x) pokrywa* się z zestawem dzielników wielomianu *h (x).*

Definicja 2. Dwa wielomiany *f (x)* i *g (x) określane są* jako ***wzajemnie odrębne***, jeżeli ich GCD ma zero stopni (tj. nie jest stałą zerową).

Jeśli *f (x)* i *g (x)* - są wzajemnie od siebie odróżnialne dwa wielomiany z *P{x}, to istnieją* unikalne wielomiany *v (x) i w (x)* z P{ x} , które mają następującą właściwość *v (x) f (x)* + *w (x) g (x)* = *1*, a Cm *v (x)* <*Cm g (x), Cm w (x)* <*Cm f (x). Równość* ta określana jest jako ***równanie tożsamości Bezouta***.

Twierdzenie euklidesowe. Jeżeli *f (x)* dzieli produkt *g (x) c (x),* a jeżeli *f (x)* i *g (x)* różnią się od siebie, *f (x)* dzieli się na *c (x).*

Dowód. Rzeczywiście, GCD wielomianów *f (x)* i *g (x)* jest stałą niezerowąλ, a następnie GCD wielomianów *f (x) c (x)* i jest *g(x)c(x)c(x).*λ

Ale $f(x)$ dzieli się na $f(x)\, c(x)$ i przez dane dzieli się na $g(x)\, c(x)$, a więc dzieli je GCD, który jest równy $c(x), \lambda$ a więc $f(x)$ dzieli się na $c(x)$.

Definicja 3. Wielomianowy $p(x)$ jest określany jako ***odrębny*** lub ***nieredukowalny***, jeżeli nie ma innych dzielników, z wyjątkiem jego własnych i stałych niezerowych.

Weźmy teraz każdy wielomian $f(x)$ i GCD $h(x)$ wielomianów $f(x)$ i $p(x)$; ponieważ $p(x)$ jest nieredukowalny, to $h(x)$ jest równy albo $p(x)$, albo stały; w pierwszym przypadku $f(x)$ dzieli się przez $p(x)$, a w drugim przypadku $f(x)$ różni się od $p(x)$. Tak więc, każdy wielomian albo jest podzielony przez $p(x)$, albo jest z nim wzajemnie odrębny. Może to być dowód na następujące twierdzenia dotyczące faktoryzacji multimianów.

Twierdzenie 2. Każdy multimian $f(x)$ z pierścienia $P[x]$ stopni≥ 1, jest faktoryzowany w iloczynie nieredukowalnych multimianów $p(x)$ i c z dokładnością do rzędu sekwencji, ta faktoryzacja jest unikalna

$$f(x) = p_1(x) \cdot p_2(x) \cdot \ldots \cdot p_n(x) = \prod_{i=1}^{n} p_i(x). \qquad (3.5)$$

Należy wspomnieć, że pojęcie wielomianowej nieredukowalności w znacznym stopniu zależy od pola czynników P, więc wielomianowy $x2 - 4$ nie jest nieredukowalny w polu Q liczb racjonalnych, ponieważ jest podzielony przez $x - 2$ i przez $x + 2$; Wielomian $x2 - 2$ jest nieredukowalny w Q, ale nie w R, ponieważ jest podzielony przez $x + \sqrt{2}$ i przez $x - \sqrt{2}$; Wielomian $x2 + 1$ jest nieredukowalny w R, a następnie, i w Q, ale nie w C, ponieważ jest podzielony przez $x + i$ i przez $x - i$.

Należy wspomnieć, że wielomian pierwszego stopnia jest nieredukowalny dla każdego pola P, ponieważ jego dowolny dzielnik jest albo stałą, albo samą sobą i jest unikalnym wielomianem nieredukowalnym powyżej pola C liczb złożonych. Powyżej pola liczb rzeczywistych, z wyjątkiem wielomianu pierwszego stopnia, również wszystkie wielomiany drugiego stopnia, które mają charakter dyskryminujący negatywny, będą nieredukowalne.

Wyznaczanie GCD: algorytm euklidesowy. Niech $f(x)$ i $g(x)$ - dwa wielomiany i $Cm\, f(x) > Cm\, g(x)$; podzielmy $f(x)$ *przez* $g(x)$ *o* malejące stopnie:

$f(x) \quad = g(x)h_{0(x)} + r_{0(x)}, \quad 0Cmr(x)\ g(x).<Cm$

Wtedy podzielimy się przez $g(x)r_0(x)$,

$g(x) = r_0(x)h_1(x) + r_{1(x)}, \quad 1Cmr(x)\ r_0<Cm(x).$

Podzielmy ponownie$r_{0}(x)$ przez$r_{1}(x)$, otrzymamy pozostałe $r_2(x)$, który stopień jest mniejszy niż$r_1(x)$. Wtedy podzielimy$r_{1}(x)$ przez $r_2(x)$, itd.; stopnie kolejnych pozostałości ściśle się zmniejszają; stąd nadejdzie moment, w którym jakaś reszta $r_{n-1}(x)$ zostanie podzielona przez resztę $r_n(x)$, i tak otrzymamy

$r_{n-2}(x) = (r_{n-1x})\ (x)\ (x)\ h_n r_n\text{-}\ (x),\ (Cmr_n x r_n) < Cmr_{n-1}(x),$

$\quad {}_1r_n\text{-}(x) = r_n(x)\ h_{n+1}\ (x).$

Jakikolwiek wspólny dzielnik wielomianów $f\ (x)$ i $g\ (x)$ dzieli się na$r_{0}(x)$, a następnie dzieli się na$r_{1}(x)$ itd., w końcu dzieli się $r_n(x)$; odwrotnie, jakikolwiek dzielnik reszty $r_n(x)$ dzieli się$r_{n-1}\ (x)$, więc, następnie $r_{n-2}(x)$, itd., a więc dzieli się na $f\ (x)$ i $g\ (x)$; więc$r_n\ (x)$ jest GCD wielomianów$f\ (x)$ i $g\ (x)$.

Ta metoda oznaczania GCD ma nazwę ***algorytmu euklidesowego***, gdzie algorytm słowny oznacza proces obliczeniowy.

§ 4. ZERO (KORZENIE) WIELOMIANU. MNOGOŚĆ ZERA. WIELOMIANOWA EKSPANSJA W PRODUKCIE NIEREDUKOWALNYCH WIELOMIANÓW POWYŻEJ POLA C I R

Jeśli*J* dla liczby zastąpimy zmienną x w wielomianie $f(x)\in x\ P[\beta\in P$, otrzymamy liczbę, którą określamy jako wartość wielomianu, gdy $x = \beta$i jest ona oznaczona

$f(\beta) = \kappa\ \alpha_\kappa\ \beta + \kappa\text{-}1\ \alpha_{\kappa-1}\ \beta + \ldots + \alpha_1\beta + \beta_0.$

Definicja. Liczbaλ z pola P jest określana *jako* ***zero*** (lub ***rdzeń***) wielomianu $f(x)\in x\ P[]$, jeśli $f(\lambda) = 0$.

Bez względu na twierdzenie.$\lambda\in P$ Aby być korzeniem wielomianu $f(x)\in x\ P[]$, konieczne i wystarczające jest, aby wielomian $f(x)$ był podzielony przez wielomian x - λ. Następnie wyznaczymy wielomian x - jako p $\lambda\lambda(x).\lambda($

Dowód. Konieczność:λ - korzeń i $f(\lambda)) = 0$. Podzielimy $f(x)$ *przez p* $_{\lambda}(x)_{\lambda}($*w mocach malejących*. Ponieważ $p_{\lambda}(x)_{\lambda}($ma moc 1, pozostała część ma stopień równy zeru, więc jest to stałaβ, która może być równa zeru, a my mamy $f(x) = p_{\lambda}(x) f1(x) + \beta$. Weźmiemy $f(\lambda)$. Jak $_{p\ \lambda}(\lambda) = 0$, wtedy $f(\lambda) = \beta$. *Tak* więc, jeżeliλ istnieje korzeń wielomianu $f(x)$, *wtedy* $f(\lambda) = 0$; tak, $\beta=0$ $f(x)$ dzieli się przez p $_{\lambda}(x)$.

Wystarczająco. Jeśli $f(x)$ jest podzielone przez p $_{\lambda}(x)_{\lambda}($, to pozostała część jest 0, β=a następnie

$f(\lambda) = P_{\lambda}(\lambda) f1(x) = 0$, ponieważ p $_{\lambda}(\lambda) = 0$.

Wielokrotność zera. Niech to$\lambda\in P$ będzie zero wielomianu $f(x)\in x$ $P[]$; wtedy, jeżeli $p\ _{\lambda}(x) = x - \lambda$, to $f(x) =$ p $_{\lambda}(x)\ f1(x)$. Może być tak, że $f1(x)\lambda$ ma wartość zerową, a następnie $_{f1}$ $f1(x) = p_{\lambda}(x) f2(x)$; i $f(x) = p2_{\lambda}(x)$ $f2(x)$.

Definicja 2. Wielokrotność zera (pierwiastek)λ jest określana jako największy wykładnik całkowity h, dla którego $f(x) = r^{h}{}_{\lambda}(x) fh(x)$, a$_{ff}$ $fh\ (x)$ nie ma wartościλ zerowej, tj.$_f fh\ (\lambda)\ 0\neq$.

Jeżeli $h = 1$, wówczasλ jest określane jako ***proste zero,*** jeżeli $h = n$, *wówczas*λ jest określane jako zero o wielokrotności n, lub n - th (podwójne, potrójne, itp.) zero.

Niechλ_1, λ_2, ... , λ_n - być różnym zerem wielomianu $f(x)$, i niech h_1,h_2, ...h..być ich mnogością. Następnie, Multinomial $f(x) = p_{\lambda_1}^{h_1}(x)\, b(x) = p_{\lambda_2}^{h_2}(x)\, c(x)$. $p_{\lambda_1}(x)$ ma moc 1 i dlatego jest nieredukowalny dla każdego pola P, a więc jest wzajemnie prosty z $p_{\lambda_2}(x)$, jeśli $\lambda_{2\ 1}\neq\lambda$. Więc, $p_{\lambda_1}^{h_1}(x)$ i $p_{\lambda_2}^{h_2}(x)$ są też wzajemnie proste.

Ale $p_{\lambda_2}^{h_2}$ **(x)** dzieli $p_{\lambda_1}^{h_1}(x)b(x)$ iloczyn, i dlatego, zgodnie z twierdzeniem euklidesowym, dzieli b $p_{\lambda_2}^{h_2}(x)$ (x), i mamy $b(x) = p_{\lambda_2}^{h_2}(x)b^{*}(x)$. , więc, $f(x) = p_{\lambda_1}^{h_1}(x)\cdot p_{\lambda_2}^{h_2}\cdot b^{*}(x)$. Kontynuując to rozumowanie w kolejności dla wszystkich wielomianów $p_{\lambda_i}^{h_i}(x),\ i=1,2,...,n$, w końcu otrzymujemy wzór na wielomianowy iloczyn rozszerzenia nieredukowalnych wielomianów.

$$f(x)=p_{\lambda_1}^{h_1}(x)\cdot p_{\lambda_2}^{h_2}(x)\cdot...\cdot p_{\lambda_n}^{h_n}(x)\psi(x)=(x-\lambda_1)^{h_1}\cdot...\cdot(x-\lambda_n)^{h_n}\psi(x),$$

i ta forma reprezentacji czyni oczywistym ten fakt, że,λ_i jest zerem wielomianu *f (x)* i że jego wielość jest równa *hi.*

Niech *k* będzie potęgą wielomianu *f (x);* ostatnie wyrażenie dla *f (x)* wskazuje, że *κ = Cm f(x) = h1 + h2 + ... +hn + Cm ψ(x),* stąd

h1 + h2 + ... + hn κ ≤= Cm f(x).

Wynika z tego, że wielomian stopnia *k* nie może mieć więcej niż *k* różnych korzeni - ***twierdzenie Lagrange'a.*** Jeśli są one równe k, więc wszystkie są proste.

Przyjmijmy sytuację, gdy pole *P* jest polem *C* o złożonych liczbach, a *f(x)∈ C x[].* W tym przypadku ważne jest twierdzenie, które ma nazwę ***D'Alembert theorem*** (lub ***podstawowe twierdzenie algebry).*** Każdy wielomian *f (x)* C{ x} power, który jest większy lub równy jednemu, ma w polu C liczby złożone i, co najmniej, jeden korzeń.

Co za tym idzie, fakt

1. Każdy wielomian *f (x) z C {x}* moc *k* ma wszystkie swoje korzenie w polu *C* złożonych liczb i ich ilość w dokładności jest równa *k*, jeśli policzyć każdy korzeń tyle razy, ile ma swoją wielość.

2. Tak więc, jeżeli *f(x) C∈x[], Cm f(x) = k, to h1 + h2 + ... +hn = κ,* a *Cm ψ(x) =0;* stąd *ψ(x) jest* stałą, która jest różna od zera, a rozwinięcie *f (x)* jest reprezentowane jako

$$f(x)=\alpha_k(x-\lambda_1)^{h_1}\cdot(x-\lambda_2)^{h_2}\cdot...\cdot(x-\lambda_n)^{h_n}, \quad (3.6)$$

gdzie α_n - jest najwyższym współczynnikiem *f(x), h1, ..., hn∈ N, . . .*λ_1,λ_n∈ *C.* wzór jest określany jako **rozszerzenie kanoniczne *f (x) nad*** polem ***C*** liczb złożonych.

3. Niech *f (x)* - będzie wielomianem z rzeczywistym współczynnikiem z pola *R*, to jeśli wśród zer λ_1,. . .,λ_n jest zeroλ_i∈ *C* mnogości μ, więc

powinien być kompleks - koniugatowy korzeń $\overline{\lambda}_i$ o tej samej mnogości μwśród korzeni. Prawdziwe nieredukowalne wielomiany, ponad polem *R* mocy więcej niż jednego, są wielomiany $_{x2}$ α_2+ *x* α_1+ α_0, który ma ujemną dyskryminację; takie wielomiany w polu liczb złożonych mają jako korzenie dwie złożone-zespolone liczby i$\lambda\overline{\lambda}$. (Księga 2, Rozdział 2, § 2).

Teraz, po połączeniu w parach mnożnika$(x-\lambda_i)^{h_i}\cdot(x-\lambda_j)^{h_j}$,, gdzie $\lambda_j = \overline{\lambda}_i$, *hi = hj = μi* w rozszerzeniu kanonicznym wielomianu *f (x)* ***pod*** polem, *C* otrzymamy:

$$f(x)=\alpha_k\left[x^2+\alpha_{11}x+\alpha_{01}\right]^{\mu_1}\cdot\ldots\cdot\left[x^2+\alpha_{1m}+\alpha_{0m}\right]^{\mu_m}\cdot(x-\lambda_1)^{e_1}\cdot\ldots\cdot(x-\lambda_t)^{e_t}, \qquad (3.7)$$

λ1, λ2, ... , λt - są to rzeczywiste zera f*(x),* $\alpha_{1j}\in R$*, λ0*$_{jR}$*∈, j* = 1, ... , *m, f(x)∈ R[x], Cmf (x)* = *2(μ1 + μ2 + . . +μm) + e1 + . . . + et* mulitnomails *(x2 + α1j*$_x$*+ α0*$_j$*)* odpowiadają zerowym parom λi iλj = $\overline{\lambda}_i$.

Uzyskana ekspansja jest określana jako ***kanoniczna ekspansja wielomianu f* (x) *powyżej pola R*** rzeczywistego.

EKSPERCJE

1. Udowodnić, że wielomianowa operacja przecięcia jest dwuskładnikową operacją względną sumowania zestawów.

2. Czy zestaw *Q* liczb racjonalnych, na które przypisana jest operacja mnożenia, jest grupą?

3. Jest ustawiony *Q* pole, jeśli :

a) w tym zestawie prawo mnożenia jest przypisane jako pierwsze prawo, a jako drugie - prawo dodawania?

b) pierwsza ustawa - czy dodanie, druga - czy zwielokrotnienie?

4. Obliczyć $z=\frac{\sqrt{3}+i}{2-i\sqrt{3}}$.

5. Zdefiniuj rzeczywiste wartości x i *y* z równania *(1 + i) x2 + (2 + i) x - (1 - i) y = 7(1 + i).*

6. Jaki sens geometryczny ma różnica wielkości dwóch złożonych liczb? Aby zdefiniować tę wielkość dla *z = 3 + i2* i $\overline{z}=3-i2$. Przedstawić te punkty na złożonej płaszczyźnie.

7.Zdefiniować wszystkie korzenie i wykreślić je na złożonej płaszczyźnie: $\sqrt[3]{1+i}$; $\sqrt[6]{-3}$.

8. Rozwiązać równania:

a) 2x2 - 3x + **7** = 0, b *cos x* = 3, c) *sin x* = 2.

9. Zdefiniuj korzenie równania $z^{8} - 2\sqrt{3}z4 + 4 = 0$ i wykreśl je na złożonej płaszczyźnie.

10. Przedstawić w formie orientacyjnej złożone liczby:

$1 + i$, $-1 + i$, -5, $\sqrt{3} + i$.

11. Podziel wielomian 3x6 + 2x3 - 2x + 5 przez wielomian 2x2 + 3 w siłach opadających.

12. Zdefiniuj wielokrotność zera $x = 1$ dla wielomianu

f(*x*)= 3x5 - 8x4 +*4x3* + 6x2 - 7x + 2

i ekspansja tego wielomianu w wyniku nieredukowalnych wielomianów na polu *R* i *C*.

ROZDZIAŁ 4
SPACJE WIDOCZNE

Na pewnym zbiorze *K,* który ma wewnętrzne prawo grupy komutatywnej, można określić również za pomocą innego zbioru *L*, zewnętrznego prawa kompozycji - mapującego $K\times L$ na K. Najważniejszym zestawem tego typu ***jest przestrzeń wektorowa*** (lub ***przestrzeń liniowa).***

Definicja. Zbiór *K* jest określany jako przestrzeń ***wektorowa (liniowa)*** nad polem *P*, jeżeli posiada prawo wewnętrzne (+) - dodawanie i prawo zewnętrzne (-) - mnożenie przez element z pola *P*, posiadający następujące właściwości:

1. Dodatek na zestawie *K* ma wewnętrzne prawo grupy komutatywnej. $\forall.\in x\in y$ *K,* $\forall\in$i *Kz* $\forall\in K$ mamy:

   $x + y = y + x;$

   $x + (y + z) = (x + y) + z;$

   $\exists e\in K,$ tak, że x +e = e + x = x (element neutralny),

   $\exists\bar{x}\in K$, tak że $\bar{x}+x=e$(element symetryczny).

2. Zewnętrzne prawo mnożenia, tak że x $\forall\in K,$ $\forall y\in$ i$K\forall P$, $\lambda\in$ $\forall\mu\in P,$

   $\lambda\cdot(x + y) = x\,\lambda\cdot + y\lambda\cdot$

   $(\lambda x + \mu)\cdot\lambda\cdot = x\,x\,\lambda\cdot x + \mu\cdot$

   $\lambda\cdot(\mu\cdot x) = (\,x\lambda\cdot\mu)\cdot)$

$\varepsilon\cdot x = x,$ gdzieεjest neutralny element mnożenia w polu *P*.

Elementy z przestrzeni wektorowej *K* są określane jako wektory i są zwykle oznaczane małymi literami łacińskimi ze strzałkami powyżej. ($\vec{a}$, $\vec{b}$, $\vec{x}$itp.) lub mniejszą czcionką w grubym druku. Elementy pola *P* częściej oznaczone są małymi literami greckimi ($\alpha,\beta,\gamma,\lambda$itd.). Element neutralny dodatku *e* w K jest określany jako wektor zerowy i jest oznaczany jako$\vec{0}$. Neutralny element dodawania w *P* jest oznaczany przez 0 (zero), a mnożenieε - przez 1 (jeden). Element$\bar{x}$ symetryczny x jest określany jako przeciwny do wektora $\vec{x}$ i jest wyznaczony -$\vec{x}$ tj. $\bar{x}$= - $\vec{x}$.

Kolejny fakt z definicji. 1) W przestrzeni wektorowej może to być tylko jeden wektor zerowy, a dla każdego wektora może to być tylko jeden wektor przeciwny. Załóżmy, że istnieją dwa zerowe wektory $\vec{0}_1$ i $\vec{0}_2$, wówczas z definicji wynika, że ich suma powinna być równa każdej z nich, tj. $\vec{0}_1 + \vec{0}_2 = \vec{0}_1$ lub

$\vec{0}_1 + \vec{0}_2 = \vec{0}_2$ i, co za tym idzie, . $\vec{0}_1 = \vec{0}_2$. Podobnie, jeśli jakiś wektor $\vec{x}$ ma dwa przeciwstawne $-\vec{x}_1$ i $-\vec{x}_2$ suma $(-\vec{x}_1) + \vec{x} + (-\vec{x}_2)$ powinny być równe w obu przypadkach $-\vec{x}_1$ i $-\vec{x}_2$, więc $-\vec{x}_1 = -\vec{x}_2$.

2) Jeżeli $\lambda\vec{x} = \vec{0}$ to albo λ, albo $\vec{x} = \vec{0}$

3) Równość$\lambda\vec{x} = \mu\vec{x}$ jest wykonywana dla każdego $-\vec{x}_1 = -\vec{x}_2$. Jeśli $\vec{x} \neq \vec{0}$a następnie, po dodaniu obu części równości $-\mu\vec{x}$ uzyskamy $\lambda\vec{x} - \mu\vec{x} = \mu\vec{x} - \mu\vec{x} = \vec{0}$ to jest $(\lambda - \mu)\vec{x} = \vec{0}$ale $\vec{x} \neq \vec{0}$więcλ - и μ=0μ.λ=

4) Równość$\lambda\vec{x} = \lambda\vec{y}$ jest wykonywany dla każdego $\vec{x}$ oraz $\vec{y}$

Jeżeli 0.Jeżeli λ=λ≠0, to$\lambda\vec{x} - \lambda\vec{y} = \vec{0}$ lub $\lambda(\vec{x} - \vec{y}) = \vec{0}$.0 Od tego λ≠czasu $\vec{x} - \vec{y} = \vec{0}$ Zatem $\vec{x} = \vec{y}$.

§ 1. PRZESTRZEŃ WEKTOROWA WIELOMIANÓW POWYŻEJ CZYNNIKI POLOWE *P*

Jak wiadomo (Księga 2, гл.3, §1) dodanie na wielomianowym zestawie nad polem *P* ma wewnętrzne prawo grupy komutatywnej. Teraz zdefiniujemy na zestawie $P\ \{x\}$ wielomianów za pomocą pola *P* prawo zewnętrzne danego składu.

Mnożenie przez pierwiastek z R. Let P$\lambda\in$; ujmiemy f($\lambda f(x) = \lambda\alpha_n x^n + ... + \lambda\alpha_1 x + \lambda\alpha_0 ; \lambda x \lambda)$ jest wielomianem, którego wszystkie współczynniki są istotą iloczynu pierwiastka λprzez współczynniki wielomianu $f(x)$.

To oczywiste, że и $\forall f(x) \in P[x]$, $\forall g(x) \in P[x]\ \forall\lambda \in P, \forall\mu \in P$mamy:

$$\lambda[f(x) + g(x)] = \lambda f(x) + \lambda g(x);$$

$$(\lambda + \mu) f(x) = \lambda\, f(x) + \mu\, f(x);$$

$$\lambda[\mu\, f(x)] = (\lambda\mu) f(x);$$

$\varepsilon f(x) = f(x)$, gdzie ε= 1 - jest neutralnym elementem mnożenia w *P*.

Tak więc operacje dodawania multimianów i ich mnożenia przez liczbę z *P* przekształcają zbiór $P[x]$ multimianów w przestrzeń wektorową nad polem *P* współczynników, a multimian w stosunku do tego zbioru jest wektorem i można go określić jako $f\vec{(x)}$.

§ 2. SPACJE WSKAŹNIKÓW *Pn* ABOVE FIELD *P*

Każde pole *P* (pole *R* liczb rzeczywistych lub *C* liczb złożonych) jest przestrzenią wektorową nad sobą z dodaniem jako prawa wewnętrznego i mnożeniem jako prawa zewnętrznego (K = *L* =*P)*.

Iloczyn dowolnej skończonej liczby *n* zbiorów *P* jest również przestrzenią wektorową nad polem P. Ta przestrzeń wektorowa jest oznaczona jako $P^n = PxPx...xP = \prod_{i=1}^{n} P_i$.Elementy (wektory) tej przestrzeni to uporządkowane zbiory z *n* liczb ($\alpha_1\alpha_2$, , , . . ., α_n), nazwanych ***składników*** lub ***współrzędnych*** wektora:

$\vec{x}$= ($\alpha_1\alpha_2$, , , . . ., α_n), gdzie $\vec{x}$ ∈ Pn, oraz $\alpha_i \in P, i = 1,2,...,n$.

Wewnętrzne i zewnętrzne prawa kompozycji w tej przestrzeni są następujące:

$\vec{x} + \vec{y} \rightarrow$ ($\alpha_1\alpha_2$, , . . ., α_n) + (β_1, β_2 , …., β_n) = (α_1 + β_1, +$\alpha_2\beta_2$, …, α_n + β_n);

$\lambda\vec{x} \rightarrow \lambda$ ($\alpha_1\alpha_2$, , ..., α_n) = ($\lambda\alpha_1\lambda\alpha_2$, , . . . , $\lambda\alpha_n$), (4. 1)

Tutaj $\vec{x}$ ∈ *Pn*, $\vec{y}$ ∈ Pn, λ ∈ *P*,α_i ∈ P, β_i ∈ *P*, *i* = 1, 2, ..., *n*.

Teoretycznie składniki wektora mogą układać się nie tylko w rzędzie $\vec{x}$ = (α_1, α_2, , . . . α_n), ale także w kolumnie $\vec{x}$ =

$$\begin{matrix}\alpha_1 \\ \alpha_2 \\ M \\ \alpha_n\end{matrix}$$

W zależności od układu przestrzenie te określane są jako przestrzeń ***rzędu - wektory*** długości *n*, lub ***kolumny - wektory*** wysokości *n*.

Rozważmy przypadek, w którym *P* = *R* i przestrzenie wektorowe *Pn* = *Rn* są prawdziwe. Jeżeli *n* = 1,2,3, to, jak już zdefiniowaliśmy, pomiędzy punktowym zbiorem przestrzeni arytmetycznej *Rn* a punktowym zbiorem zorientowanej przestrzeni geometrycznej można określić biunique mapping, który ma prezentację: → *R1 zbiór* punktowy osi współrzzdnych; *R2 zbiór* punktowy →płaszczyzny współrzzdnych; *R3*- zbiór punktowy zorientowanej przestrzeni geometrycznej. Mapowanie jest tu rozumiane jako sposób definiowania współrzędnych punktowych przestrzeni.

Analogicznie można założyć, że w przestrzeni geometrycznej znajdują się również wyraźne przestrzenie wektorowe, które można umieścić w biurach zgodnie ze przestrzeniami wektorowymi *Rn* powyżej pola *R*, gdzie *n* = 1, 2, 3. Ustalmy taką zgodność.

§ 3. WEKTORY W PRZESTRZENI GEOMETRYCZNEJ

Definicja. W przestrzeni geometrycznej przekierowany odcinek $\vec{AB}$, który jest ustawiony przez uporządkowaną parę punktów *A* i *B*, jest określany jako wektor($\vec{a}$). Pierwszy punkt jest określany jako początek ukierunkowanego odcinka $\vec{AB}$, a drugi punkt *B* - jego koniec, oraz $\vec{a} = \vec{AB}$. W oznaczeniu kierunkowego odcinka kolejność $\vec{AB}$ punktów jest określona przez kolejność ich reprezentacji: *A* - pierwszy punkt, *B* - drugi. Jeżeli punkty *A* i *B* są różne, odcinek kierowany jest określany jako $\vec{AB}$ niezerowy (lub ***nie zdegenerowany)***, a jeżeli punkty *A* i *B* pokrywają się, odcinek kierowany jest określany jako $\vec{AB}$ zero (lub ***zdegenerowany***) i jest oznaczany jako $\vec{0}$.

Długość skierowanego odcinka opisującego wartość liczbową wektora, jest określana jako ***moduł*** lub ***wartość bezwzględna wektora*** i jest oznaczana jako lub $|\vec{AB}|$ $|\vec{a}|$. Kierunek odcinka określa linię prostą, na której znajduje się wektor. Jeżeli wektory znajdują się na jednej linii prostej lub na równoległych liniach prostych, to są one określane jako ***wektory***

współliniowe, tzn. istnieje linia prosta, do której są równoległe. Jeżeli istnieje płaszczyzna, której wektory są równoległe, wektory te określane są jako ***wektory powikłane.***
Wektor zerowy jest uważany za współliniowy do dowolnego wektora, ponieważ nie ma określonego kierunku. Jego długość jest równa zeru.

Równość wektorów. Dwa wektory są uważane za równe, jeśli ich segmenty kierunkowe są równe. Dla równości ukierunkowanych segmentów możliwe jest podanie trzech różnych definicji. W zależności od tego wektora są one podzielone na trzy typy.

3.1. Rodzaje wektorów w przestrzeni geometrycznej

Definicja 1. Dwa skierowane segmenty są jednakowe, jeśli spełnione są następujące warunki:

1. Pochodzenie segmentów jest w tym samym punkcie;
2. Długości segmentów są równe;
3. Segmenty należą do jednej linii prostej;
4. Ukierunkowane segmenty mają identyczne kierunki.

Jeśli dla określenia równości wektorowej oprzemy się na podanej definicji, to dowolny wektor reprezentowany przez skierowany segment $\vec{AB}$ - będzie równy wektorowi reprezentowanemu przez ten sam skierowany segment $\vec{AB}$. Wektory, spełniające tę zasadę, określane są jako ***wektory związane***. Wiązane wektory są mapowane z unikalnym segmentem skierowanym i nie ma innego segmentu skierowanego, który byłby równy temu wektorowi.

Definicja 2. Dwa skierowane segmenty są jednakowe, jeśli spełnione są następujące warunki:

1. Długości segmentów są równe;
2. Segmenty należą do jednej linii prostej;
3. Ukierunkowane segmenty mają identyczne kierunki.

Jeżeli dla określenia równości wektorowej opieramy się na podanej definicji, to zbiór ukierunkowanych odcinków umieszczonych na jednej linii prostej o identycznej długości i kierunku (można je zwolnić z dowolnego punktu tej linii prostej) mapuje wektory równe, a więc ten sam wektor, taki zbiór równych między sobą (w rozumieniu definicji 2) ukierunkowanych odcinków określa się jako ***wektor ślizgowy.***

Definicja 3. Dwa skierowane segmenty są jednakowe, jeśli spełnione są następujące warunki:

1. Długości segmentów są równe;
2. Ukierunkowane segmenty mają identyczne kierunki;
3. Skierowane segmenty są współliniowe.

Jeżeli dla określenia równości wektorowej opieramy się na podanej definicji, to zbiór ukierunkowanych odcinków położonych na jednej linii prostej lub na równoległych liniach prostych, o identycznej długości i kierunku, mapuje równe wektory. Taki zestaw równych między sobą (w rozumieniu definicji 3) ukierunkowanych segmentów jest określany jako ***wolny wektor***.

Wolny wektor $\vec{a}$ jest wyznaczony i reprezentowany za pomocą dowolnego z ukierunkowanych segmentów $\vec{AB}$ tego ukierunkowanego zbioru segmentów, który jest wektorem $\vec{a}$. W każdym punkcie przestrzeni *A "* zawsze istnieje możliwość wykreślenia ukierunkowanego odcinka $\vec{A'B'}$, który należy do zbioru ukierunkowanych odcinków danego wekto $\vec{a}$ (tzn. $\vec{A'B'} = \vec{AB}$) i ten skierowany segment dla konkretnego punktu A' będzie niepowtarzalny. Operacja ta jest wykonywana za pomocą przesunięcia równoległego.

Ponadto będziemy rozważać tylko wolne wektory i będziemy je nazywać, na ile to możliwe, po prostu wektorami. Jest to ściśle związane z tym faktem, że na wolne wektory nakłada się ograniczenia, a wszystkie inne wektory stanowią szczególny przypadek wolnych wektorów, na które nakłada się dodatkowe ograniczenia.

3.2. Przestrzeń wektorowa wolnych wektorów nad polem R

Na zbiorze wolnych wektorów w przestrzeni geometrycznej wyznaczymy dwie operacje - dodanie wektorów i pomnożenie przez liczbę z pola *R*. Pokażemy, że przy tych operacjach wolny zbiór wektorów tworzy przestrzeń wektorową powyżej pola *R*.

Dodanie wolnych wektorów. Niech dwa wolne wektory $\vec{a}$ oraz $\vec{b}$ zostać przekazany. Wykreślmy skierowane odcinki, $\vec{AB}$ $\vec{BC}$które są im równe (można to zrobić dla dowolnego punktu przestrzeni *B*). Następnie segment kierunkowy $\vec{AC}$, który należy do zbioru kierunkowych segmentów wektora $\vec{c}$jest określana jako suma wektorów $\vec{a}$ oraz $\vec{b}$ i jest on wyznaczony $\vec{a} + \vec{b}$. Zauważymy, że wszystkie trzy wektory $\vec{a}$, $\vec{b}$ oraz $\vec{a} + \vec{b} = \vec{c}$, należą do tego samego zestawu wolnych wektorów, tzn. dodanie jest wewnętrznym prawem składu. Dowiemy się o jego właściwościach.

1. Dodanie wektorów jest komutatywne, tzn. $\vec{a} + \vec{b} = \vec{b} + \vec{a}$. Naprawdę, zwolnimy wektor $\vec{a}$ z dowolnego punktu *A* : $\vec{AB} = \vec{a}$a z punktu *B zwolnimy* wektor $\vec{b}$: $= \vec{BC}\vec{b}$. Następnie $\vec{a} + \vec{b} = \vec{AC}$. Teraz, najpierw zwolnimy z punktu *A* wektor $\vec{b}$: $= \vec{AD}\vec{b}$. Następnie na mocy równości $\vec{AD} = \vec{BC}$ (czworokąt *ABCD* - jest równoległobokiem) mamy $= \vec{DC} = \vec{AB}\vec{a}$to znaczy, że $\vec{DC}$ jest wektorem $\vec{a}$ zwolniony z punktu *D*. Tak więc, $\vec{b} + \vec{a} = \vec{AD} + \vec{DC} = \vec{AC}$i dlatego $\vec{a} + \vec{b} = \vec{b} + \vec{a}$.

2. Dodanie wektorów jest asocjacyjne, tzn. dla dowolnych wektorów , $\vec{a}$i $\vec{b}$ $\vec{c}$jest wykonywane $(\vec{a} + \vec{b}) + \vec{c} = \vec{a} + (\vec{b} + \vec{c})$.

Dowód. Niech *A* - będzie dowolnym punktem, a *A, B, D* - są takimi punktami, które $\overrightarrow{AB} = \vec{a}$, $\overrightarrow{BC} = \vec{b}$, $\overrightarrow{CD} = \vec{c}$następnie $\vec{a} + (\vec{b} + \vec{c}) = \overrightarrow{AB} + (\overrightarrow{BC} + \overrightarrow{CD}) = \overrightarrow{AB} + \overrightarrow{BD} = \overrightarrow{AD}$.

$$(\vec{a} + \vec{b}) + \vec{c} =(\overrightarrow{AB} + \overrightarrow{BC}) + \overrightarrow{CD}= \overrightarrow{AC} + \overrightarrow{CD} = \overrightarrow{AD}.$$

3. $\vec{a} + \vec{0} = \vec{a}$ tj. $\vec{0}$ - jest elementem neutralnym.
4. $\vec{a} + (-\vec{a}) = \vec{0}$, $-\vec{a}$ jest elementem symetrycznym.

Dwie ostatnie właściwości są oczywiste. Tak więc, dodanie na zestawie wolnych wektorów czyni grupę Abelian.

Mnożenie wolnego wektora przez liczbę od R. Iloczyn $\lambda\vec{a}$ liczby $\lambda \in R$ na wolnym wektorze $\vec{a}$ w przypadku $-\vec{a} \neq \vec{0}$, $\lambda \neq 0$jest określany jako wektor, który jest współliniowy do wektora $\vec{a}$ której wartość bezwzględna jest równa $|\lambda|\ |\vec{a}|$ and, który jest skierowany w tym samym kierunku co wektor $\vec{a}$jeżeli λ>0, i w przeciwnym kierunku, jeżeli0 .λ< Jeżeli = λlub0$\vec{a}$ = $\vec{0}$, a następnie zgodnie z definicją $\lambda\vec{a} = \vec{0}$.

Następujący ***warunek współliniowości wektorowej*** wynika z: jeśli dwa wektory $\vec{a}$ i $\vec{b}$ są powiązane przez stosunek $\vec{b} = \lambda\vec{a}$te z wektora są współliniowe. Takie wektory są określane jako ***wektory proporcjonalne.***

Tak więc, mnożenie wektora przez liczbę$\lambda \in$ *R* reprezentuje zewnętrzne prawo składu. Zdefiniujmy jego właściwości.

1. Dla dowolnych liczb$\lambda \in$ *R* i $\mu \in R$ oraz dowolnego wektora $\vec{a}\lambda(\mu)\vec{a}) = (\lambda\mu)\vec{a}$.
2. $1\cdot\vec{a} = \vec{a}$, ε = 1 - jest neutralnym elementem mnożenia w *R*.
3. Dla dowolnych liczb$\lambda \in$ *R* i $\mu \in R$ oraz dowolnego wektora $\vec{a}$

$$\lambda(+\mu)\cdot\vec{a} = \lambda\cdot\vec{a} + \mu\cdot\vec{a}$$

4. Dla dowolnych wektorów $\vec{a}$ i $\vec{b}$ dowolnej liczby $\lambda \in R$

$$\lambda\,(\vec{a} + \vec{b}) = \lambda\vec{a} + \lambda\vec{b}.$$

Pierwsze trzy właściwości są oczywiste. Udowodnimy własność 4. Załóżmy, że wektory $\vec{a}$ oraz $\vec{b}$ nie są współliniowe. Przypadek współliniowości wektorowej $\vec{a}$ oraz $\vec{b}$ jest zredukowana do właściwości 3 i 2. Zwolnimy wektor $\vec{a}$ z punktu *A:* $\overrightarrow{AB} = \vec{a}$ i wektor $\vec{b}$ z punktu B: $\overrightarrow{BC} = \vec{b}$. Wykreślmy wektory $\overrightarrow{AB'} = \lambda\vec{a}$ oraz $\overrightarrow{AC} = \lambda(\vec{a} + \vec{b})$ (rys. 2.3). Z podobieństwa trójkątów *ABC* i AB'C (zarówno w przypadku0, λ>jak i w przypadku,λ<0 gdy) wynika, że $\overrightarrow{B'C'} = \lambda\vec{b}$.

Ale $\overrightarrow{AB'} + \overrightarrow{B'C'} = \overrightarrow{AC'}$, więc $\lambda\,(\vec{a} + \vec{b}) = \lambda\vec{a} + \lambda\vec{b}$.

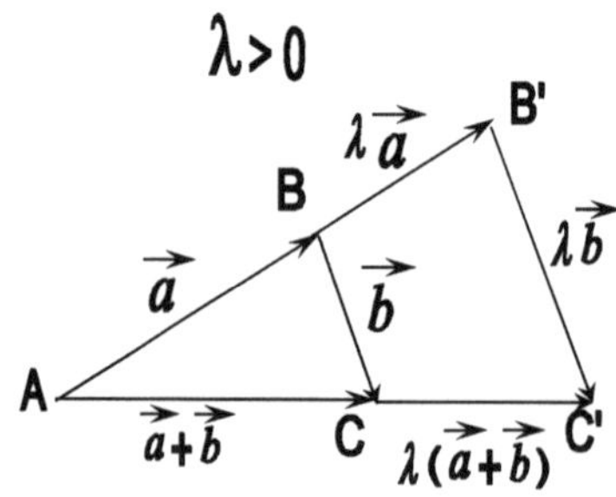

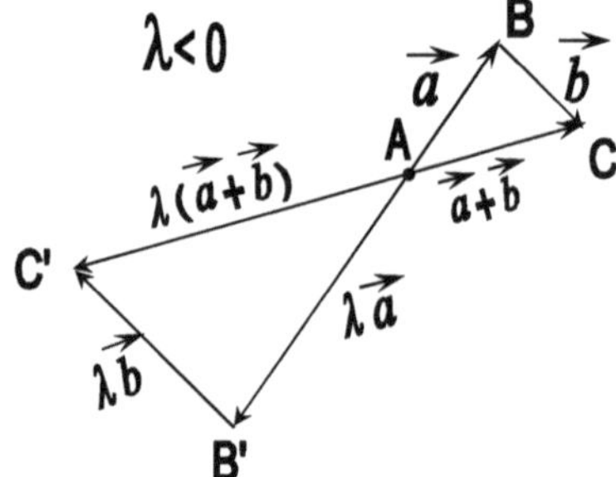

Rys. 2.3

Z dowodu własności wynika następujący ***warunek współliniowości wektorowej*** 4. Dla trzech wektorów $\vec{a}$, $\vec{b}$ oraz $\vec{c}$aby być współpłciowym, konieczne i wystarczające jest, aby spełniały one proporcje i $\vec{c} = \lambda\vec{a} + \mu\vec{b}$gdzie$\lambda\in R$ i $\mu\in R$... Stosunek ten jest odczytywany jako: wektor $\vec{c}$ jest ***liniową kombinacją*** wektorów $\vec{a}$i $\vec{b}$.

Tak więc zbiór wolnych wektorów, na których ustawione są dane operacje dodawania wektorów i mnożenia wektorów przez liczbę z *R*, tworzy przestrzeń wektorową nad polem *R*.

Zastanówmy się teraz, jak można ustawić wektor za pomocą kartezjańskiego prostokątnego układu współrzędnych, i określmy ich zgodność z wektorami z przestrzeni *R3*.

3.3. Przypisanie wolnych wektorów za pomocą układu współrzędnych i ich zgodność z wektorami z przestrzeni wektorowej R3

Wybierzmy w przestrzeni prostokątny układ kartezjański o współrzędnych *x, y, z*. Rozważmy dowolny wektor $\vec{a}$ który jest przypisany przez ukierunkowany odcinek Przypomnijmy, $\vec{AB}$. że punkt *A* może być dowolnym punktem w przestrzeni. W wybranym układzie współrzędnych określamy współrzędne początku wektora - punkty *A* i końca tego wektora - punkt *B* (rys. 2.4).

Niech współrzędne punktu *A* będą potrójną liczbą *(x1, y1, z1)*, punktu B - *(x2, y2, z2)*. Następnie współrzędne wektora $\vec{a}$ nazywany jest uporządkowaną potrójną liczbą *(x, y, z)*, która jest obliczana za pomocą wzorów:

$$x = x2 - x1; y = y2 - y1; \quad z = z2 - z1, \text{(rys. 2.4)}$$

Jest on napisany w następujący sposób $\vec{a}$ *(x, y, z)* lub $\vec{a}$ *(ax, ay, az)*.

Jeżeli pochodzenie ukierunkowanego odcinka pokrywa się z pochodzeniem $\vec{AB}$ współrzędnych *A(x1, y1, z1) = O(0, 0, 0,)*, ukierunkowany odcinek jest określany jako promień - wektor punktu *B*. W tym przypadku współrzędne *(x,y, z)* wektora c $\vec{a}$pokrywają się ze współrzędnymi *x2, y2, z2* punktu B: *x = x2, y = y2, z = z2*.

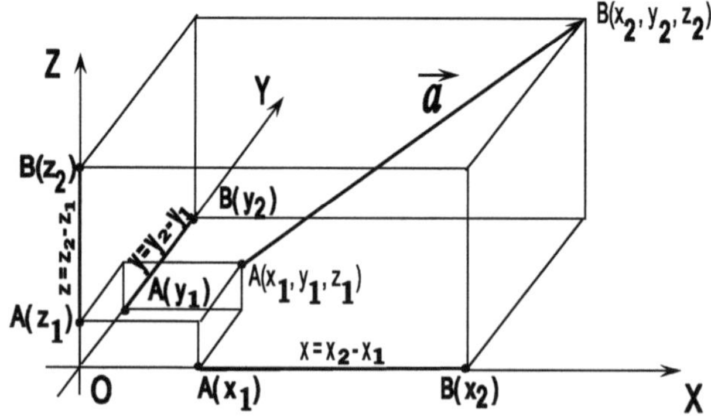

Rys. 2.4

Tak więc, wybierając w przestrzeni kosmicznej kartezjański układ współrzędnych, możemy za jego pomocą ustalić zgodność pomiędzy dowolnymi wektorami $\vec{a}$ustawiony przez skierowany segment $\vec{AB}$ i wektor $\vec{a}$z przestrzeni wektorowej *R3*, której współrzędne są określone przez uporządkowaną potrójną liczbę *(x, y, z)*. Jeżeli określona zgodność, która stanowi sposób określenia współrzędnych za pomocą metody mapowania, wyznaczamy poprzez *f*, wówczas

$$f: \vec{a} \rightarrow \vec{a'} = f(\vec{a}) = (x, y, z).$$

Pokażmy, że *f* to biunique mapping. W tym celu weźmiemy pod uwagę twierdzenie o równości wektorów.

Twierdzenie. Dwa wektory są równe tylko w przypadku, gdy ich współrzędne są równe.

Dla udowodnienia tego twierdzenia, najpierw pokażemy, jak można ustawić wektor $\vec{a}$ z uwagi na swoją długość$|\vec{a}|$ i kątów, które poddaje osiom współrzędnych.

Rozważmy każdy skierowany odcinek $\vec{AB}$, który należy do zbioru wektora $\vec{a}$. Wykreślymy na nim $\vec{AB}$, jak na przekątnej, prostokątny równoległobok (rys. 2.5) o bokach AA1 = x = *x2 - x1 = ax; AA2 = y = y2 - y1 = ay; A3 = z = z2 - z1 = az*.

Należy zauważyć, że wszystkie punkty leżące na płaszczyźnie, równoległej do dowolnej płaszczyzny współrzędnych, mają równe współrzędne tej osi, do której płaszczyzna ta jest prostopadła. Jeśli punkty znajdują się na linii prostej równoległej do któregokolwiek z

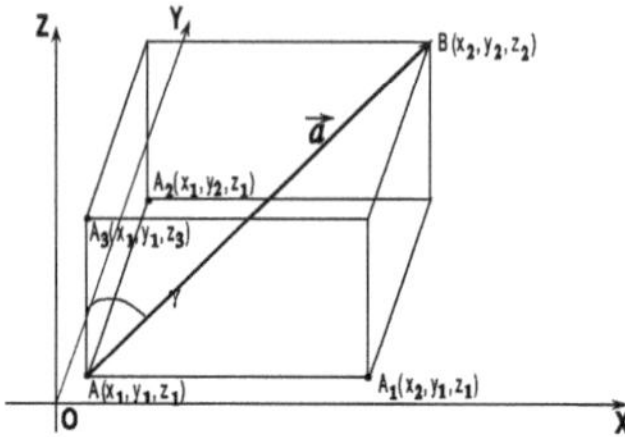

Rys. 2.5

osi współrzędnych, wówczas dla tych punktów zmieniana jest tylko współrzędna tej osi, do której ta prosta jest równoległa. Dwie inne współrzędne są identyczne. Na przykład, punkty A i $A1$ (rys. 2.5) leżały na prostej równoległej do osi OX, stąd dla tych punktów współrzędne x zmieniają się tylko.

Teraz wyznaczymy przezα , oraz $\beta\gamma$kąty, pod którymi poprowadzony odcinek$\vec{AB}$ podąża z osiami o współrzędnych x, y, z odpowiednio lub z bokami równoległościanu $A1$, $A2$, $A3$ (rys. 2.5). Z trójkątów prostokątnych $AA1B$, $A2B$ i A3B odnajdujemy

$$x = x2 - x1 = ax =|\vec{AB}|\cos\alpha,$$
$$y = y2 - y2 = ay = \cos|\vec{AB}|\beta \quad (4.2)$$
$$z = z2 - z1 = az = \cos|\vec{AB}|\gamma$$

gdzie $=|\vec{AB}||\vec{a}| = \sqrt{(x_2-x_1)^2+(y_2-y_1)^2+(z_2-z_1)^2} = \sqrt{x^2+y^2+z^2} = \sqrt{a_x^2+a_y^2+a_z^2}$,

$\cos\alpha$, $\cos\beta$ i*γ cos odnosi* się do ***kierunku cosine,*** a dla nich stosunek ma miejsce

$$\cos2\alpha + \cos2\beta + \cos2\gamma = 1 \quad (4.3)$$

Teraz na podstawie uzyskanych formuł udowodnimy twierdzenie o równości wektorów. Weźmiemy pod uwagę dwa wektory $\vec{a}$ oraz $\vec{b}$ o współrzędnych x1, y1, z1 i x2, y2, z2 odpowiednio.

Konieczność. Pokażmy, że jeśli wektory są równe ($\vec{a} = \vec{b}$), również ich współrzędne są równe (x1 = x2; y1 = y2; z1 = z2). Z równości wektorowej wynika, że$|\vec{a}| = |\vec{b}|$ a także, że $\cos\alpha_1$ cos=α_2, $\cos\beta_1 = \cos\beta_2$, $\cos\gamma_1 = \cos\gamma_2$, ponieważ wektory są współliniowe i są jednakowo ukierunkowane. Jeśli wektory są współliniowe i są skierowane przeciwnie, $\cos\alpha_1$ -cos=α_2, $\cos\beta_1 = -\cos\beta_2$, $\cos\gamma_1 = -\cos\gamma_2$. Teraz wynika to ze wzorów (4.2):

$$x_1 = |\vec{a}| \cos\alpha_1 = |\vec{b}| \cos\alpha_2 = x_2,$$
$$y_1 = |\vec{a}| \cos\beta_1 = |\vec{b}| \cos\beta_2 = y_2,$$
$$z_1 = |\vec{a}| \cos\gamma_1 = |\vec{b}| \cos\gamma_2 = z_2,$$
to miało być udowodnione.

Wystarczająco. Ponieważ współrzędne wektorów $\vec{a}$ oraz $\vec{b}$ są równe, wtedy

$$|\vec{a}| = |\vec{b}| \text{ и } \cos\alpha_1 = \cos\alpha_2, \quad \cos\beta_1 = \cos\beta_2, \quad \cos\gamma_1 = \cos\gamma_2.$$

Drugi warunek oznacza, że wektory $\vec{a}$ oraz $\vec{b}$ są współliniowe i skierowane w jednym kierunku, a także uwzględniające $|\vec{a}| = |\vec{b}|$ taki wektor uważa się za równy, tj. $\vec{a} = \vec{b}$.

Twierdzenie o równości wektorowej sugeruje, że mapowanie $\vec{a} \to \vec{b} = (x, y, z)$ jest biunique. Naprawdę, każdy wektor $\vec{a}$ z przestrzeni wektorowej wolnych wektorów może być umieszczony zgodnie z unikalnym wektorem $\vec{a} = (x, y, z)$ z przestrzeni wektora *R3* i przeciwnie, każda uporządkowana potrójna liczba *(x, y, z)*, tj. wektor z *R3*, może być ustawiona zgodnie z wektorem niepowtarzalnym $\vec{a}$ z przestrzeni wektorowej wolnych wektorów. Do skonstruowania tego wektora wystarczy skonstruować promień - wektor punktu *B (x, y, z)* w wybranym układzie współrzędnych. Następnie zestaw wszystkich skierowanych segmentów równy skierowanemu segmentowi $\vec{OB}$ jest wektorem $\vec{a}$ o współrzędnych *x, y, z*. Należy zauważyć, że zgodność ta zależy od wyboru układu współrzędnych.

Jeżeli wektor znajduje się $\vec{a}$ w jednej z płaszczyzn współrzędnych, to jedna ze współrzędnych jest równa zeru, np. jeżeli płaszczyzna ta jest XOY, to współrzędna $z = 0$. Taki wektor może być reprezentowany przez skierowany odcinek leżący w dowolnej z płaszczyzn, który jest równoległy do płaszczyzny *XOY*. W tym przypadku każdy wektor $\vec{a}$ znajdujący się w płaszczyźnie współrzędnych może być umieszczony zgodnie z uporządkowaną parą liczb (x, *y*), reprezentujących wektor z przestrzeni wektora R2 i ta zgodność jest biunikowa.

Jeśli wektor $\vec{a}$ znajduje się na jednej z osi współrzędnych, pozostałe dwie współrzędne są równe zeru i dlatego każdy wektor $\vec{a}$znajdujący się na osi współrzędnych może być umieszczony zgodnie z wektorem, który ma współrzędną *x* z przestrzeni wektora *R1* i ta zgodność jest biunikowa. Taki wektor może być reprezentowany przez skierowany odcinek znajdujący się na dowolnej linii prostej, która jest równoległa do odpowiedniej osi współrzędnych.

Pokażmy teraz, że operacje dodawania wolnych wektorów i ich mnożenia przez liczbę z pola *R są* w pełni zgodne z podobnymi operacjami na wektorach z *R3,* tj. odnoszącymi się do danych operacji te przestrzenie są izomorficzne. Wymieniamy te operacje bez dowodu, ponieważ wszystkie one są udowodnione w trakcie nauki w liceum.

Suma wolnych wektorów. Współrzędne sumy dwóch wolnych wektorów są równe sumom odpowiednich współrzędnych sumarycznych.

Na osi współrzędnych: $\vec{a}$ (x1) i $\vec{b}$ (x2);

$$\vec{a}\,(x1) + \vec{b}\,(x2) = \vec{c}\,(x1 + x2).$$

Na płaszczyźnie współrzędnych: $\vec{a}$ (x1, y1) i $\vec{b}$ (x2, y2);

$$\vec{a}\,(x1, y1) + \vec{b}\,(x2, y2) = \vec{c}\,(x1 + x2, y1 + y2).$$

W przestrzeni : $\vec{a}$ (x1, y1, z1) i $\vec{b}$ (x2, y2, z2);

$\vec{a}$ (x1, y1, z1) +$\vec{b}$ (x2, y2, z2) = $\vec{c}$ (x1 + x2 , y1 + y2, z1 + z2) - zgodność (patrz wzór (4.1)).

Mnożenie wolnego wektora przez liczbę z pola R. Współrzędne produktu $\lambda\vec{a}$ wektor $\vec{a}$ (*x, y, z*), a liczba jestλ równa iloczynom tej liczby i odpowiadających jej współrzędnych wektora $\vec{a}$.

$\lambda\vec{a}(\lambda x, \lambda y, \lambda z)$- zgodność (patrz wzór (4.1)).

Kolejny fakt. Dla dwóch wektorów $\vec{a}$ (x1, y1, *z1*) i $\vec{b}$ (x2, y2, *z2*) mają być współliniowe, tj. $\vec{b} = \lambda\vec{a}$konieczne i wystarczające jest, aby odpowiednie współrzędne wektorów były proporcjonalne: $\frac{x_2}{x_1} = \frac{y_2}{y_1} = \frac{z_2}{z_1} = \lambda$.

Oprócz tych dwóch operacji wprowadzimy jeszcze jedną operację na wolnych wektorach, którą poznaliście w trakcie nauki w liceum, ale nad którym sensem zastanowimy się później.

3.4. Produkt skalarny z dwóch wolnych wektorów

Definicja. Produkt skalarny $\vec{a}\cdot\vec{b}$ dwóch wolnych wektorów $\vec{a}$ oraz $\vec{b}$ jeśli wektory te nie są równe zeru, określa się jako liczbę, która jest równa iloczynowi ich wielkości i kosinusu kąta między nimi

$$\vec{a}\cdot\vec{b}=|\vec{a}|\cdot|\vec{b}|\,Cos\varphi \qquad (4.4)$$

Jeśli $\overrightarrow{a} = \overrightarrow{0}$ (lub $\overrightarrow{a} = \overrightarrow{b} = \overrightarrow{0}$), produkt skalarny $\overrightarrow{a}\cdot\overrightarrow{b}$ z definicji jest równa zeru.

Kolejne fakty

1. Jeśli dwa wektory są prostopadłe, ich iloczyn skalarny jest równy zeru.

2. Skalarny iloczyn dwóch wektorów jest wyrażony liczbą maksymalną, jeżeli wektory są współliniowe i mają identyczny kierunek ((φ = 0), i jest wyrażony liczbą minimalną, jeżeli są współliniowe, ale skierowane przeciwnie (φ =)π.

3. Iloczyn skalarny wektora i $\vec{a}\,\vec{a}$jest równy kwadratowi wielkości wektora $\vec{a}$: $\vec{a}\cdot\vec{a}=|\vec{a}|^2$, zatem$|\vec{a}| = \sqrt{\vec{a}\cdot\vec{a}}$.

Iloczyn skalarny dwóch wektorów wyznaczonych przez ich współrzędne jest równy sumie iloczynów odpowiadających im współrzędnych:

$\vec{a}(x1, y1, z1)$ $\vec{b}(x2, y2, z2)$; $\vec{a}\cdot\vec{b}= x1\cdot x2 + y1\cdot y2 + z1\cdot z2$ (4 .5)

EKSPERCJE

1. Z podanymi wektorami $\vec{a}$ oraz $\vec{b}$, skonstruować wektory $2\vec{a} - \vec{b}$ oraz $\vec{b} - \vec{a}/2$.

2. Zdefiniować, przy jakich wartościach i αwektorachβ$\vec{a}$ (2, α, 1) oraz $\vec{b}$ (3, -6, β) są współliniowe.

3. Należy upewnić się, że punkty *A(*3, -1, 2*), B(*1, 2, -1*), C(*-1,1,-3*), D(*3,-5, 3*)* służą jako wierzchołki trapezu.

4. Wektor $\vec{a}$ czyni z osi współrzędnych kątów ostrych *α, β, γ*, oraz,

$\alpha = 45°$, $\beta = 60°$. Ustalić jego współrzędne, jeśli $|\vec{a}| = 3$.

5. Określić cosinusy kierunku *L,* wyznaczone przez odcinek skierowany, $\vec{AB}$ gdzie A*(*1,0,-1*)* i B*(*3,1,-3*)*.

6. Zdefiniować, czy punkty *A,B,C,D* leżą w jednej płaszczyźnie:

a) A*(*1,2,3*), B(*7,3,2*), C(*-3,0,6*)* oraz *D(*9,2,4*);*

*b) A(*1,1,3*), B(*5,3,2*), C(*-3,0,6*)* oraz *D(*9,2,4*);*

*c) A(*1,2,3*), B(*-2,1,1*), C(*-1,3,2*)* oraz *D(*3,-4,3).

7. Wysokość obniżona od wierzchołka *A* trójkąta *ABC,* dzieli przeciwległy bok w stosunku 3:1. Określić współrzędne wierzchołka *A*, jeżeli *B(*-1,1*), C (*3, 5*),* długość wysokości jest równa 2.

8. Wektory $\vec{a}$ (1,-1,2) oraz $\vec{b}$ (2,-2,1) są podane. Zdefiniuj projekcję wektora $\vec{c} = 3\vec{a} - \vec{b}$ w kierunku wektora $\vec{b}$.

§ 4. PODPRZESTRZEŃ WEKTOROWA

Definicja. Niech nad polem *P będzie przestrzeń wektorowa K*, a *G niech* będzie podzbiorem *K*, który przy prawach indukowanych przez *K*, tworzy przestrzeń wektorową powyżej *P*; wtedy *G* jest określane ***jako wektorowa podprzestrzeń*** przestrzeni *K* lub ***liniowa odmiana*** w *K.*

Z definicji wynika, że suma dowolnych wektorów od *G* jest wektorem należącym do tego samego zbioru *G,* a iloczyn liczby z pola *P* i wektora od *G należy do* tego samego zbioru *G.*

Tak więc, każda podprzestrzeń wektorowa jest przestrzenią wektorową samą w sobie i przeciwnie, każda przestrzeń wektorowa może być uważana za podprzestrzeń wektorową. Na przykład, R^{m} *jest* wektorową podprzestrzenią przestrzeni R^{n} dla dowolnego $m < n$, a z kolei R^{n} jest podprzestrzenią R^{n+1}.

4.1. Podprzestrzeń generowana przez liniową kombinację wektorów

Definicja. Niech zostanie podane $\vec{a}_1, \vec{a}_2, ... \vec{a}_m$ dowolne m układu wektorów, które należą do przestrzeni wektorowej K powyżej pola P. Pomnóżmy każdy wektor $\vec{a}_i \in K$ przez liczbę $\lambda_i \in P$, i = 1,2,. . ...m i dodać wyniki. Uzyskane wyrażenie

$$\lambda_1\vec{a}_1 + \lambda_2\vec{a}_2 + ... + \lambda_m\vec{a}_m = \sum_{i=1}^{m} \lambda_i\vec{a}_i$$

jest określana jako ***liniowa kombinacja*** wektorów o współczynnikach $\lambda_1, \lambda_2, ... \lambda_m$.

Ponieważ współczynniki .λ_m λ_1, λ_2,..są liczbami z pola P, które są wybierane arbitralnie (mogą być też zerami wśród λ), to kombinacje liniowe utworzone przez układ wektorów będą $\vec{a}_1, \vec{a}_2, ..., \vec{a}_m$ zestawem nieskończonym. Każda liniowa kombinacja wektorów określa konkretny wektor

$$\vec{e} = \lambda_1\vec{a}_1 + \lambda_2\vec{a}_2 + ... + \lambda_m\vec{a}_m \tag{4.6}$$

która należy do tej samej przestrzeni wektorowej K. Taki wektor $\vec{e}$ jest określany jako liniowa ***kombinacja danych wektorów lub*** możemy powiedzieć, że wektor ten $\vec{e}$ jest podzielony na wektory $\vec{a}_1, \vec{a}_2, ..., \vec{a}_m$, a nieskończony zbiór G, który jest utworzony przez te wektory, będzie wektorową podprzestrzenią przestrzeni K. Ta podprzestrzeń jest określana jako ***liniowy kadłub*** układu wektorów $\vec{a}_1, \vec{a}_2, ..., \vec{a}_m$, lub podprzestrzeń, ***utworzona przez liniową kombinację*** wektorów $\vec{a}_1, \vec{a}_2, ..., \vec{a}_m$ z K.

Naprawdę, niech

$\vec{e}_1 = \lambda_1\vec{a}_1 + \lambda_2\vec{a}_2 + ... + \lambda_m\vec{a}_m$ i $\vec{e}_2 = \mu_1\vec{a}_1 + \mu_2\vec{a}_2 + ... + \mu_m\vec{a}_m$ być dwoma dowolnymi wektorami od G. Mamy,

$$\vec{e}_1 + \vec{e}_2 = (\lambda_1 + \mu_1)\vec{a}_1 + (\lambda_2 + \mu_2)\vec{a}_2 + ... + (\lambda_m + \mu_m)\vec{a}_m \in G,$$

$\vec{0} = 0\vec{a}_1 + 0\vec{a}_2 + ... + 0\vec{a}_m \in G$ element neutralny ,

$-\vec{e}_1 = (-\lambda_1)\vec{a}_1 + (-\lambda_2)\vec{a}_2 + ... + (-\lambda_m)\vec{a}_m \in G$ element symetryczny .

Z drugiej strony, dla każdego, kogo $\beta \in P$ mamy,

$$\beta\,\vec{e}_1 = (\beta\,\lambda_1)\vec{a}_1 + (\beta\,\lambda_2)\vec{a}_2 + ... + (\beta\,\lambda_m)\vec{a}_m \in G,$$

stąd $G \subset K$ ma właściwości przestrzeni wektorowej i w konsekwencji jest wektorową podprzestrzenią przestrzeni K.

Weźmiemy teraz pod uwagę podstawowe właściwości systemu wektorowego i generowanej przez niego podprzestrzeni.

4.2. Linearna zależność i niezależność wektorów

Definicja 1. System wektorów $\vec{a}_1, \vec{a}_2, ..., \vec{a}_m$ od K (gdzie *m* - jest skończony) jest określany jako liniowo ***zależny***, a wektory są określane jako ***liniowo zależne,*** jeśli w polu *P* będzie nawet jeden zbiór. , $\lambda_1, \lambda_2, .. \lambda_m$, takich liczb, ale nie wszystkie te liczby są równe zeru, to (4

$\lambda_1 \vec{a}_1 + \lambda_2 \vec{a}_2 + ... + \lambda_m \vec{a}_m = \vec{0}$ $\left(\sum_{i=1}^{m} \lambda_i \vec{a}_i = 0 \right)$. 7).

Definicja 2. System wektorów $\vec{a}_1, \vec{a}_2, ..., \vec{a}_m \in K$ jest określany jako liniowo ***niezależny***, a wektory są określane jako ***liniowo niezależne,*** jeżeli kombinacja liniowa z tych wektorów $\lambda_1 \vec{a}_1 + \lambda_2 \vec{a}_2 + ... + \lambda_m \vec{a}_m$ jest równa zero wektorowi $\vec{0}$ $\left(\sum_{i=1}^{m} \lambda_i \vec{a}_i = \vec{0} \right)$ tylko w tym przypadku , jeżeli $\lambda_1 = \lambda_2 = ... = \lambda_m = 0$.

Ta uwaga. Jeden wektor jest liniowo $\vec{a} \in K$ niezależny, jeśli $\vec{a} \neq \vec{0}$, a wręcz przeciwnie, wektor $\vec{0} \in K$ - jest liniowo zależny.

Podamy prezentację zależności liniowych i niezależności wektorów. Weźmiemy pod uwagę system wolnych wektorów.

Twierdzenie 1. Dla dwóch wolnych wektorów $\vec{a}_1$ i $\vec{a}_2$ aby były liniowo zależne, konieczne i wystarczające jest, aby były one współliniowe.

Dowód. *Konieczność.* Wektory $\vec{a}_1$ i $\vec{a}_2$ są liniowo zależne. W związku z tym, $\lambda_1 \vec{a}_1 + \lambda_2 \vec{a}_2 = \vec{0}$ gdzie i $\lambda_1 \lambda_2$ nie są równe zeru w tym samym czasie. Niech $\lambda_1 \neq$ więc, na przykład0 $\vec{a}_1 = -\frac{\lambda_2}{\lambda_1} \vec{a}_2$, oznacza to, że $\vec{a}_1$ i $\vec{a}_2$ są współliniowe.

Wystarczająco. Wektory $\vec{a}_1$ i $\vec{a}_2$ są współliniowe. Stąd też $\vec{a}_1 = \lambda \vec{a}_2$, $1 \cdot \vec{a}_1 - \lambda \vec{a}_2 = \vec{0}$ ale od $_{\tau Q}$ = 1 ≠ 0, oznacza wektory $\vec{a}_1$ i $\vec{a}_2$ są liniowo zależne.

Ta uwaga. Jeśli dwa wektory są liniowo niezależne, to nie są one współliniowe i odwrotnie.

Twierdzenie 2. Dla trzech wolnych wektorów $\vec{a}_1, \vec{a}_2$ i $\vec{a}_3$ aby były liniowo zależne, konieczne i wystarczające jest, aby były one koplanarne.

Dowód tego twierdzenia (Patrz Księga 2, Rozdział 4, § 3, punkt 3.2.)

Ta uwaga. Jeśli trzy wektory są liniowo niezależne, to nie są one koplanarne. Propozycja zamiany jest również słuszna.

4.3. Twierdzenia o wektorach liniowo zależnych i liniowo niezależnych

Twierdzenie 1. Jeśli system wektorów $\vec{a}_1, \vec{a}_2, ..., \vec{a}_m \in K$ jest liniowo zależny, to po dodaniu do niego dowolnej liczby nowych wektorów od *K*, będziemy mieli ponownie system liniowo zależny.

Dowód. Wynika to z równości

$$\lambda_1\vec{a}_1 + \lambda_2\vec{a}_2 + ... + \lambda_m\vec{a}_m + \lambda_{m+1}\vec{a}_{m+1} + ... + \lambda_{m+k}\vec{a}_{m+k} = \vec{0},$$

wśród których nie ma zera $\lambda_1, \lambda_2, ..., \lambda_m$, ale wszystkie $\lambda_{m+1}, \lambda_{m+2}, ..., \lambda_{m+k}$ są równe zeru.

Niech system wektorów będzie ustawiony, $\vec{a}_1, \vec{a}_2, ..., \vec{a}_m$ od K. Każdą część tego systemu wektorowego nazwiemy ***jego podsystemem***. Następnie twierdzenie 1 można sformułować w następujący sposób.

Jeżeli jakikolwiek podsystem danego systemu wektorowego jest liniowo zależny, to również system jest liniowo zależny.

Dla systemu wektorów liniowo niezależnych poniższe stwierdzenie jest słuszne.

Jeżeli system składa się z wektorów niezależnych liniowo, to każdy jego podsystem również składa się z wektorów niezależnych liniowo.

Kolejne fakty

a) Jeżeli $\vec{0}$ w zbiorze znajduje się wektor $\vec{a}_1, \vec{a}_2, ..., \vec{a}_m$, to zbiór $\vec{a}_1, \vec{a}_2, ..., \vec{a}_m$ jest liniowo zależny; jest to równoważne stwierdzeniu, że jeżeli zbiór jest liniowo niezależny, to każdy wektor $\vec{0}$.$\neq$

b) Jeśli istnieją dwa wektory proporcjonalne w pewnym zbiorze, na przykład, gdzie $\vec{a}_i = \mu\, \vec{a}_j\ \mu \in P$, to zbiór jest liniowo zależny, ponieważ są to zbiory częściowe $\vec{a}_i, \vec{a}_j$; naprawdę, i $\mu\, \vec{a}_j + (-1)\vec{a}_i = 0,\ \lambda_i = -1 \neq 0$.

***Twierdzenie** 2*. System wektorów $\vec{a}_1, \vec{a}_2, ... \vec{a}_m$ z K będzie liniowo zależny tylko w przypadku, gdy jeden z tych wektorów może być przedstawiony jako liniowa kombinacja innych wektorów tego systemu.

***Dowód**. Konieczność.* Niech $\vec{a}_1, \vec{a}_2, ... \vec{a}_m$ - będzie liniowo zależny system wektorów. Wtedy będzie zestaw liczb $\mu_1, \mu_2, ..., \mu_m \in P$, które nie wszystkie są równe zeru, i takich, że $\mu_1 \vec{a}_1 + ... + \mu_m \vec{a}_m = \vec{0}$. Załóżmy na pewno, że $\mu_i \neq 0$ wtedy

$$\vec{a}_i = \left(-\frac{\mu_1}{\mu_i}\right)\vec{a}_1 + \left(-\frac{\mu_2}{\mu_i}\right)\vec{a}_2 + ... + \left(-\frac{\mu_{i-1}}{\mu_i}\right)\vec{a}_{i-1} + \left(-\frac{\mu_{i+1}}{\mu_i}\right)\vec{a}_{i+1} + ... + \left(-\frac{\mu_m}{\mu_i}\right)\vec{a}_m$$

lub

$\vec{a}_i = \lambda_1 \vec{a}_1 + \lambda_2 \vec{a}_2 + ... + \lambda_m \vec{a}_m$, gdzie $\lambda_j = -\frac{\mu_j}{\mu_i}$, j = 1,2,...., m, i j i≠.

Wystarczająco dużo

$\vec{a}_i = \lambda_i \vec{a}_1 + \lambda_2 \vec{a}_2 + ... + \lambda_{i-1} \vec{a}_{i-1} + \lambda_{i+1} \vec{a}_{i+1} + ... + \lambda_m \vec{a}_m$ - jest liniową kombinacją. Pomnóżmy tę równość przez (-1) i odejmijmy od obu części wektor (-1) $\vec{a}_i$, otrzymamy

$$\lambda_1 \vec{a}_1 + \lambda_2 \vec{a}_2 + ... + (-1)\vec{a}_i + ... + \lambda_m \vec{a}_m = \vec{0}.$$

Dla współczynników mamy nietrywialną kombinację $\lambda_i = -1 \neq 0$, stąd system jest liniowo zależny.

4.4. Podstawa i ranga systemu wektorowego. Podstawa i wymiar podprzestrzeń wektorowa, generowana przez system wektorowy

Definicja** 1.* W każdym systemie wektorów $\vec{a}_1, \vec{a}_2, ..., a_m$ z K, zawierającym wektory niezerowe, zawsze można wybrać podsystem $\vec{a}_1, \vec{a}_2, ..., a_r$, gdzie *r m*≤, który składa się z maksymalnej liczby liniowo niezależnych wektorów, tak, że dodanie dowolnego wektora z tego systemu do określonego podsystemu czyni go liniowo zależnym; w rzeczywistości, ponieważ w systemie istnieje wektor niewznoszący się i zawsze jest on liniowo niezależny, to *r 1*≥. Taki podsystem wektorów liniowo niezależnych jest określany jako ***podstawa systemu początkowego, a liczba r wektorów w podstawie - jako ***ranga*** tego systemu wektorowego.

Ta uwaga. Podstawa systemu jest zdefiniowana niejednoznacznie, ale liczba wektorów w bazie (randze) jest zawsze równa. Na przykład, jeden z trzech wektorów $\vec{a}_1, \vec{a}_2, \vec{a}_3$, jest liniowo zależny, możliwe jest skonstruowanie trzech podstaw z dwóch wektorów: $\vec{a}_1, \vec{a}_3;\ \vec{a}_2, \vec{a}_3;\ \vec{a}_1, \vec{a}_2$.

Właściwości bazy

1. Wszystkie wektory systemu mogą być przedstawione jako liniowa kombinacja wektorów podstawy. (zob. poprzedni punkt 4.3, twierdzenie 2).

2. Każdy wektor podprzestrzeni, generowany przez system wektorowy, może być przedstawiony jako kombinacja liniowa tylko wektory tworzące jego podstawę i ten rozkład jest unikalny.

Dowód. Niech G - będzie podprzestrzenią, generowaną przez wektory $\vec{a}_1, \vec{a}_2, ..., \vec{a}_m$ i niech $\vec{a}_1, \vec{a}_2, ..., a_r r < m$ (dla r = m zdanie jest oczywiste) będzie podstawą systemu . Następnie reszta wektorów systemowych może być $\vec{a}_{r+1}, ..., \vec{a}_m$ przedstawiona jako liniowa kombinacja wektorów bazowych

$$\vec{a}_{r+2} = \beta_{21}\vec{a}_1 + \beta_{22}\vec{a}_2 + ... + \beta_{2r}\vec{a}_r, \qquad (4.8)$$

$$\vec{a}_m = \beta_{(m-r)1}\vec{a}_1 + \beta_{(m-r)2}\vec{a}_2 + ... + \beta_{(m-r)r}\vec{a}_r.$$

Teraz rozważmy każdy wektor $\vec{b} \in G$:

$$\vec{b} = \lambda_1\vec{a}_1 + \lambda_2\vec{a}_2 + ... + \lambda_r\vec{a}_r + \lambda_{r+1}\vec{a}_{r+1} + ... + \lambda_m\vec{a}_m.$$

Zastępując tę równość wektora $\vec{a}_{r+1}, ..., \vec{a}_m$ dla (4.8), otrzymujemy

$$\vec{b} = \lfloor\lambda_1 + \lambda_{r+1}(\beta_{11} + ... + \beta_{(m-r)1})\rfloor\vec{a}_1 + ... + \lfloor\lambda_r + \lambda_m(\beta_{1r} + ... + \beta_{(m-r)})\rfloor\vec{a}_r$$

lub $\vec{b} = \mu_1\vec{a}_1 + \mu_2\vec{a}_2 + ... + \mu_r\vec{a}_r$.

Definicja 2. Dla podpowierzchni wektorowej, generowanej przez system wektorów $\vec{a}_1, \vec{a}_2, ..., \vec{a}_m$, podstawa tego systemu wektorowego jest określana jako ***podstawa***, a ranga systemu wektorowego jest określana jako ***wymiar*** jego podprzestrzeni.

Jako uderzający przykład weźmiemy pod uwagę podprzestrzeń, generowaną przez system wolnych wektorów.

4.5. Podstawa i wymiar podprzestrzeni wektorowej, generowanej przez system wolnych wektorów

Rozważymy podprzestrzeń, której element jest liniową kombinacją trzech wolnych wektorów $\lambda_1\vec{a}_1 + \lambda_2\vec{a}_2 + \lambda_3\vec{a}_3$. Załóżmy, że ten system wektorowy jest liniowo zależny. Przypadek wektorów niezależnych liniowo zostanie opisany dalej. Ustaliliśmy już, że jeśli liniowe połączenie trzech wolnych wektorów jest liniowo zależne, to znaczy, że te z wektorów są koplanarne, czyli istnieje płaszczyzna, do której są równoległe. Oczywiście, że również każdy wektor $\vec{e}$ będzie koplanarny, co jest liniową kombinacją tych wektorów. Dlatego też podprzestrzeń, generowana przez system takich trzech liniowo zależnych wektorów, reprezentuje zbiór wszystkich wektorów, które są koplanarne do danych. Taki układ wektorów jest reprezentowany przez ukierunkowane odcinki leżące w jednej płaszczyźnie lub w płaszczyznach równoległych do niej. Ponadto, ponieważ system trzech wektorów $\vec{a}_1, \vec{a}_2, \vec{a}_3$ jest liniowo zależny, to jeden z tych wektorów jest liniową kombinacją dwóch innych wektorów. Niech ten wektor będzie

$\vec{a}_3 : \vec{a}_3 = \beta_1\vec{a}_1 + \beta_2\vec{a}_2$, gdzie $\beta_1 = -\frac{\lambda_1}{\lambda_3}, \beta_2 = -\frac{\lambda_2}{\lambda_3}$. Rozważmy stan, w którym pozostałe wektory są liniowo niezależne, tzn. nie są współliniowe. Następnie te dwa uporządkowane wektory stworzą podstawę podprzestrzeni wektorów koplanarnych, a wymiar jej podprzestrzeni jest równy dwóm. ***Stąd podstawa dwuwymiarowej podprzestrzeni wolnych koplanarnych wektorów reprezentuje dowolne dwa uporządkowane wektory niekolliniowe.*** Zazwyczaj jako podstawowe wektory przestrzeni dwuwymiarowej wybieramy wektory, które są reprezentowane przez skierowane odcinki, które są równoległe do osi współrzędnych ox i oy na płaszczyźnie i które są wartością bezwzględną do odcinka skali osi współrzędnych. Pierwszy wektor skierowany równolegle do osi OX *jest* oznaczony $\vec{i}$ jako : jego współrzędne wynoszą (1,0), a drugi jako równoległy do osi $OY\vec{j}$: jego współrzędne wynoszą (0,1). Wybór takiej podstawy jest spowodowany tym, że jeśli reprezentujemy dowolny wektor $\vec{e}$ o współrzędnych (x, y) dwuwymiarowej podprzestrzeni przez podstawę $\vec{i}$, $\vec{j}$

w tym przypadku współczynniki liniowej kombinacji podstawowych wektorów będą współrzędne x i y wektora $\vec{в}$, czyli $\vec{в} = x\vec{i} + y\vec{j}$ $\vec{в}$, i jak już widzieliśmy, ten rozkład jest unikalny.

Teraz rozważymy przypadek, kiedy wektory i $\vec{a}_1$ $\vec{a}_2$, (jeden z nich nie jest równy $\vec{0}$) są współliniowe, tzn. są liniowo zależne (lub $\vec{a}_2 = \gamma \vec{a}_1$). Naturalnie każdy wektor będący liniową kombinacją tych wektorów będzie dla nich współliniowy. Dlatego też podprzestrzeń, generowana przez system wektorów, z których tylko jeden jest liniowo niezależny, (jest to wektor, który nie jest równy $\vec{0}$) reprezentuje zbiór wektorów współliniowych. Podstawa takiej podprzestrzeni składa się z jednego niezerowego wektora, a wymiar takiej podprzestrzeni jest równy jednemu. Jednowymiarowa podprzestrzeń jest reprezentowana przez zbiór ukierunkowanych odcinków umieszczonych na jednej linii prostej lub na równoległych do niej liniach prostych.

Teraz uogólnimy koncepcję podstawy dla zbioru wektorów tworzących całą przestrzeń wektora *K*.

§ 5. PODSTAWA I WYMIAR PRZESTRZENI WEKTOROWEJ

Definicja. Niech *K* - będzie przestrzenią wektorową nad polem *P;* załóżmy, że $\vec{\ell}_1, \vec{\ell}_2, ..., \vec{\ell}_n$ w tej przestrzeni znajduje się skończona liczba *n* takich liniowo niezależnych wektorów, że każdy wektor jeden $\vec{a}$ od K $\vec{a}$ liniowo zależy od $\vec{\ell}_1, \vec{\ell}_2, ..., \vec{\ell}_n$. Wtedy będziemy mówić, że zbiór ***tworzy*** $\vec{\ell}_1, \vec{\ell}_2, ..., \vec{\ell}_n$***podstawę*** przestrzeni *K* i że przestrzeń wektorowa *K* ma skończony ***wymiar*** *n*, i jest zapisana jako *dimK = n.*

Ta uwaga. Istnieją przestrzenie wektorowe, które nie mają skończonego wymiaru; mówi się, że mają nieskończony wymiar; istnieją arbitralnie duże zbiory liniowo niezależnych wektorów w takich przestrzeniach wektorowych. Na przykład, przestrzeń wektorowa wielomianów. Uwzględnienie takich przestrzeni jest poza przebiegiem algebry liniowej.

Nie ma również podstawy w przestrzeni zerowej, ponieważ układ składający się z jednego zerowego wektora, jest liniowo zależny. Wymiar przestrzeni zerowej nie jest określony i jest uważany za równy zeru.

Kolejne fakty z definicji.

1. W n - wymiarowej przestrzeni wektorowej K zestaw składający się z więcej niż *n-wektorów* jest zawsze liniowo zależny.

2. Jeśli K ma jakieś podstawy, to te podstawy zawierają identyczną liczbę wektorów, a liczba ta jest równa wymiarowi K; stąd *dimK nie zależy* od wyboru podstawy. Naprawdę, jeżeli K ma podstawę, która jest różna od $\vec{\ell}_1, \vec{\ell}_2, \ldots, \vec{\ell}_n$, to ostatni będzie miał n' wektorów, a n' n≤. Tak jak w K może istnieć nie więcej niż n' wektorów liniowo niezależnych, a więc n≤', a więc $n = n'$.

5.1. Konstrukcja podstawowa

Niech będzie n - wymiarowa przestrzeń wektorowa K, tzn. jest w niej nawet jedna podstawa n wektorów. Wybierzemy w K dowolny wektor $\vec{a}_1 \neq \vec{0}$. Jeśli K nie zawiera wektorów liniowo niezależnych od siebie $\vec{a}_1$, to dla dowolnego wektora $\vec{a} \in K$ mamy $\vec{a} + (-\lambda)\vec{a}_1 = \vec{0}$ $\vec{a} = \lambda\vec{a}_1$ lub tworzymy $\vec{a}_1$ podstawę przestrzeni K, która ma wymiar 1. Załóżmy, że wymiar n> 1. Wyznaczymy przez wektor $\vec{a}_2$ od K, który jest liniowo niezależny od .

Załóżmy, że w ten sposób $\vec{a}_1, \vec{a}_2, \ldots, \vec{a}_r$ stopniowo uzyskuje się wektory niezależne liniowo. Jeśli r n<, to K zawiera wektory liniowo niezależne od siebie, w $\vec{a}_1, \vec{a}_2, \ldots, \vec{a}_r$ przeciwnym razie te wektory byłyby od podstawy K, zawierające r n <= wektory *dimK*, co jest niemożliwe. Więc, będzie taki wektor $\vec{a}_{r+1} \in K$, który $\vec{a}_1, \vec{a}_2, \ldots, \vec{a}_r, \vec{a}_{r+1}$ jest liniowo niezależny. W ten sposób możemy otrzymać n liniowo niezależnych wektorów, które będą stanowiły podstawę przestrzeni K. Ten fakt, że wektory do budowy podstawy zostały wybrane arbitralnie, dowodzi, że zawsze istnieje nieskończony zbiór różnych podstaw przestrzeni K (ale wszystkie one zawierają identyczną liczbę wektorów n = *dimK*). W ten sposób możemy uznać za udowodnione również twierdzenie o niepełnej podstawie i lemmadzie zastąpienia.

Twierdzenie o niepełnej podstawie. Dowolny liniowo niezależny zbiór wektorów $\vec{a}_1,\vec{a}_2,....,\vec{a}_r \in K$, gdzie *r n*< = *dimK* może być zawsze dodany z *n - r* innymi wektorami z *K* tak, że otrzymany układ *n* wektorów stanowi podstawę przestrzeni *K*.

Lemma o wymianie. Niech $\vec{\ell}_1,\vec{\ell}_2,...,\vec{\ell}_n$ będzie podstawą przestrzeni *K*. Wtedy każdy wektor $\vec{\ell}_i, i=1,2,...,$ *n* z tej podstawy może być zastąpiony innym wektorem $\vec{a}$ z K, który nie jest liniową kombinacją innych wektorów w podstawie:

$$\vec{a} \neq \lambda_1\vec{\ell}_1 + ... + \lambda_{i-1}\vec{\ell}_{i-1} + \lambda_{i+1}\vec{\ell}_{i+1} + ... + \lambda_n\vec{\ell}_n.$$

Następnie $\vec{\ell}_1,\vec{\ell}_2,....,\vec{\ell}_{i-1},\vec{a},\vec{\ell}_{i+1},....,\ell_n$- jest podstawą K.

5.2. Podstawowe właściwości podstawy

Niech będzie to $\vec{a}$dowolny wektor z *K* wymiaru n; ponieważ zależy on liniowo od podstawy $\vec{\ell}_1,\vec{\ell}_2,...,\vec{\ell}_n$, wtedy będą takie liczby$\lambda,\lambda_1,...,\lambda_n$, które nie wszystkie są równe zeru w *P*, że $\lambda\vec{a} + \lambda_1\vec{\ell}_1 + \lambda_2\vec{\ell}_2 + ... + \lambda_n\vec{\ell}_n = \vec{0}$ ... I0,λ≠ ponieważ w przeciwnym razie $\vec{\ell}_1,\vec{\ell}_2,...,\vec{\ell}_n$ byłoby to liniowo zależne. Ponieważ *P* jest polem, to $\frac{1}{\lambda}\in P$ istnieje. Po mnożeniu przez $\frac{1}{\lambda}$ nas uzyskamy: $\vec{a} = \beta_1\vec{\ell}_1 + \beta_2\vec{\ell}_2 + ... + \beta_n\vec{\ell}_n$, gdzie $\beta_i = -\frac{\lambda_i}{\lambda}$, *i=1,2,...,n.*

Tak więc, przestrzeń wektorowa *K* jest generowana przez podstawę $\vec{\ell}_1,\vec{\ell}_2,...,\vec{\ell}_n$, a dane wyrażenie jest określane jako ***dekompozycja*** $\vec{a}$ wektora w odniesieniu do podstawy $\vec{\ell}_1,\vec{\ell}_2,...,\vec{\ell}_n$. Liczby są $\beta_1,\beta_2,....,\beta_n$ określane jako ***składniki (współrzędne)*** wektora na $\vec{a}$ podstawie $\vec{\ell}_1,\vec{\ell}_2,...,\vec{\ell}_n$.

Twierdzenie. (***Podstawowa właściwość podstawy***) Reprezentacja dowolnego wektora $\vec{a}$ z przestrzeni *K* poprzez jego podstawę $\vec{\ell}_1,\vec{\ell}_2,...,\vec{\ell}_n$ jest unikalna, innymi słowy, w ustalonej podstawie składowe wektora są zdefiniowane jednoznacznie.

Dowód. Załóżmy, że twierdzenie to nie jest prawdziwe, a wektor $\vec{a}$ w podstawie $\vec{\ell}_1,\vec{\ell}_2,...,\vec{\ell}_n$ ma różne składniki i $\vec{a} = \lambda_1\vec{\ell}_1 + \lambda_2\vec{\ell}_2 + ... + \lambda_n\vec{\ell}_n$

$\vec{a} = \beta_1\vec{\ell}_1 + \beta_2\vec{\ell}_2 + ... + \beta_n\vec{\ell}_n$. Następnie odejmując te równania, otrzymamy $\vec{0} = (\lambda_1 - \beta_1)\vec{\ell}_1 + (\lambda_2 - \beta_2)\vec{\ell}_2 + ... + (\lambda_n - \beta_n)\vec{\ell}_n$. Ponieważ wektory $\vec{\ell}_1, \vec{\ell}_2, ..., \vec{\ell}_n$ są liniowo niezależne, wtedy $(\lambda_1 - \beta_1) = 0, ..., (\lambda_n - \beta_n) = 0$ i stąd $\lambda_1 = \beta_1, \lambda_2 = \beta_2, ..., \lambda_n = \beta_n$.

Ta uwaga. Ten sam wektor w różnych podstawach ma różne składniki.

Jako uderzający przykład weźmiemy pod uwagę przestrzeń wolnych wektorów.

5.3. Podstawa i wymiar wolnej przestrzeni wektorowej

Wybierzmy system składający się z trzech uporządkowanych wolnych wektorów $\vec{a}_1, \vec{a}_2, \vec{a}_3$. Przypadek, w którym ten system wektorowy jest liniowo zależny, jest już przez nas rozważany w poprzednim akapicie, w punkcie 4.5. Teraz rozważymy stan, w którym układ trzech wektorów $\vec{a}_1, \vec{a}_2, \vec{a}_3$ jest liniowo niezależny, tzn. jest uporządkowaną potrójną liczbą wektorów nieklanowych.

Twierdzenie. Dodanie dowolnego wolnego wektora $\vec{a}$ do systemu trzech nieklanowych wektorów czyni $\vec{a}_1, \vec{a}_2, \vec{a}_3$ go liniowo zależnym, lub innymi słowy: dowolny wolny wektor $\vec{a}$ jest liniową kombinacją trzech uporządkowanych nieklanowych wektorów i ta reprezentacja jest unikalna. Tak więc ustalimy, że zestaw trzech uporządkowanych wektorów $\vec{a}_1, \vec{a}_2, \vec{a}_3$ jest podstawą wolnej przestrzeni wektorowej, a jego wymiar jest równy trzem.

Dowód. Zwalniamy wszystkie wektory $\vec{a}, \vec{a}_1, \vec{a}_2, \vec{a}_3$ z tego samego punktu A: $\overrightarrow{AB_1} = \vec{a}_1$; $\overrightarrow{AB_2} = \vec{a}_2$; $\overrightarrow{AB_3} = \vec{a}_3$; $\overrightarrow{AB_4} = \vec{a}$. Niech F - jest rzutem punktu *SB4* na płaszczyznę *SB1B2 równoległą* do linii prostej *SB3* i Q - rzut punktu F na linię prostą *SB1* równoległą do linii prostej *SB2*. Następnie wektory $\vec{a} = \overrightarrow{AB_4} = \overrightarrow{AQ} + \overrightarrow{QF} + \overrightarrow{FB_4}$. $\overrightarrow{AQ}, \overrightarrow{QF}, \overrightarrow{FB_4}$ są współliniowe do wektorów $\vec{a}_1, \vec{a}_2, \vec{a}_3$. odpowiednio. Jeśli założymy, że $\frac{\overrightarrow{AQ}}{\vec{a}_1} = \lambda_1, \frac{\overrightarrow{QF}}{\vec{a}_2} = \lambda_2, \frac{\overrightarrow{FB_4}}{\vec{a}_3} = \lambda_3$, otrzymamy $\overrightarrow{AQ} = \lambda_1 \vec{a}_1, \overrightarrow{QF} = \lambda_2 \vec{a}_2, \overrightarrow{FB}4 = \lambda_3 \vec{a}_3$, a więc $\vec{a} = \lambda_1 \vec{a}_1 + \lambda_2 \vec{a}_2 + \lambda_3 \vec{a}_3$ wektory, $\vec{a}\ \vec{a}_1, \vec{a}_2, \vec{a}_3$ są liniowo zależne.

Tak więc, ***podstawa wolnej przestrzeni wektorowej składa się z trzech uporządkowanych wektorów niekoplanarnych***. Jeżeli jako wektory podstawowe wybierzemy trzy uporządkowane wektory, które są reprezentowane przez skierowane odcinki równoległe do trzech osi prostokątnego kartezjańskiego układu współrzędnych *x, y, z,* a wartość bezwzględna każdego z wektorów jest równa odcinkowi skali tych osi, to podstawa taka jest określana jako ***ortonormalna***. Pierwsze dwa podstawowe wektory, jak również na płaszczyźnie, są wyznaczone $\vec{i}, \vec{j}$, a trzeci podstawowy wektor równoległy do osi OZ, jest wyznaczony $\vec{k}$, a te wektory są określane jako ***orty*** wektorowe. Współrzędne tych wektorów będą: $\vec{i} = (1,0,0),\ \vec{j} = (0,1,0),\ \vec{k} = (0,0,1)$. Taki wybór podstawowych wektorów powoduje, że w rozkładzie dowolnego wektora $\vec{a}(x,y,z)\ \vec{i}, \vec{j}$ na zasadzie ortonormalnej, współczynnikami $\vec{k}$ rozkładu są współrzędne *x, y,* z wektora : $\vec{a} = \vec{a}\ x\vec{i} + y\vec{j} + z\vec{k}$.

Rozważmy wyrażenie iloczynu skalarnego dwóch wektorów i $\vec{a}\ \vec{в}$, które znajdują się na zasadzie ortonormalnej, czyli и $\vec{a} = x_1\vec{i} + y_1\vec{j} + z_1\vec{k}$ $\vec{в} = x_2\vec{i} + y_2\vec{j} + z_2\vec{k}$. Następnie

$$\vec{a} \cdot \vec{в} \left(x_1\vec{i} + y_1\vec{j} + z_1\vec{k}\right)\left(x_2\vec{i} + y_2\vec{j} + z_2\vec{k}\right) =$$

$$= x_1x_2\vec{i}^2 + y_1y_2\vec{j}^2 + z_1z_2\vec{k}^2 + (x_1y_2)\vec{i}\vec{j} + \left(y_1z_2 + y_2\ z_1\right)\vec{j}\vec{k} + (z_1x_2 + z_2x_1)\vec{k}\vec{i}.$$ ale

ponieważ $\vec{i}, \vec{j}, \vec{k}$ są one wzajemnie prostopadłymi (ortogonalnymi) wektorami i ich moduł jest równy jednemu, wtedy $\vec{i}^2 = \vec{j}^2 = \vec{k}^2 = 1;\quad \vec{i} \cdot \vec{j} = \vec{i} \cdot \vec{k} = \vec{j} \cdot \vec{k} = 0$ wtedy $\vec{a} \cdot \vec{в} =$ x1x2 + y1y2 + z1z2.

Tak więc iloczyn skalarny dwóch wektorów jest równy sumie iloczynów odpowiadających ich współrzędnym we współrzędnych tylko w tym przypadku, gdy wektory są ustawione przez ich współrzędne w podstawie ortonormalnej.

§ 6. ISOMORPHISM MIĘDZY WIZJONAMI I *DZIENIOWYM* WECTOREM

SPACJE *K* I PÓŹNIEJ POWIERZCHNI POWIERZCHNI POWIERZCHNI POWIERZCHNI POWIERZCHNI POWIERZCHNI POWIERZCHNI POWIERZCHNI *POWIERZCHNI POWIERZCHNI POWIERZCHNI POWIERZCHNI POWIERZCHNI POWIERZCHNI POWIERZCHNI POWIERZCHNI POWYCH*

Niech *K* - będzie przestrzenią wektorową o skończonym wymiarze *n* powyżej pola *P*. I niech $\vec{\ell}_1, \vec{\ell}_2, ..., \vec{\ell}_n$ - podstawa tej przestrzeni. Rozważmy przestrzeń wektorową $P^n = \prod_{i=1}^{n} P_i$;która jest iloczynem *n* przestrzeni wektorowych *P* powyżej pola P. Umieśćmy wektor $\vec{x}' = (\lambda_1, \lambda_2, ..., \lambda_n)$ z *Pn* zgodnie z wektorem z $\vec{x} = \lambda_1 \vec{\ell}_1 + \lambda_2 \vec{\ell}_2 + ... + \lambda_n \vec{\ell}_n$ *K* To mapowanie $f : \vec{x} \to \vec{x}'$ jest biunique mapping, ponieważ rozkład wektora na podstawie jest możliwy tylko w unikalny sposób. Niech dalej $\vec{y} \in K$ i $\vec{y} = \beta_1 \vec{\ell}_1 + \beta_2 \vec{\ell}_2 + ... + \beta_n \vec{\ell}_n$.

Załóżmy, że wektor $\vec{y}' = (\beta_1, \beta_2, ..., \beta_n)$ z Pn jest zgodny z wektorem $\vec{y} \in K$. Od

$$\vec{x} + \vec{y} = (\lambda_1 + \beta_1)\vec{\ell}_1 + (\lambda_2 + \beta_2)\vec{\ell}_2 + ... + (\lambda_n + \beta_n)\vec{\ell}_n,$$

to jest jasne, że wektor $\vec{x} + \vec{y}$ odpowiada wektorowi $\vec{x}' + \vec{y}'$ z P ^{n}, więc

$$f(\vec{x} + \vec{y}) = f(\vec{x}) + f(\vec{y}).$$

Ponadto, od tego $\alpha \vec{x} = \alpha \lambda_1 \vec{\ell}_1 + \alpha \lambda_2 \vec{\ell}_2 + ... + \alpha \lambda_n \vec{\ell}_n$ czasu wektor $\alpha \vec{x}$ odpowiada wektorowi $\alpha \vec{x}'$ z P ^{n}, stąd też $f(\alpha \vec{x}) = \alpha f(\vec{x})$.Tak więc (patrz książka 2, rozdział 1, §3), można wyciągnąć następujący wniosek.

Przestrzeń wektorowa *K* o wymiarze skończonym n powyżej pola *P* jest izomorficzna do Pn. Izomorfizm pomiędzy *K* i *Pn* zależy od podstawy wybranej w *K*, a przestrzenie tylko o identycznym wymiarze mogą być izomorficzne.

Obrazy wektorów bazowych $\vec{\ell}_1, \vec{\ell}_2, ..., \vec{\ell}_n$ w Pn będą następujące $\vec{\ell}'_1 = (1,0,0,...,0)$, $\vec{\ell}'_2 = (0,1,0...,0)$..., $\vec{\ell}'_n = (0,0,...,1)$ lub $\vec{\ell}'_i = (\delta_{1i}, \delta_{2i}, ..., \delta_{ni})$, gdzie $\delta_{ij} = 0$, jeśli *i j*≠, oraz $\delta_{ii} = 1$; wartości δ_{ij} są określane jako ***symbole Kronecker.*** Naprawdę, ponieważ

$\vec{\ell}_i = \delta_{1i}\vec{\ell}_1 + \delta_{2i}\vec{\ell}_2 + ... + \delta_{ni}\vec{\ell}_n$a następnie$\vec{\ell}'_i = (\delta_{1i}, \delta_{2i}, ..., \delta_{ni})$, gdzie i = 1,2,...n.

Z powyższego wynika, że aby wektory $\vec{x}_1, \vec{x}_2, ..., \vec{x}_r$ z K były liniowo niezależne, konieczne i wystarczające jest, aby wektory z $\vec{x}'_1, \vec{x}'_2, ..., \vec{x}'_r$ P^n, miały tę właściwość, która odpowiada im w przypadku wyżej wymienionego izomorfizmu. W szczególności pokażemy, że wektory $\vec{\ell}'_1 = (1,0,0,...,0)$, $\vec{\ell}'_2 = (0,1,0...,0)$..., $\vec{\ell}'_n = (0,0,...,1)$ są podstawą tempa P^n, które jest nazywane ***kanonicznym.***

Dowód

1) Udowodnijmy, że wektory $\vec{\ell}'_1, \vec{\ell}'_2, ..., \vec{\ell}'_n$ są liniowo niezależne. W tym celu konieczne jest udowodnienie, że równanie wektorowe $\lambda_1\vec{\ell}'_1 +_1 \lambda_2\vec{\ell}'_2 + ... + \lambda_n\vec{\ell}'_n = \vec{0}$ ma tylko trywialne rozwiązanie $\lambda_1 = \lambda_2 = ... = \lambda_n = 0$. Podane równanie jest równoznaczne z układem równań skalarnychλ $_n\lambda_1 \cdot 1=0, \lambda_2 1=0, ..., \cdot 1=0,$, który ma unikalne rozwiązanie ...= $\lambda_1=\lambda_2=\lambda_n = 0.$

2) Jest oczywiste, że każdy wektor z $\vec{a} = (\mu_{1,}\mu_2, ..., \mu_n)P^n$ jest liniową kombinacją wektorów $\vec{\ell}'_1, \vec{\ell}'_2, ..., \vec{\ell}'_n$ ze współczynnikami $\mu_1, \mu_2, ..., \mu_n$ $\vec{a} = \mu_1\vec{\ell}' + \mu_2\vec{\ell}'_2 + ... + \mu_n\vec{\ell}'_{n1}$: . Dlatego też system ten $\vec{\ell}'_1, \vec{\ell}'_2, ..., \vec{\ell}'_n$ jest podstawą P^m.

Tak więc, znaczenie twierdzenia 1 izomorfizmu polega na tym, co następuje. Przestrzenie wektorowe mogą składać się ze wszystkiego - kolumn, multimianów, wartości fizycznych: prędkości, siły, natężenia pola elektrycznego itp. - charakter ich elementów nie ma znaczenia, gdy badane są tylko ich właściwości związane z operacjami dodawania i mnożenia przez liczbę. Wszystkie te właściwości przestrzeni izomorficznych są całkowicie identyczne. Z algebraicznego punktu widzenia przestrzenie izomorficzne są identyczne. Jeśli zgodzimy się nie rozróżniać między sobą przestrzeni izomorficznych na podstawie twierdzenia izomorficznego, to dla każdego wymiaru będzie tylko jedna przestrzeń wektorowa i P^n może służyć jako ta przestrzeń.

§ 7. FUNKCJE WEKTOROWE JEDNEJ RZECZYWISTEJ ZMIENNEJ; MAPPINGS *R* INTO *Rn*

Funkcje wektorowe jednej zmiennej rzeczywistej umieszczają element przestrzeni wektorowej zgodnie z liczbą rzeczywistą. Niech ta przestrzeń będzie przestrzenią wektorową $\boldsymbol{R}^n$ powyżej pola R.

Definicja. Niech P - będzie jakimś zestawem liczbowym z R i niech dowolna liczba $\in t$ *będzie* P umieszczona zgodnie z elementem (wektorem) z R^n. W tym przypadku można powiedzieć, że funkcja zmiennej rzeczywistej $t\in$ z wartościami wektorowymi wP R^n , lub krótko mówiąc, funkcja wektorowa z t jest określona.

Funkcja wektorowa jest oznaczona przez ($\vec{f}$ lub małą literą łacińską pogrubioną), a jej wartość dla t - through $\vec{f(t)}$; $\vec{f(t)}$jest elementem przestrzeni wektorowej R^n. Wyrażenie "funkcja wektorowa od $t\in P$ z wartościami w R^n" ma takie samo znaczenie, jak następujące wyrażenia: funkcja wektorowa określona na P, lub mapująca P w R^n.

Wyznaczymy elementy kanonicznej podstawy przestrzeni R^n poprzez If$\vec{\ell}'_1, \vec{\ell}'_2, ..., \vec{\ell}'_n$ $\vec{f}$ - jest funkcją wektorową określoną na P i posiadającą wartości w R^n, jest $\vec{f(t)}$to element z R^n, a następnie reprezentuje zestaw n liczb rzeczywistych, których wartość zależy od t i które wyznaczymy poprzez$\varphi_1(t), \varphi_2(t), ..., \varphi_n(t)$; będą to współrzędne lub składowe wektora $\vec{f(t)}$ na kanonie. Tak więc, $(\varphi_1(t), ...\varphi_n(t))$.

$$\vec{f}(t) = \varphi_1(t)\vec{\ell}_1 + \varphi_2(t)\vec{\ell}_2 + ... + \varphi_n(t)\vec{\ell}_n = (\varphi_1(t), ...\varphi_n(t)).$$

Tak więc dla dowolnych $t\in P$ n funkcji numerycznychφ_1, φ_2, ... φ_n jednej zmiennej rzeczywistej są określane i tak samo $\vec{f}$ jest uporządkowany zestaw n funkcji numerycznychφ_1,φ_2, ...φ_n jednej zmiennej rzeczywistej, które są określane na zestawie P. Funkcje φ_i są określane jako ***funkcje współrzędnych.***

Załóżmy teraz, że dla $\vec{f}$ - mapowania P z R^n - istnieje odwrotne mapowanie $\vec{f}^{-1}$; oznacza to, że dla każdego wektora, $\vec{x}\in R^n$ który jest wartością funkcji $\vec{f}$, zbiór tych liczb $t \in P$, dla których $\vec{x} = \overrightarrow{f(t)}$, jest on zredukowany do jednej liczby. Następnie $\vec{f}^{-1}$; będzie funkcją numeryczną n zmiennych rzeczywistych (Księga 1, Rozdział 3, § 3).

Zauważmy, że złożone funkcje jednej zmiennej rzeczywistej rozpatrywane przez nas w książce 2, rozdział 2 §6, punkt 6.1, mogą być przedstawione jako funkcje wektorowe jednej zmiennej rzeczywistej, lub jako mapowanie *R* na *R2*, ponieważ *C* jako przestrzeń wektorowa jest identyfikowana z *R2*.

W podsumowaniu rozważymy funkcję wektorową jednej zmiennej rzeczywistej *t*, której wartością jest promień - wektor punktu *M* w przestrzeni geometrycznej. Jak już wspomniano (rozdział 4, §3, punkt 3.3) $\vec{r}$ - jest to wektor, którego początek pokrywa się z początkiem współrzędnych O, a końcem jest jakiś punkt *M* przestrzeni geometrycznej. Współrzędne wektora $\vec{r}$ w podstawie ortonormalnej $\vec{i}, \vec{j}, \vec{k}$ i współrzędne punktu *M* pokrywają się w kartezjańskim prostokątnym układzie współrzędnych, tzn. jeżeli *M (x, y, z)* to $\vec{r} = \overrightarrow{OM} = x\vec{i} + y\vec{j} + z\vec{k}$. Niech współrzędne wektora $\vec{r}$, a więc i punktu *M* będą istotą funkcji jakiegoś parametru *t*, z domeną zmienności $P \subset R$

$$\begin{cases} x = \varphi_1(t) \\ y = \varphi_2(t). \\ z = \varphi_3(t) \end{cases}$$

Następnie $\vec{r}(t) = \varphi_1(t)\vec{i} + \varphi_2(t)\vec{j} + \varphi_3(t)\vec{k}$ reprezentuje funkcję wektorową jednej zmiennej rzeczywistej *t* lub mapującej *P* do *R3*. Gdy t się zmienia, to również x, *y, z* zmieniają się, a punkt *M* - koniec wektora $\vec{r}$ - wyznaczy pewną linię w przestrzeni, która nazywa się ***hodografem*** wektora $\vec{r} = \vec{r}$(t), a która może być uznana za wykres funkcji wektora $\vec{r}$ (t).

Tak więc funkcja wektorowa jednej zmiennej rzeczywistej o wartościach w R3 jest graficznie reprezentowana przez linię w przestrzeni geometrycznej.

§ 8. LINIOWE MAPOWANIE PRZESTRZENI WEKTOROWYCH

Definicja 1. Niech będą dwie wektorowe przestrzenie K i L powyżej tego samego pola P. *Mapowanie* liniowe przestrzeni w K na L odnosi się do mapowania $f{:}K \to L$, posiadającego następujące właściwości:

$$f(\vec{x}_1 + \vec{x}_2) = f(\vec{x}_1) + f(\vec{x}_2); \forall \vec{x}_1 \in K, \forall \vec{x}_2 \in K;$$

$$f(\lambda\vec{x}) = \lambda f(\vec{x}); \quad \forall \vec{x} \in K; \forall \lambda \in P.$$

Zdjęcia $f(\vec{x})$, $f(\vec{x}_1)$, $f(\vec{x}_2)$, $f(\vec{x}_1 + \vec{x}_2) \in L$.

Należy podkreślić, że dodanie n w prawej i lewej części pierwszej formuły oznacza, ogólnie rzecz biorąc, dwie różne operacje: dodanie w przestrzeni K i w przestrzeni L. Podobna uwaga dotyczy również drugiej formuły.

Definicja 2. Jeśli $L = P$, to wartość mapowania jest liczbą z P; w tym przypadku możemy powiedzieć, że f jest ***formą liniową.***

Tak więc, ortogonalny rzut wolnego wektora na płaszczyznę ***jest liniowym odwzorowaniem*** przestrzeni R^3 na R^2.

$$f(\lambda_1\vec{x}_1 + ... + \lambda_r\vec{x}_r) = \lambda_1 f(\vec{x}_1) + \lambda_2 f(\vec{x}_2) + ... + \lambda_r f(\vec{x}_r) = \vec{0},$$

Kolejny fakt z definicji 1. Rozważmy zbiór f *(K)*, czyli zbiór elementów z L, które służą do mapowania f jako obrazy, co najmniej jednego elementu $\vec{x} \in K$. f *(K)* jest przestrzenią wektorową, która jest wektorową podprzestrzenią przestrzeni L, a wymiar przestrzeni f *(K)* nie przekracza wymiaru K. Jeżeli $\vec{x}_1, \vec{x}_2, ..., \vec{x}_r$ są liniowo zależne w K, to są takie w $\lambda_1, \lambda_2, ..., \lambda_r$ P, które nie są równe zeru, to $\lambda_1\vec{x}_1 + \lambda_2\vec{x}_2 + ... + \lambda_r\vec{x}_r = \vec{0}$, ale wtedy $f(\lambda_1\vec{x}_1 + ... + \lambda_r\vec{x}_r) = \lambda_1 f(\vec{x}_1) + \lambda_2 f(\vec{x}_2) + ... + \lambda_r f(\vec{x}_r) = \vec{0}$, a więc elementy $f(\vec{x}_1), ..., f(\vec{x}_r)$ są również liniowo zależne. Generalnie rzecz biorąc, nie jest to sprawiedliwe. Tutaj bierzemy pod uwagę, że $f(\vec{0}) = \vec{0}$. Wynika to z odwzorowania liniowości: $f(\vec{x} + \vec{0}) = f(\vec{x}) + f(\vec{0})$ a następnie $f(\vec{0}) = \vec{0}$. należy zauważyć, że w $\vec{0}$ $f(\vec{0})\vec{0}$prawej części równości i różnią się one od siebie, ponieważ są to elementy neutralne należące do różnych zbiorów.

8.1. Ranga mapowania liniowego

Definicja. *Ranga r* mapowania liniowego $f: K\ L \rightarrow$ jest określana jako wymiar przestrzeni wektorowej *f (K)*. Jeżeli *K* ma wymiar *n*, to ponieważ wymiar przestrzeni *f (K)* nie może przekroczyć *n*, to stwierdzamy, że $r \leq n$.

Jeśli $\vec{\ell}_1, \vec{\ell}_2, ... \vec{\ell}_n$ jest podstawą przestrzeni *K*, to i $\vec{x} = \lambda_1 \ell_1 + ... + \lambda_n \vec{\ell}_n$ $f(\vec{x}) = \lambda_1 f(\vec{\ell}_1) + ... + \lambda_n f(\ell_n)$. tak przestrzeń wektorowa *f (K)* jest generowana przez wektory $f(\vec{\ell}_1), ..., f(\vec{\ell}_n)$, i stąd *r* jest maksymalną liczbą wektorów liniowo niezależnych tj $f(\vec{\ell}_1), ..., f(\vec{\ell}_n)$. rangą danego układu wektorów.

Jeśli wszystkie wektory $f(\vec{\ell}_1), ..., f(\vec{\ell}_n)$ są liniowo niezależne i tworzą podstawę *f (K)*, a *f (K)* wyczerpuje całą przestrzeń *L* (tj. *f (K) = L*), wówczas mapowanie *f* będzie biunique. Dlatego też, aby mapowanie liniowe *f* było biunique, konieczne i wystarczające jest, aby *dim K = dim L = n*, i jest równe randze mapowania *r*. Tak więc mapowanie biurowe jest możliwe tylko pomiędzy przestrzeniami o identycznych wymiarach.

Zauważymy, że jeśli liniowe mapowanie *f* - jest biunique, to będzie to izomorfizm.

8.2. Notacja współrzędnych mapowania liniowego

Uwzględniamy dwie przestrzenie wektorowe *K* i *L* o różnych wymiarach nad tym samym polem *P*. W przestrzeni *K* wymiaru *m należy* wybrać podstawę $\vec{\ell}_1, \vec{\ell}_2, ... \vec{\ell}_m$, a w przestrzeni *L* wymiaru *h* - podstawę $\vec{e}_1, \vec{e}_2, ..., \vec{e}_h$. Niech *f* będzie mapą liniową *K* na *L*; konwertuje ona в $\vec{x} \in KL$ $\vec{y} = f(\vec{x}) \in$. Po rozłożeniu wektorów i $\vec{x}\ \vec{y}$ na podstawie odpowiednich przestrzeni otrzymamy

$\vec{x} = \lambda_1 \vec{\ell}_1 + \lambda_2 \vec{\ell}_2 + ... + \lambda_m \vec{\ell}_m$, и $\vec{y} = \beta_1 \vec{e}_1 + \beta_2 \vec{e}_2 + ... \beta_h e_h$, $\lambda_i \in P$ $\beta_i \in P$

lub podlegając mapowaniu liniowemu, mamy

$$\vec{y} = f(\vec{x}) = \lambda_1 f(\vec{\ell}_1) + \lambda_2 f(\vec{\ell}_2) + ... + \lambda_m f(\vec{\ell}_m) = \sum_{j=1}^{m} \lambda_j f(\vec{\ell}_j).$$

Od elementów $f(\vec{\ell}_j) \in L$, wówczas na podstawie $\vec{e}_1, \vec{e}_2, ..., \vec{e}_h$ mogą być one przedstawione jako

$f(\vec{\ell}_j) = \alpha_{1j}\vec{e}_1 + \alpha_{2j}\vec{e}_2 + ... + \alpha_{hj}\vec{e}_h,\ j = 1,2,...,m$

lub $f(\vec{\ell}_j) = \sum_{i=1}^{h} \alpha_{ij}\vec{e}_i,\ i = 1,2,..., h.$

Stąd,

$\vec{y} = \sum_{j=1}^{m} \lambda_j f(\vec{\ell}_j) = \sum_{j=1}^{m} \lambda_j \sum_{i=1}^{h} \alpha_{ij}\vec{e}_i = \sum_{i=1}^{h}\left(\sum_{j=1}^{m} \alpha_{ij}\lambda_j\right)\vec{e}_i$ lub koordynować, z zastrzeżeniem, że $\vec{y} = \sum_{i=1}^{h} \beta_i \vec{e}_i$

$$\begin{cases} \beta_1 = \alpha \ + {}_{11}\lambda_{11}\ {}_2\alpha\lambda_2 + ... + {}_{1m}\alpha\lambda_m \\ \beta_2 = \alpha_{21}\lambda_1 + \alpha_{22}\lambda_2 + ... + \alpha_{2m}\lambda_{m} \\ .... \end{cases} \quad (4..9)$$

$\beta_h = \alpha_{h1} + \lambda_{1h2}\alpha\lambda_2 + ... + {}_{hm}\alpha\lambda_m$

Należy zauważyć, że dany układ zawiera elementy λ_j, β_i oraz α_{ij}, które należą tylko do pola *P*. Pozwala to również uznać określony układ za charakterystykę liniowego mapowania przestrzeni P^m na P^h. Elementy przestrzeni P^m są wektorami $\vec{x}' = (\lambda_1, \lambda_2, ..., \lambda_m)$, a przestrzenie ^{Ph} - wektorami. $\vec{y}' = (\beta_1, \beta_2, ...\beta_h)$. Zatem dowolne liniowe mapowanie *f* przestrzeni wektorowej *K* na *L* można porównać do liniowego mapowania przestrzeni *Pm* w ^{Ph}, które będzie wyznaczane identycznymi wyrażeniami opisującymi mapowanie.

Otrzymany system wyrażeń *w* pełni charakteryzuje liniowe mapowanie przestrzeni wektorowej *To* w *L*. Z kolei system ten jest ustawiony, jeśli znana jest prostokątna tabela współczynników $_{\circ\ ij}$, które są zapisane w następujący sposób;
Otrzymany układ wyrażeń w pełni charakteryzuje liniowe mapowanie *f* przestrzeni wektorowej *K* w *L*. Z kolei układ ten jest przypisywany, jeśli znana jest prostokątna tabela współczynników α_{ij}, która jest zapisana w następujący sposób;

$$A = \begin{pmatrix} \alpha_{11}\alpha_{21} \ldots {}_{1m}\alpha \\ {}_2\alpha_1\alpha_{22}.\ \alpha_{2m} \\ \ldots\ldots\ldots\ldots \\ \alpha\ {}_{h1}\alpha_{h2} \ldots {}_{hm}\alpha \end{pmatrix} = (\alpha_{ij}), \quad i = 1, 2,..., h, \quad j = 1, 2,..., m$$

Taka prostokątna tabela liczb jest określana jako ***macierz,*** a liczby α_{ij} są określane jako jej ***członkowie.***

Zestaw elementów, które mają identyczne pierwsze indeksy, jest określany jako ***wiersz,*** a zestaw elementów, które mają identyczne drugie indeksy, jest określany jako ***kolumna*** **.** Więc, α_{ijj} jest członkiem i - wiersza i j - kolumny.

Za pomocą macierzy Układ wyrażeń (4.9) opisujących mapowanie liniowe *f* wektorowej przestrzeni *K* w *L* (lub P^m w P^h) jest zapisywany w następujący sposób, gdzie $\vec{y}' = A(\vec{x}')$,

$$\vec{x}' = (\lambda_1, \lambda_2, ..., \lambda_m) \in P^m, \quad \vec{y}' = (\beta_1, \beta_2, ..., \beta_h) \in P^h.$$

Matryca może być również rozpatrywana niezależnie od przestrzeni *K* i *L*. Może być związana z przypisaniem układu wektorowego w przestrzeni rzędu - wektory, lub w przestrzeni kolumny - wektory. Naprawdę, niech elementy i - rzędu macierzy (α_{i1}, α_{i2}, ... α_{im}) reprezentują składniki rzędu - wektor $\vec{a}_i$ w przestrzeni P^m, następnie

$$A = \begin{pmatrix} \alpha_{11} \alpha_{12} \; ... \; \alpha_{1m} \\ \alpha_{21} \alpha_{22} \; ... \; \alpha_{2m} \\ \alpha_{h1} \alpha_{h2} \; ... \; \alpha_{hm} \end{pmatrix} = \begin{pmatrix} \vec{a}_1 \\ \vec{a}_2 \\ \vec{a}_h \end{pmatrix} \qquad (4.10)$$

A zatem przypisanie matrycy *A* oznacza przypisanie układu z *h* wektorów rzędowych $\vec{a}_1, \vec{a}_2, ..., \vec{a}_h$ w przestrzeni P^h. Podobnie,

$$\vec{g}_j = \begin{pmatrix} \alpha_{1j} \\ \alpha_{2j} \\ \vdots \\ \alpha_{hj} \end{pmatrix} \in P^h, \text{ następnie } A = \begin{pmatrix} \alpha_{12} \alpha_{11} \; ... \; \alpha_{1m} \\ \alpha_{21} \alpha_{22} \; .. \; \alpha_{2m} \\ .... \\ \alpha_{h1} \alpha_{h2} \; ... \; \alpha_{hm} \end{pmatrix} = (\vec{g}_1, \vec{g}_2, ..., \vec{g}_m) \qquad (4.11)$$

Zatem przypisanie *macierzy A* oznacza przypisanie systemu z kolumny *m* - wektory w przestrzeni P^h.

Członkowie matrycy w tych przypadkach są składnikami wektorów.

Jeżeli w wyrażeniu (4.9) rozpatrzymy macierz A jako przypisany układ kolumny - wektory w przestrzeni P^h, to wzory (4.9) można zapisać w następującej równoważnej formie:

$$\vec{y}' = \lambda_1 \vec{g}_1 + \lambda_2 \vec{g}_2 + \ldots + \lambda_m \vec{g}_m,$$

$$\text{tutaj } \vec{y}' = \begin{pmatrix} \beta_1 \\ \beta_2 \\ \vdots \\ \beta_h \end{pmatrix} \in P^h, \quad \vec{g}_j = \begin{pmatrix} \alpha_{1j} \\ \alpha_{2j} \\ \vdots \\ \alpha_{hj} \end{pmatrix} \in P^h, \; j = 1, 2, \ldots, m.$$

Wyrażenie to oznacza, że wektor $\vec{y}' \in P^h$ jest liniową kombinacją układu kolumna - wektor od $\vec{g}_1, \vec{g}_2, \ldots \vec{g}_m P^h$, przypisanego przez matrycę A ze współczynnikami , $\lambda_1, \ldots \lambda_m$. Z powyższego wynika, że matryca może być rozpatrywana oddzielnie jako niezależna wartość, a na zbiorze matryc, jak i na dowolnym zbiorze, wprowadza wewnętrzne i zewnętrzne prawa kompozycji.

EKSPERCJE

1. Udowodnić: a) liniową zależność wektorów $\vec{a}_1$ (2,-1, 2), $\vec{a}_2$ (3, 1,-2), $\vec{a}_3$ (6,-3, 6); b) liniowa niezależność wektorów ($\vec{e}_1$ 2,-1,-2), $\vec{e}_2$ (3, 1, 1), $\vec{e}_3$ (-4, 2, 1).

2. Udowodnić, że wektory $\vec{a}_1$ (2,-1,-1), $\vec{a}_2$ (2,-3,0), ($\vec{a}_3$ 1, 1,-1) stanowią podstawę przestrzeni geometrycznej i określają współrzędne wektora $\vec{e}$ (-5,-4,-2) na tej podstawie.

3. Udowodnij, że te wektory $\vec{a} = 2\vec{i} - \vec{j} + 2\vec{k}$ $\vec{b} = \vec{i} + 2\vec{j} - 3\vec{k}$ .., $\vec{c} = 3\vec{i} - 4\vec{j} + 7\vec{k}$ są koplanarne.

4. Wyznaczyć składowe i zapisać rozkład wektora na $\vec{a}$ podstawie ortonormalnej $\vec{i}, \vec{j}, \vec{k}$, if $|\vec{a}|=2$ i wektor ten tworzy z osiami odciętych i rzędnych kątów na litrze na 45°.

5. Dowiedz się, czy dany zbiór wektorów w przestrzeni wektorowej *n wymiarowej K* powyżej pola *P* jest podpowierzchnią wektorową i określ jej wymiar: a) zbiór wektorów, których wszystkie współrzędne są równe między sobą; b) zbiór wektorów, których suma współrzędnych jest równa 0; c) zbiór wektorów, których suma współrzędnych jest równa 1.

ROZDZIAŁ 5
MATRYKAŁY

Definicja 1. Matryca A nad polem P, składająca się z k - wierszy i m - kolumn, jest prostokątną tabelą elementów, gdzie$\alpha_{ij} \in P$, $i = 1,2,...,k;\ j = 1,2,...,m.$

Definicja 2. Iloczyn k- liczby wierszy i m- kolumn matrycy $k{\times}m$ (k przez m), który jest równy liczbie elementów matrycy, określa się α_{ij}jako ***wielkość*** matrycy.

Należy zauważyć, że matryce o identycznej liczbie elementów mogą mieć różne wymiary. Na przykład, wymiary matryc z m - wierszy i n - kolumn ($m \times n$) oraz zarówno n wierszy jak i m kolumn ($n \times m$) nie są identyczne.

§ 1. RANKING MATRYCOWY. MATRYCA ELEMENTARNA TRANSFORMACJE

Jak już wspomniano, matrycę A o wielkości $k{\times}m$ można uznać za przypisanie układu z kolumny m - wektory w przestrzeni Pk lub z rzędu k - wektory w przestrzeni Pm. Możliwe jest wykazanie (pominięto dowód na to twierdzenie), że szeregi systemów kolumnowo-wektorowych i szeregowo-wektorowych są identyczne.

Definicja. Ogólna wartość rangi kolumny - systemu wektorowego (lub wiersza - systemu wektorowego), przypisana przez macierz A, jest określana jako ***ranga*** tej macierzy i jest oznaczana jako $r\ (A)$.

Opierając się na wnioskach z twierdzeń o wektorach liniowo zależnych i liniowo niezależnych, można ustalić, że $r\ (A)$ [illegible] $min\ (k, m)$, a także następujące elementarne przekształcenia matrycy, które nie zmieniają jej (jej) rangi.

Podstawowe transformacje matrycy:

1. Mnożenie wiersza (kolumny) matrycy przez liczbę, która różni się od zera;

2. Dodanie jednego wiersza (kolumny) matrycy do innego wiersza (kolumny) tej matrycy;

3. Dopuszczenie dwóch wierszy (kolumn) danej matrycy.

Łącząc przekształcenia elementarne, możemy dodać dowolne matryce wierszy (kolumn) do liniowej kombinacji innych wierszy (kolumn) i w ten sposób ranga matrycy również nie ulega zmianie. Za pomocą przekształceń elementarnych każda matryca

$$A = \begin{pmatrix} a_{11}a_{12}....a_{1m} \\ a_{21}a_{22}....a_{2m} \\ .... \\ a_{k1}a_{k2}....a_{km} \end{pmatrix}$$

może zostać przekształcony w formę

$$B = \left(\quad \text{lub} \quad E \right) \begin{matrix} \mathit{в}_{11}....0......0 \\ .... \\ 0........\mathit{в}_{rr}...0 \\ .... \\ 0........0......0 \end{matrix} = \begin{pmatrix} 1....0....0 \\ .... \\ 0....1....0 \\ .... \\ 0....0....0 \end{pmatrix}$$

gdzie $в_{ii}\, 0 \neq$, $i = 1,2,... \, r$, $r \leq min(\, k,m \,)$. Jasne jest, że liczba r niezerowych członków jest równa randze matrycy: $r = r\,(A) = r\,(B) = r\,(E)$. W ten sposób można zdefiniować rangę dowolnej macierzy.

Teraz weźmiemy pod uwagę matrycę A o wielkości $k \times m$ jako charakterystykę mapowania liniowego, gdzie $\vec{x} \rightarrow A(\vec{x}), \vec{x} \in P^{\,m}$, a $A(\vec{x}) \in P^{k}$.w tym przypadku ranga matrycy jest równa randze tego mapowania liniowego. W rzeczywistości, system z kolumny - wektorów m macierzy *A składa się* z wektorów m należących do P_K, a zestaw mapowań $A(\vec{x})$ jest liniowym kadłubem systemu kolumna - wektor macierzy A. Tak więc, wymiar podprzestrzeni jest mapowany ($A(\vec{x})$ranga mapowania liniowego) jest równy randze kolumna - wektor (ranga macierzy), generując tę podprzestrzeń.

Jak już ustaliliśmy, mapowanie będzie $A : P^{m} \rightarrow P^{k}$ biurowe wtedy i tylko wtedy, gdy wymiary przestrzeni pokrywają się k = m i są równe randze r mapowania, czyli r = k = m. Zatem matryca wyznaczająca mapowanie biurowe powinna mieć wielkość m×m (kwadrat), a jej ranga *r (A) powinna* być równa m.

§ 2. OPERACJE ALGEBRAICZNE NA MACIERZACH. PRZESTRZEŃ WEKTOROWA MATRYC

Ponieważ matryca związana jest z systemem wektorowym s, a operacje porównywania i dodawania wprowadzane są tylko dla wektorów należących do jednej przestrzeni, dlatego możemy porównywać i dodawać tylko matryce o identycznych rozmiarach.

Równość. Dwie matryce o identycznych rozmiarach, których odpowiednie elementy są równe między sobą, określa się jako równe.

Dodatek. Suma dwóch macierzy *A* i *B* o identycznych rozmiarach jest określana jako macierz *C* o tej samej wielkości, której elementy są równe sumom odpowiednich elementów dodanych macierzy.

$$A = \begin{pmatrix} a_{11}a_{12}....a_{1m} \\ a_{21}a_{22}....a_{2m} \\ .... \\ a_{k1}a_{k2}....a_{km} \end{pmatrix} = (aij), \quad B = \begin{pmatrix} в_{11}в_{12}....в_{1m} \\ в_{21}в_{22}....в_{2m} \\ .... \\ в_{к1}в_{к2}....в_{кm} \end{pmatrix} = (вij)$$

$$C = A + B = \begin{pmatrix} a_{11}+в_{11} & a_{12}+в_{12}....a_{1m}+в_{1m} \\ a_{21}+в_{21} & a_{22}+в_{22}....a_{2m}+в_{2m} \\ .... \\ a_{ki}+в_{ki} & a_{k2}+в_{k2}....a_{km}+в_{km} \end{pmatrix} \quad (cij) = (aij+вij),$$

gdzie $i = 1,2,....,$ к; $j = 1,2,.... m.$

Dodatek jest asocjacyjny i komutatywny, tak jak istnieje dla dodatku aij + вij P*;* istnieje element neutralny - macierz zero, oznaczona O lub (0), której wszyscy członkowie są zerami, i $O(\vec{x}) = \vec{0} \in P^{\kappa}$, cokolwiek to $\vec{x} \in P^m$ jest. Każda matryca *A* z członów ***aij*** ma przeciwległy (symetryczny), oznaczony - *A*, którego wszystkie elementy są esencją - *aij* и A+(-A) = O. Tak więc operacja dodawania na zestawie matryc o identycznych rozmiarach tworzy grupę Abelian.

Mnożenie macierzy przez liczbę z P. Produkt macierzy przez liczbę (lub liczby przez matrycę) jest określany jako matryca, której członkowie są produktami członków danej macierzy przez ten numer:

$$\lambda A=A\lambda= \quad aij\lambda(\,) = (\lambda aij\,) = \begin{pmatrix} \lambda a_{11}\ \lambda a_{12}....\lambda a_{1m} \\ \lambda a_{21}\ \lambda a_{22}....\lambda a_{2m} \\ .... \\ \lambda a_{k1}\ \lambda a_{k2}....\lambda a_{km} \end{pmatrix},$$

gdzie i = 1,2,...,к; j = 1,2,...,m.

Widzimy, że mnożenie przez liczbę jest komutatywne, a uzyskana matryca ma ten sam wymiar, co pomnożona matryca. Poza tym:

$\lambda(A+B) = A+ \lambda\lambda B,$ λponieważλ $(aij+вij\,) = aij+ \lambda\lambda вij\,;$

$(\lambda+\mu) A = A+ \lambda\mu A,$ μponieważ $(\lambda+\mu)\ aij = aij+ \lambda\mu aij\,;$

$\lambda(\mu\, A) = (\lambda\, A\mu),$ od $aij\ \lambda(\mu) = (\lambda\ aij\ \mu);$

$\varepsilon\, A = A,$ ponieważ aij $\varepsilon= aij,$ gdzie = $\varepsilon 1 \in P$ - jest neutralnym elementem mnożenia w P, niezależnie od tego, jakie mogą być *macierze* A i *B*, z kolumn к wierszy i *m,* oraz niezależnie od tego, jakie mogą być P $\lambda\in$i P.$\mu\in$

Tak więc zestaw macierzy *A*, składający się z *k* wierszy i *m* kolumn, tworzy przestrzeń wektorową nad polem *P*.

Za pomocą $_{ij}I$ wyznaczymy matrycę *k* wierszy i *m* kolumn, których wszystkie elementy są zerowe, z wyjątkiem elementu i - wiersza i j - tej kolumny - równego ε= 1; • = 1; tzn. umieścimy

$$I_{ij} = \begin{pmatrix} 0....0...0 \\ .... \\ i\,0....1...0 \\ .... \\ 0....0...0 \end{pmatrix}.$$

j

Ilość takich matryc jest równa ilości członów w matrycy, tj. produktowi *k-m.*

Wtedy każda matryca $A = (\alpha_{ij})$ składająca się z *k* wierszy i *m* kolumn ma postać:

$$A = \sum_{i=1}^{k} \left(\sum_{j=1}^{m} \alpha_{ij} I_{ij} \right),$$

a to przedstawienie jest unikalne. Dlatego też macierze $_{ij}I$ tworzą podstawę wektorowej przestrzeni macierzy w postaci *k* rzędów i *m* kolumn, czyli ta przestrzeń wektorowa ma skończony wymiar, który jest równy iloczynowi *k-m,* który tworzy ogólną liczbę elementów w macierzy.

Pomnożenie dwóch matryc. Iloczyn dwóch macierzy *A*, o wymiarach $m \times k$ i *B,* o wymiarach $k \times n$, *określa* się jako iloczyn *C,* o wymiarach $m \times n$, którego element *cij* jest równy sumie *iloczynów* elementu *i* - wiersza macierzy *A* przez odpowiednie elementy *j* - kolumny macierzy *B.*

Niech będą podane matryce

$$A = \begin{pmatrix} a_{11} a_{12} \ldots a_{1k} \\ a_{21} a_{22} \ldots a_{2k} \\ \ldots\ldots\ldots\ldots \\ a_{m1} a_{m2} \ldots a_{mk} \end{pmatrix} \text{ i } B = \begin{pmatrix} в_{11} в_{12} \ldots в_{1n} \\ в_{21} в_{22} \ldots в_{2n} \\ \ldots\ldots\ldots\ldots \\ в_{\kappa 1} в_{\kappa 2} \ldots в_{\kappa n} \end{pmatrix},$$

następnie, ich produkt

$$C = A\text{-}B = \begin{pmatrix} c_{11} c_{12} \ldots c_{1n} \\ c_{21} c_{22} \ldots c_{2n} \\ \ldots\ldots\ldots\ldots \\ c_{m1} c_{m2} \ldots c_{mn} \end{pmatrix} = (cij),$$

gdzie $cij = ai1,\ в1j + ai2\ _{в2j} + \ldots + aik\ _{вkj} = \sum_{\gamma=1}^{k} a_{i\gamma} в_{\gamma j},$

$i = 1,2,\ldots, m, \quad j = 1,2, \ldots, n.$

Ta uwaga. Dwie macierze *A* i *B*, wzięte w określonej kolejności, mogą być pomnożone tylko wtedy, gdy numer kolumny pierwszej macierzy jest równy numerowi wiersza drugiej macierzy, tzn. mają one rozmiary $m \times k$ i $k \times n$. Takie macierze są określane jako ***spójne.***

Dla zwielokrotnienia macierzy sprawiedliwe są następujące właściwości:

1. Produkt dowolnej matrycy przez spójną z nią matrycę zero jest równy zero matrycy.

2. Iloczyn macierzy nie jest komutatywny, tzn. generalnie *AB B A*≠. Tak więc przypuszcza się, że *A-B* i *B-A mają sens*. Jeżeli *A-B* = *B-A*, to matryce są określane jako ***komutatywne (trwałe)***.

3. Niech *A*, *B* i *C* będą matrycami, które można dodawać lub mnożyć, orazλ - jakaś liczba od *P*

$$(A\text{-}B)\text{-}C = A\text{-}(B\text{-}C)$$

$$\lambda\cdot(A\cdot B) = (\lambda\cdot A)\, B\cdot = A\cdot(\lambda\cdot B)\lambda\cdot$$

$$A\cdot(B+C) = A\, B+A\cdot\cdot C.\cdot$$

§ 3. IZOMORFIZM POMIĘDZY PRZESTRZENIĄ WEKTOROWĄ MATRYŻE I POWIERZCHNIA *POWIERZCHNI* POWIERZCHNI POWIERZCHNI POWIERZCHNI POWIERZCHNI POWIERZCHNI POWIERZCHNI POWIERZCHNI POWIERZCHNI POWIERZCHNI POWIERZCHNI POWIERZCHNI POWIERZCHNI POWIERZCHNI POWIERZCHNI POWIERZCHNI POWIERZCHNI POWYCH

Jak już wspomnieliśmy, matryca *A* o wielkości $k\times m$ może umieścić w zamówionym systemie *m wektory* kolumnowe $(\vec{a}_1,\vec{a}_2,...,\vec{a}_m)$w przestrzeni *Pm*, lub *k* rząd - wektory $(\vec{b}_1,\vec{b}_2,...,\vec{b}_k)$w przestrzeni *Pm*. Oba uporządkowane układy wektorów$(\vec{a}_1,\vec{a}_2,...,\vec{a}_m)$ oraz$(\vec{b}_1,\vec{b}_2,...,\vec{b}_k)$ - są elementami o tej samej przestrzeni wektorowej P^n, gdzie $n = k\text{-}m$, która jest izomorficzna dla przestrzeni wektorowej matryc o wielkości $k\times m$. Naprawdę,

$$(\vec{a}_1,\vec{a}_2,...,\vec{a}_m)\in \prod_{i=1}^{m} P_i^k = P^{k\cdot m} = P^n \quad \text{oraz}$$

$$(\vec{b}_1,\vec{b}_2,...,\vec{b}_k)\in \prod_{i=1}^{k} P_i^m = P^{m\cdot k} = P^n$$

Rozważymy teraz system składający się z jednego wektora $\vec{x} = (\alpha_1,\alpha_2,...,\alpha_n)\in P^n$. Jest oczywiste, że ten wektor poprzez składowe w przestrzeni macierzy będzie kojarzony z macierzami o wielkości 1×*n*, lub

$n\times\vec{x}\rightarrow X=(\alpha_1,\alpha_2,...,\alpha_n)$ 1; macierzą o wielkości 1×*n*; $\vec{x}\rightarrow X=\begin{pmatrix}\alpha_1\\ \alpha_2\\ ....\\ \alpha_n\end{pmatrix}$

macierzą o wielkości *n*×1. Jest oczywiste, że mapowanie $\vec{x}\rightarrow X$ jest izomorfizmem, ponieważ

$$\vec{x}_1+\vec{x}_2\rightarrow X_1+X_2 \text{ and } \lambda\vec{x}=\lambda X,$$
$$\forall\vec{x}_1\in P^n,\ \forall\vec{x}_2\in P^n,\ \forall\lambda\in P.$$

Używając określonego izomorfizmu, pokażemy, jak mapowanie $\vec{y}=A(\vec{x})$ jest prezentowane w przestrzeni matrycy, gdzie $\vec{x}\in P^m, \vec{y}\in P^k$.

Niech mapowanie *A* z przestrzeni *Pm* na Pк zostanie określone za pomocą formuł:

$$\beta_1=\alpha_{11}\lambda_1+\quad+\alpha_{12}\lambda_2. +..\alpha_{1m}\lambda_m$$
$$\beta_2\ \alpha_2={}_1\lambda_1\alpha\ {}_2+{}_2\lambda_2 +. +..\alpha_{2m}\lambda_m$$
$$.........................$$
$$\beta_{\kappa\ \kappa}=\alpha_1\lambda_{1\kappa}+\alpha_2\lambda_2+. +.._{\kappa m}\alpha\lambda_m$$

Ujmijmy wektor $\vec{y}$ z komponentami (β_1, β_2, ..., ${}_\kappa\beta$) z Pк zgodnie z matrycą:

$Y=\begin{pmatrix}\beta_1\\ \beta_2\\ ...\\ \beta_k\end{pmatrix}$ o rozmiarze к×1, oraz wektor $\vec{x}$ze składnikami (λ_1 ,λ_2., ,..λ_m

$X=\begin{pmatrix}\lambda_1\\ \lambda_2\\ ...\\ \lambda_m\end{pmatrix}$) o matrycy o rozmiarze m×1. Następnie mapowanie, $\vec{y}=A(\vec{x})$, określone przez matrycę

$$A = \begin{pmatrix} a_{11}a_{12}....a_{1m} \\ a_{21}a_{22}....a_{2m} \\ .... \\ a_{k1}a_{k2}....a_{km} \end{pmatrix}$$ o wielkości $k \times m$ w przestrzeni macierzy jest

określony przez tę samą macierz A i jest reprezentowany w postaci

$$\vec{y} = A(\vec{x}) \to \begin{pmatrix} \beta_1 \\ \beta_2 \\ ... \\ \beta_k \end{pmatrix} = \begin{pmatrix} a_{11}a_{12}....a_{1m} \\ a_{21}a_{22}....a_{2m} \\ .... \\ a_{k1}a_{k2}....a_{km} \end{pmatrix} \begin{pmatrix} \lambda_1 \\ \lambda_2 \\ ... \\ \lambda_m \end{pmatrix} \to Y = AX.$$

Na koniec rozważymy, w jaki sposób iloczyn skalarny dwóch wektorów z przestrzeni R^n jest mapowany w przestrzeni matrycy.

§ 4. SKALARNY PRODUKT DWÓCH WSKAŹNIKÓW Z POWIERZCHNI *Rn*

Definicja. Rozważymy mapowanie φ przestrzeni wektorowej *Rn R×n* na *R*, w którym ustalono następującą zgodność

$$(\vec{x}, \vec{y}) \to \varphi(\vec{x}, \vec{y}) = \sum_{i=1}^{n} \alpha_i \beta_i = \alpha_1\beta_1 + \alpha_2\beta_2 + ... + \alpha_n\beta_n$$,

tutaj $\vec{x} \in R^n$, $\vec{y} \in R^n$; uporządkowana para$(\vec{x}, \vec{y})$ jest elementem przestrzeni wektorowej *Rn R×n;* $(\lambda_1, \lambda_2, ..., \lambda_n)$ i (β1, β2, ... , βn) są składowymi wektorów $\vec{x}$ и $\vec{y}$; $\sum_{i=1}^{n} \alpha_i \beta_i$ jest liczba od *R*. Takie mapowanieφ jest określane jako iloczyn ***skalarny*** dwóch wektorów $\vec{x}$ and $\vec{y}$ z przestrzeni *Rn* i jest oznaczone $\vec{x} \cdot \vec{y}$.

Mapowanieφ nie jest mapowaniem liniowym. Naprawdę, ponieważ *Rn×Rn* to przestrzeń wektorowa, $(\vec{x}_1, \vec{y}_1) + (\vec{x}_2, \vec{y}_2) = (\vec{x}_1 + \vec{x}_2, \vec{y}_1 + y_2)$, where $x_1 = (\alpha_{11}, \alpha_{12}, ..., \alpha_{1n})$; $\vec{x}_2 = (\alpha_{21}, \alpha_{22}, ..., \alpha_{2n})$; $\vec{y}_1 = (\beta_{11}, \beta_{12}, ..., \beta_{1n})$; $\vec{y}_2 = (\beta_{21}, \beta_{22}, ..., \beta_{2n})$.

Łatwo jest pokazać, że

$\varphi[(\vec{x}_1,\vec{y}_1)+(\vec{x}_2,\vec{y}_2)]=\varphi[(\vec{x}_1+\vec{x}_2,\vec{y}_1+\vec{y}_{22})]\neq\varphi(\vec{x}_1,\vec{y}_1)+\varphi(\vec{x}_2,\vec{y}_2)$ i dlatego mapowanie φ nie jest mapowaniem liniowym.

Definiujemy teraz, jak produkt skalarny jest reprezentowany w przestrzeni matrycy. Niech zostaną podane dwa wektory $\vec{x}=(\alpha_1,\alpha_2,...,\alpha_n)\in R^n$ and $\vec{y}=(\beta_1,\beta_2,...,\beta_n)\in R^n$. Teraz umieśćmy wektor $\vec{x}$ zgodny z matrycą o $X=(\alpha_1,\alpha_2,...,\alpha_n)$ wielkości $1\times n$, a wektor $\vec{y}$ - z matrycą o $Y=\begin{pmatrix}\beta_1\\ \beta_2\\ ...\\ \beta_k\end{pmatrix}$ wielkości $n\times 1$. Następnie produkt $\vec{x}\cdot\vec{y}$ w przestrzeni matrycy jest

równoważny z produktem

$$X\cdot Y=(\alpha_1,\alpha_2,...,\alpha_n)\begin{pmatrix}\beta_1\\ \beta_2\\ ...\\ \beta_n\end{pmatrix}=\alpha_1\beta_1\alpha_2+\beta_2+...\alpha_n+\beta_n.$$

Widzimy, że w przestrzeni wektorowej macierzy mapowanie φ nie jest mapowaniem liniowym

$$(\alpha_{11}+\alpha_{21}\ \alpha_{12}+\alpha_{22}....\alpha_{1n}+\alpha_{2n})\cdot\begin{pmatrix}\beta_{11}+\beta_{21}\\ \beta_{12}+\beta_{22}\\ ....\\ \beta_{1n}+\beta_{2n}\end{pmatrix}\neq(\alpha_{11},\alpha_{12},...,\alpha_{1n})\cdot\begin{pmatrix}\beta_{11}\\ \beta_{12}\\ ...\\ \beta_{1n}\end{pmatrix}+(\alpha_{21},\alpha_{22},...,\alpha_{2n})\begin{pmatrix}\beta_{21}\\ \beta_{22}\\ ...\\ \beta_{1n}\end{pmatrix}.$$

§ 5. KWADRATOWE MATRYCE

Definicja. Matryca, której numer wiersza jest równy numerowi kolumny, jest określana jako ***kwadrat***; równa liczba n wierszy i kolumn jest określana jako ***kolejność macierzy***.

Zbiór elementów α_{ii} jest określany jako przekątna ***główna,*** a matryca, której wszystkie elementy znajdują się poza przekątną główną, wynosi zero $\alpha_{ij} = 0$, jeżeli $i\ j\neq$, jest ona określana jako ***przekątna***.

$$A_{ii} = \begin{pmatrix} \alpha_{11}...0...0 \\ .... \\ 0....\alpha_{ii}...0 \\ .... \\ 0....0....\alpha_{nn} \end{pmatrix},$$

jeżeli wszystkie elementy diagonalnej macierzy są równe $\alpha_{ii} = \lambda$, taka macierz jest określana jako ***skalarna***.

Matryca ukośna, której wszystkie członki są równe jednemu, nazywana jest ***matrycą tożsamości*** i oznaczana jest jako En *(lub I_n)*.

$$E_n = \begin{pmatrix} 1...0...0 \\ .... \\ 0...1...0 \\ .... \\ 0...0...1 \end{pmatrix} \text{lub } E_n = (\delta_{ij}), \text{ gdzie } i = 1,2,..., n;\ j = 1,2,..., n;\ _{ij}\delta \text{ - to}$$

symbol Kroneckera. Matryca tożsamości E_n reprezentuje neutralny element dotyczący mnożenia macierzy *A* rzędu n: $AEn = E_nA = A$.

Suma i iloczyn dwóch macierzy *n* - zamówienia są zawsze określane i wynik będzie macierzą *n* zamówienia. Jednak iloczyn kwadratowych matryc nie jest komutatywny: $A\text{-}B\ B\text{-}A \neq$. Na przykład,

$$\begin{pmatrix} 2\,3 \\ 1\,0 \end{pmatrix} \cdot \begin{pmatrix} 1\,2 \\ 0\,1 \end{pmatrix} = \begin{pmatrix} 2\,7 \\ 1\,2 \end{pmatrix}, \text{ and } \begin{pmatrix} 1\,2 \\ 0\,1 \end{pmatrix} \cdot \begin{pmatrix} 2\,3 \\ 1\,0 \end{pmatrix} = \begin{pmatrix} 4\,3 \\ 1\,0 \end{pmatrix}.$$

Kwadratowe macierze *n* rzędu wyznaczają odwzorowania liniowe *Pn* do *Pn*, a macierze tożsamości E_n jest związana z systemem wektorów kanonicznych podstaw przestrzeni *Pn* $\vec{\ell}_1 = (1,0,...,0), \vec{\ell}_2 = (0,1,0,...0)....\vec{\ell}_n = (0,0,...,1)$.

5.1. Inwersyjna matryca

Rozważymy matrycę A, która ustawia mapowanie odwrotne $\vec{x} \rightarrow A(\vec{x})$. istnieje, jeśli jest to biunique mapping P^n na P^n. Jednak do tego celu konieczne i wystarczające jest, aby matryca A była kwadratową jedną z kolejności n i której ranga $r\ (A)$ jest równa n. Dlatego odwrotna matryca istnieje tylko dla kwadratowej matrycy A, której ranga $r\ (A)$ i kolejność n są identyczne.

Definicja. Kwadratowa macierz reprezentująca mapowanie odwrotne dla macierzy A, *dla macierzy* A jest określana jako odwrotna macierz i jest oznaczana jako A-1; macierz A-1 jest członem symetrycznym dla macierzy A dotyczącym mnożenia.

Naprawdę, niech biurowe mapowanie $\vec{x} \rightarrow A(\vec{x})$ przestrzeni P^n na P^n będzie podane. Inwersyjne mapowanie dla niego będzie $A(\vec{x}) \rightarrow A^{-1}[A(\vec{x})] = \vec{x}$, zatem A-$1A$=En ; tak jak $_{A\text{-}1=En}$ i, co za tym idzie, A-1= A-$1A$=En . Jeśli istnieje A-1, to możemy powiedzieć, że matryca A ***jest odwracalna. I*** odwrotnie, jeśli A - jest odwracalną matrycą, to mapowanie $\vec{x} \rightarrow A(\vec{x})$ jest biunique.

Niech A i B - dwie odwracalne matryce rzędu n; na mocy asocjacji
ABB-1A-1 = A(BB-1)A-1 = AEnA-1 = (AEn)A-1 = A-1 = A-1 = En.

Zatem (SB)(SB-1A-1) = En tak, iloczyn dwóch matryc odwracalnych - jest matrycą odwracalną i (SB$)^{-1}$ = *SB-1A-1.*

5.2. Transponowana kwadratowa matryca. Matryce symetryczne

Definicja 1. Możemy powiedzieć, że macierz AT elementów α'_{ij} ***jest transponowana*** w stosunku do kwadratowej macierzy A elementów α'_{ij}, if $\alpha'_{ij} = \alpha_{ji}$, dla i = 1, 2..., n; j = 1, 2..., n.

$$A = \begin{pmatrix} \alpha_{11}\ \alpha_{12}....\alpha_{1n} \\ \alpha_{21}\ \alpha_{22}....\alpha_{2n} \\ .... \\ \alpha_{n1}\ \alpha_{n2}....\alpha_{nn} \end{pmatrix}, \quad AT = \begin{pmatrix} \alpha_{11}\ \alpha_{21}...\alpha_{n1} \\ \alpha_{12}\ \alpha_{22}...\alpha_{n2} \\ .... \\ \alpha_{1n}\ \alpha_{2n}...\alpha_{nn} \end{pmatrix}.$$

Elementy macierzy AT są symetryczne do elementów macierzy A dotyczących przekątnej głównej. Operacja zamiany matrycy kwadratowej na transponowaną, nazywana jest ***transpozycją.*** ***W*** tym celu elementy każdego wiersza macierzy A są ułożone w tej samej kolejności w kolumnach macierzy AT, a numer kolumny pokrywa się z numerem wiersza. Jest oczywiste, że tak więc i - rząd AT składa się z tych samych elementów, w tej samej kolejności, co i - kolumna macierzy A.

Matryce A i AT mają identyczną rangę r (A) = r (AT), a także $(\lambda A)T = T\lambda A$; $(A+B)^T = AT+BT$; $(A \cdot B) \cdot^{T=}$ BTAT; jeżeli A jest odwracalne, to

$(A\text{-}1)\ T = (AT)\text{-}1$.

Definicja 2. Kwadratowa macierz A członówα_{ij} jest określana jako ***symetryczna***, jeżeli A= AT. Jeśli $\alpha_{ij} = \alpha_{ji}$ tj. elementy macierzy A, które są symetryczne względem jej przekątnej głównej są równe. Wszystkie matryce przekątne są symetryczne, na przykład E = ET.

EKSPERCJE

1. Zdefiniować szeregi matryc za pomocą elementarnych przekształceń:

$$A = \begin{pmatrix} 4 & 12 & 4 & 6 & 2 \\ 3 & 4 & 1 & 2 & -2 \\ 5 & -2 & 3 & -1 & 3 \\ 2 & 6 & 2 & 3 & 1 \end{pmatrix}; \qquad B = \begin{pmatrix} 2 & 0 & 1 & 1 & 4 \\ 1 & 1 & 2 & 2 & 0 \\ 4 & 4 & 3 & 1 & 2 \\ 2 & 2 & 2 & 2 & 2 \\ 3 & 1 & 1 & 1 & 3 \end{pmatrix}.$$

2. Udowodnić, że dla każdej matrycy A, matryca $S=A+AT$ - jest symetryczna.

Pokaż, że produkt matrycy A przez matrycę transponowaną jest zawsze matrycą symetryczną.

3. Określić C $A = \begin{pmatrix} 1 & 2 \\ -3 & -4 \end{pmatrix}$, $B = \begin{pmatrix} 2 & -4 \\ 5 & -6 \end{pmatrix}$. $= A + B + AT + BT$.

4. Czy te matryce są transponowane? $A = \begin{pmatrix} 2 & 1 \\ 4 & -2 \end{pmatrix}$ and $B = \begin{pmatrix} 1 & 3 \\ -2 & 0 \end{pmatrix}$

ROZDZIAŁ 6
DETERMINY

§ 1. DEFINICJA I WŁAŚCIWOŚCI WYZNACZNIK WYNIKAJĄCY Z DEFINICJI

Definicja. Rozważmy wektorową przestrzeń macierzy kwadratowych A rzędu n powyżej pola P. Taką mapę D przestrzeni tych macierzy ustawimy w polu P, gdzie każda z macierzy kwadratowych

$$A = \begin{pmatrix} a_{11}\ a_{12} \ldots a_{1n} \\ a_{21}\ a_{22} \ldots a_{2n} \\ \ldots\ldots\ldots\ldots \\ a_{n1}\ a_{n2} \ldots a_{nn} \end{pmatrix}$$ jest ustawowo umieszczona zgodnie z numerem $D(A)$ od P

$$D(A) = \begin{vmatrix} a_{11}\ a_{12} \ldots a_{1n} \\ a_{21}\ a_{22} \ldots a_{nn} \\ \ldots\ldots\ldots\ldots \\ a_{n1}\ a_{n2} \ldots a_{nn} \end{vmatrix} = \sum_{f=\begin{pmatrix} 1,2,\ldots,n \\ m_1, m_2, \ldots m_n \end{pmatrix}}^{n!} (-1)^{\nu(f)} a_{1m_1} \cdot a_{2m_2} \cdot a_{3m_3} \cdot \ldots \cdot a_{nm_n} \tag{6.1}$$

Liczba ta jest określana jako wyznacznik macierzy A. Oznaczenie D (A) lub $|A|$.

Z podanej definicji wynika, że mapowanie D reprezentuje funkcję numeryczną przypisaną do zbioru matryc kwadratowych i w konsekwencji matryca kwadratowa A działa w nim jako zmienna. Tak więc wyznacznik, tj. wartość D (A) funkcji numerycznej D może być uważany za numeryczną cechę macierzy kwadratowej A. *Kolejność* macierzy jest również określana jako kolejność wyznacznika, której odpowiada.

Suma prawej części równości jest brana na transpozycje drugich indeksów członków matrycy a_{ij}, gdzie $j=1,\ 2,\ldots,\ n$. Oznacza to, że każda transpozycja drugiego indeksu aij, gdzie $j=1,\ 2,\ldots\ n.$, lub

$f = \begin{pmatrix} 1, & 2,\dots & n \\ m_1, & m_2,..m_n \end{pmatrix}$ jest zgodna z sumą. Każde podsumowanie składa się z iloczynu n członków przyjętych na jednego i tylko jednego członka z każdego wiersza i każdej kolumny. Produkty są dodawane ze znakami określonymi przez liczbę inwersji $\nu(f)$ odpowiednich transpozycji $f = \begin{pmatrix} 1, & 2,\dots & \dots, n \\ m_1, & m_2,\dots, & m_n \end{pmatrix}$. Liczba takich podsumowań jest równa liczbie transpozycji 1, 2,.... n, i. e. $n!$

Przykłady

1. $\begin{vmatrix} a_{11} a_{12} \\ a_{21} a_{22} \end{vmatrix} = \sum_{f=\begin{pmatrix} 1, & 2 \\ m_1, & m_2 \end{pmatrix}}^{2!} (-1)^{\nu(f)} a_{1m_1} a_{2m_2} = a_{11}a_{22} - a_{12}a_{21}.$

Naprawdę, są tylko dwie transpozycje *m1,m2* z 1,2 $f_1 = \begin{pmatrix} 1.2 \\ 1.2 \end{pmatrix}, \nu(f_1) = 0$ and $f_2 = \begin{pmatrix} 1,2 \\ 2,1 \end{pmatrix}, \nu(f_2) = 1.$

2. $\begin{vmatrix} a_{11}a_{12}a_{13} \\ a_{21}a_{22}a_{23} \\ a_{31}a_{32}a_{33} \end{vmatrix} = \sum_{f=\begin{pmatrix} 1, & 2, & 3 \\ m_1 & m_2 & m_3 \end{pmatrix}}^{3!} (-1)^{\nu(f)} \cdot a_{1m_1} \cdot a_{2m_2} a_{3m_3} = a11a22a33 -$

$- a12a21a33 + a12a23a31 - a13a22a31 + a13a21a32 - a11a23a32$. Są tylko 3 transpozycje *m1*, m2 , m3 od 1, 2, 3 ! = 6.

$$f_1 = \begin{pmatrix} 123 \\ 123 \end{pmatrix}, \ \nu(f_1)=0, \ f_2 = \begin{pmatrix} 123 \\ 213 \end{pmatrix}, \ \nu(f_2)=1, \ f_3 = \begin{pmatrix} 123 \\ 231 \end{pmatrix}, \ \nu(f_3)=2,$$

$$f_4 = \begin{pmatrix} 123 \\ 321 \end{pmatrix}, \ \nu(f_4)=3, \ f_5 = \begin{pmatrix} 123 \\ 312 \end{pmatrix}, \nu(f_5)=2, f_6 = \begin{pmatrix} 123 \\ 132 \end{pmatrix}, \ \nu(f_6)=1.$$

Właściwości wyznacznika wynikające z definicji

1. Czynnik determinujący transponowaną matrycę jest równy początkowemu $D(^{AT}) = D(A)$. Wynika to z równości wierszy i kolumn w stosunku do wyznacznika.

2. Jeśli przeniesiemy dwie kolumny (wiersze) determinanta, to determinant odwróci znak. Naprawdę, jeśli kolumny (wiersze) są zamienione, powoduje to, $f = \begin{pmatrix} 1, & 2,\dots & n \\ m_1, & m_2,\dots m_n \end{pmatrix}$, jak ustaliliśmy, zmianę parytetu permuta-

cyjnego (Księga 1, Rozdział 2, § 2, punkt 2, 3). Stąd wszystkie sumienia wyznacznika odwracają znak.

3. Determinant, które dwa rzędy (kolumny) są identyczne, jest równy zero. Naprawdę, jeżeli trwamy w wyznaczniku dwa identyczne wiersze (kolumna), to z jednej strony nic nie zmienimy, a z drugiej strony, zgodnie z pozycją 2, odwrócimy znak wyznacznika, tj. *D (A) = - D (A),* stąd *D (A) =0.*

4. Jeśli pomnożymy wszystkie elementy kolumny (wiersza) determinanta przez tę samą liczbę, to determinant również zostanie pomnożony przez tę liczbę.

$$\begin{vmatrix} a_{11}...\lambda a_{1j}...a_{1n} \\ .... \\ a_{i1}.....\lambda a_{ij}...a_{in} \\ .... \\ a_{m}....\lambda a_{nj}....a_{mn} \end{vmatrix} = \lambda \begin{vmatrix} a_{11}...a_{1j}...a_{1n} \\ .... \\ a_{i1}.....a_{ij}....a_{in} \\ .... \\ a_{n1}....a_{nj}....a_{nn} \end{vmatrix}.$$

Tak więc, jeśli wszystkie elementy jakiegoś wiersza (kolumny) zawierają wspólny mnożnik, to można wyjąć znak wyznacznika.

3. Jeżeli każdy element dowolnej kolumny (wiersza) jest sumą dwóch sumowań, to wyznacznik jest równy sumie dwóch wyznaczników, które kolumny (wiersze) są odpowiednimi sumowaniami, a pozostałe pokrywają się z kolumnami (wierszami) danego wyznacznika:

$$\begin{vmatrix} a_{11}...a_{1j}+b_{1j}...a_{1n} \\ .... \\ a_{i1}...a_{ij}+b_{ij}....a_{in} \\ .... \\ a_{n1}...a_{nj}+b_{nj}...a_{nn} \end{vmatrix} = \begin{vmatrix} a_{11}...a_{ij}...a_{1n} \\ .... \\ a_{i1}...a_{ij}...a_{in} \\ .... \\ a_{ni}...a_{nj}...a_{nn} \end{vmatrix} + \begin{vmatrix} a_{11}..b_{1j}...a_{1n} \\ .... \\ a_{i1}...b_{ij}...a_{in} \\ .... \\ a_{n1}..b_{nj}...a_{nn} \end{vmatrix}$$

Właściwości 4 i 5 wynikają z rozkładu mnożenia dotyczącego dodawania. Nieruchomość 5 może być z reguły brana pod uwagę przy dodawaniu determinantów.

Kolejne fakty. 1. Wartość wyznacznika nie zmieni się, jeżeli dodane zostaną elementy dowolnej kolumny (wiersza), odpowiadające im elementy innych kolumn (wierszy) pomnożone przez tę samą liczbę.

2. If *And* - jest matrycą kolejności n, $D(\lambda A)=\lambda^n D(A)$...

3. $D(A)$-$D(B)$=$D(A$-$B)$. Nawet jeśli A - $B \neq B$ - A, to jednak $D(A - B)= D(A) - D(B) = D(B-A)$.

§ 2. ROZKŁAD DETERMINANTA NA LINII (KOLUMNA) ELEMENTY. TERIAMATORIA DODATKI INNEGO

Definicja 1. Uzupełniający mniejszy z niektórych członów aij kwadratowej macierzy *A* rzędu *n*, jest określany jako wyznacznik *Dij* macierzy rzędu *n-1*, który wynika z usunięcia *i* - wierszy i *j* - kolumny (przeciętych na tym członie).

Przykład

$$A=\begin{pmatrix} a_{11}a_{12}a_{13} \\ a_{21}a_{22}a_{23} \\ a_{31}a_{32}a_{33} \end{pmatrix};\ D_{31}=\begin{vmatrix} a_{12} & a_{13} \\ a_{22} & a_{23} \end{vmatrix}$$

- niepełnoletni uzupełniający członka $a31$.

Definicja 2. Uzupełnienie algebraiczne Aij członka Aij określa się jako jego dodatkowego małoletniego *Dij pomnożonego* przez $(-1)^{i+j}$

$$Aij = (-1)^{i+j-} Dij$$

Ważne jest następujące stwierdzenie, które będziemy postulować: jeśli pomnożymy członków jakiegoś wiersza (kolumny) przez ich algebraiczne uzupełnienia i dodamy te produkty, to będziemy mieli wartość wyznacznika.

$$D(A) = a_{i1}A_{i1} + a_{i2}A_{i2} + ... + a_{in}A_{in} = \sum_{j=1}^{n} a_{ij}A_{ij} \text{ - decomposition in i - row.}$$

$$D(A) = a_{1j}A_{1j} + a_{2j}A_{2j} + ... + a_{nj}A_{nj} = \sum_{i=1}^{n} a_{ij}A_{ij} \text{ - decomposition in j - column.}$$

Podana dekompozycja pozwala na zredukowanie obliczeń wyznacznika n - rzędu do obliczeń wyznaczników rzędu n - 1. Oprócz tych formuł często przydatne może być również poniższe twierdzenie.

Twierdzenie (o innych uzupełnieniach). Jeśli pomnożymy elementy jakiegoś wiersza (kolumny) przez algebraiczne uzupełnienia odpowiednich elementów innego wiersza (kolumny), a następnie dodamy te iloczyny, suma będzie równa zeru.

$$a_{i1}A_{k1}+a_{i2}A_{k2}+...+a_{in}A_{kn}=\sum_{j=1}^{n}a_{ij}A_{kj}=0.$$

aij, gdzie j = 1, 2,..., n - członkowie i - rzędu, oraz Aкj, gdzie j = 1, 2,..., n - uzupełnienia algebraiczne członków k - rzędu.

Dowód. Weźmiemy pod uwagę wyznacznik macierzy *B*, który wynika z macierzy *A* poprzez zastąpienie *k* - członków rzędu przez *i* - członków rzędu. Ponieważ jest to wyznacznik z dwoma równymi rzędami, jest on równy zero

$$D(B)=\sum_{j=1}^{n}b_{kj}B_{kj}=0.$$

Zauważmy, że *вкj* = *aij*, a Bкj = Aкj, to $\sum_{j=1}^{n}b_{kj}B_{kj}=\sum_{j=1}^{n}a_{ij}A_{kj}=0$ ma być udowodnione.

Przykład: $\begin{vmatrix}3 & 2 & -1\\1 & 1 & 2\\4 & -2 & 1\end{vmatrix}=3\begin{vmatrix}1 & 2\\-2 & 1\end{vmatrix}-2\begin{vmatrix}1 & 2\\4 & 1\end{vmatrix}-1\begin{vmatrix}1 & 1\\4 & -2\end{vmatrix}=3\cdot5+2\cdot7+6=35$

Teraz nadamy wyznacznikowi geometryczną interpretację.

§ 3. GEOMETRYCZNE PRZEDSTAWIENIE WYZNACZNIKA

Uwzględnimy uporządkowaną potrójną liczbę wektorów nieskoplanarnych $\vec{a},\vec{в},\vec{c}$ i umieścimy ją zgodnie z uporządkowaną potrójną liczbą kierunkowych segmentów pochodzących z $\vec{DA},\vec{DB},\vec{DC}$ jednego punktu w przestrzeni zorientowanej. Na tych skierowanych do siebie odcinkach, tak jak na bokach, skonstruujemy równoległościankę (rys. 2.6).

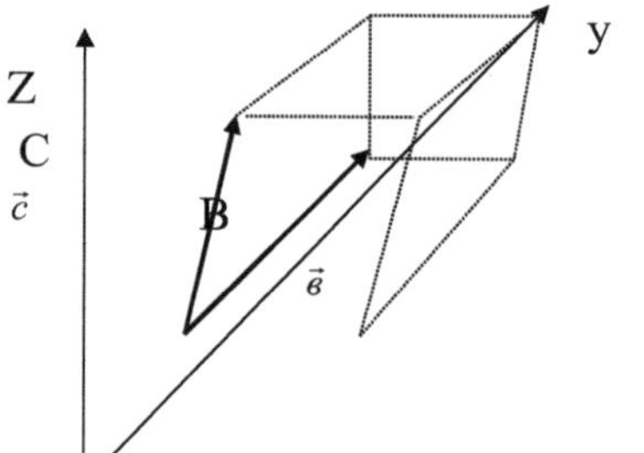

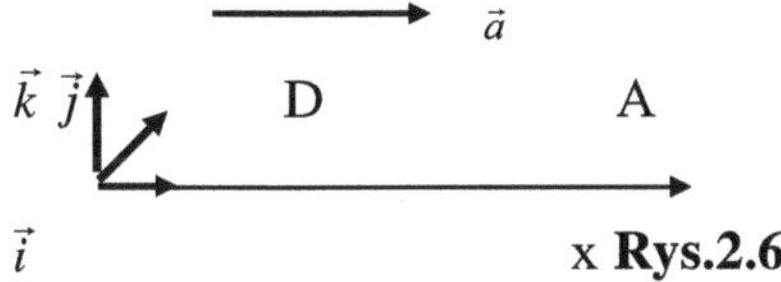

Rys.2.6

Istnieje nieskończony zestaw zorientowanych paralelipedów, każdy z nich jest umieszczony zgodnie z tym samym zamówieniem potrójne trzy $\vec{a},\vec{в},\vec{c}$ wektory. Te równoległościanki okazują się nosicielami którejkolwiek z nich i mają na tej samej objętości *Vp*. Jeśli wektory są koplanarne, przyjmuje się, że objętość takich ***zdegenerowanych*** równoległościanów jest równa zeru.

Określmy objętość *Vp* równoległościanu zbudowanego na wektorach $\vec{a},\vec{в},\vec{c}$, we współrzędnych. W tym celu wybierzemy w przestrzeni podstawę ortonormalną $\vec{i},\vec{j},\vec{k}$, i połączymy z nią układ współrzędnych x, y, z (rys. 2.6). I niech trzy wektory określone przez ich współrzędne zostaną podane w odniesieniu do tej podstawy: $\vec{a} = x_1\vec{i} + y_1\vec{j} + z_1\vec{k}$; $\vec{в} = x_2\vec{i} + y_2\vec{j} + z_2\vec{k}$; $\vec{c} = x_3\vec{i} + y_3\vec{j} + z_3\vec{k}$. Wprowadzimy dwie operacje na wolnych wektorach.

3.1. Produkt wektorowy dwóch wolnych wektorów

Definicja. Iloczyn wektorowy dwóch wektorów nazywany $\vec{a}$ and $\vec{в}$ jest wektorem tak, $\vec{p}$ że a) $|\vec{p}| = |\vec{a}||\vec{в}|\sin\varphi$, where φ - kąt między wektorami $\vec{a}$ and $\vec{в}$, b) c $\vec{p}\perp\vec{a}$ and $\vec{p}\perp\vec{в}$,) jeżeli $\vec{p}\neq\vec{0}$, to wektory $\vec{a}$, $\vec{в}$, $\vec{p}$ tworzą prawą potrójną całość. Produkt wektorowy jest oznaczony $[\vec{a}\times\vec{в}]$.

Zgodnie z warunkiem a) tylko wtedy, gdy wektory $\vec{p}=\vec{0}$ $\vec{a}$ and $\vec{в}$ są współliniowe. Dlatego dla zestawu wektorów przestrzeni *R* ' wektor produkt będzie składał się tylko z jednego zerowego wektora. Jeżeli $\vec{p}\neq\vec{0}$, wówczas | | $\vec{p}$ jest liczbowo równa powierzchni równoległoboku skonstruowanego na wektorach $\vec{a}$ and $\vec{в}$, zredukowanego do wspólnego pochodzenia (rys. 2.7). Należy zauważyć, że w przeciwieństwie do iloczynu skalarnego, który jest $(\vec{a}\cdot\vec{в})$, iloczynem wektorowym $R^3\times R^3$ into R mapowania, a także dodatkiem, reprezentuje prawo wewnętrzne składu dla przestrzeni wolnych wektorów *R3*.

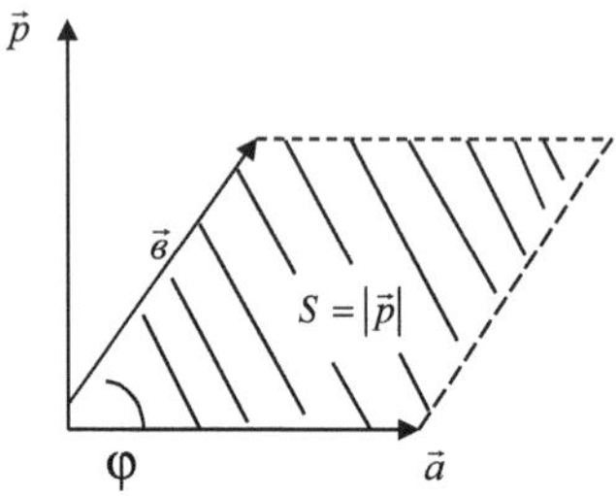

Rys. 2.7

Podstawowe właściwości produktu wektorowego są zredukowane do następujących:

1. $[\vec{a}\times\vec{в}] = -[в\times a]$ - jest niekomputatywny;
2. $\lambda[\vec{a}\times\vec{в}] = [\lambda\vec{a}\times\vec{в}] = [\vec{a}\times\lambda\vec{в}]$;
3. $[\vec{a}\times(\vec{в}+\vec{c})] = [\vec{a}\times\vec{в}] + [\vec{a}\times\vec{c}]$ - jest dystrybucyjny w stosunku do dodatku.
4. Neutralny element nie istnieje.

Zastanówmy się jak iloczyn wektorowy jest reprezentowany w formie współrzędnych.

$$\vec{p} = [\vec{a}\times\vec{в}] = \left[\left(x_1\vec{i} + y_1\vec{j} + z_1\vec{k}\right)\times\left(x_2\vec{i} + y_2\vec{j} + z_2\vec{k}\right)\right]$$

Opieraliśmy się na nawiasach, biorąc pod uwagę, że $[\vec{i}\times\vec{i}] = [\vec{j}\times\vec{j}] = [\vec{k}\times\vec{k}] = \vec{0}$, a $[\vec{i}\times\vec{j}] = \vec{k}, [\vec{j}\times\vec{i}] = -\vec{k}, [\vec{j}\times\vec{k}] = \vec{i}, [\vec{k}\times\vec{j}] = -\vec{i}, [\vec{k}\times\vec{i}] = \vec{j}, [\vec{i}\times\vec{k}] = -\vec{j}$, otrzymujemy $\vec{p} = (y_1 z_2 - y_2 z_1)\vec{i} + (z_1 x_2 - x_1 z_2)\vec{j} + (x_1 y_2 - y_1 x_2)\vec{k}$.

Stąd ($\vec{p} = \begin{vmatrix} y_1 z_1 \\ y_2 z_2 \end{vmatrix}\vec{i} - \begin{vmatrix} x_1 z_1 \\ x_2 z_2 \end{vmatrix}\vec{j} + \begin{vmatrix} x_1 y_1 \\ x_2 y_2 \end{vmatrix}\vec{k} = \begin{vmatrix} \vec{i} & \vec{j} & \vec{k} \\ x_1 & y_1 & z_1 \\ x_2 & y_2 & z_2 \end{vmatrix}$,6 .2)

tutaj $\begin{vmatrix} y_1 z_1 \\ y_2 z_2 \end{vmatrix} = x_4$; $-\begin{vmatrix} x_1 z_1 \\ x_2 z_2 \end{vmatrix} = y_4$; $\begin{vmatrix} x_1 y_1 \\ x_2 y_2 \end{vmatrix} = z_4$, współrzędne wektora $\vec{p} = x_4\vec{i} + y_4\vec{j} + z_4\vec{k}$.

3.2. Produkt mieszany składający się z trzech wolnych wektorów

Definicja. Jeżeli pomnożymy skalar $\vec{p} = [\vec{a} \times \vec{e}]$ wektorowy przez wektor $\vec{c}$, otrzymana liczba jest określana jako iloczyn ***mieszany*** trzech wektorów i $\vec{a}, \vec{e}\ \vec{c}$ jest oznaczana $[\vec{a} \times \vec{e}] \cdot \vec{c}$.

Nietrudno jest wykazać, że wartość bezwzględna iloczynu mieszanego trzech wektorów jest równa objętości *Vp równoległoboku* skonstruowanego na tych wektorach, tj. $|[\vec{a} \times \vec{e}] \cdot \vec{c}|$ = *Vp* Rzeczywiście, $|\ \vec{p}\ | = |[\vec{a} \times \vec{e}]|$ - to pole S równoległoboku skonstruowanego na wektorach $\vec{a}$ and $\vec{e}$, oraz $\left| \dfrac{\vec{p} \cdot \vec{c}}{|\vec{p}|} \right| = |\vec{c}|\ |\ \cos(\vec{p}\vec{c})\ |$ - to wysokość *h* równoległoboku, którego podstawą jest równoległobok z polem *S* od и $\vec{p} \perp \vec{a}\ \vec{p} \perp \vec{e}$. Stąd $|[\vec{a} \times \vec{e}] \cdot \vec{c}| = Vp |\vec{p}| \cdot |\vec{c}|\ |\ \cos(\vec{p}\ \vec{c})\ | = S \cdot h =$ - objętość równoległościanu.

Wyraźmy iloczyn mieszany ($[\vec{a} \times \vec{e}] \cdot \vec{c}$ i objętość *Vp* równoległościanu) przez współrzędne wektorów. Biorąc pod uwagę (6.2), a także, że $\vec{i} \cdot \vec{i} = \vec{j} \cdot \vec{j} = \vec{k} \cdot \vec{k} = 1$ i $\vec{i} \cdot \vec{j} = \vec{i} \cdot \vec{k} = \vec{j} \cdot \vec{k} = 0$ my otrzymujemy

$$[\vec{a} \times \vec{e}] \cdot \vec{c} = \vec{p} \cdot \vec{c} = \left(\begin{vmatrix} y_1 z_1 \\ y_2 z_2 \end{vmatrix} \vec{i} - \begin{vmatrix} x_1 z_1 \\ x_2 z_2 \end{vmatrix} \vec{j} + \begin{vmatrix} x_1 y_1 \\ x_2 y_2 \end{vmatrix} \vec{k} \right) \cdot \left(x_3 \vec{i} + y_3 \vec{j} + z_3 \vec{k} \right) =$$

$$= x_3 \begin{vmatrix} y_1 z_1 \\ y_2 z_2 \end{vmatrix} - y_3 \begin{vmatrix} x_1 z_1 \\ x_2 z_2 \end{vmatrix} + z_3 \begin{vmatrix} x_1 y_1 \\ x_2 y_2 \end{vmatrix} = \begin{vmatrix} x_1 y_1 z_1 \\ x_2 y_2 z_2 \\ x_3 y_3 z_3 \end{vmatrix} \text{ i } Vp = \left| \begin{vmatrix} x_1 y_1 z_1 \\ x_2 y_2 z_2 \\ x_3 y_3 z_3 \end{vmatrix} \right|$$

Tak więc wartość bezwzględna wyznacznika trzeciego rzędu jest równa objętości równoległościanu zbudowanego na trzech wektorach, których współrzędne w jednoczącej się ortonormalnej podstawie $\vec{i}, \vec{j}, \vec{k}$ są rządami - wektorami odpowiedniej macierzy i odpowiednio elementami rzędów wyznacznika. Zasadniczo, współrzędne wektorowe mogą być umieszczone w kolumnach macierzy (determinanta), ponieważ wartość determinanta w transpozycji macierzy nie zmienia się. Stąd możemy wyciągnąć następujący ***wniosek***.

Aby trzy wektory były koplanarne, konieczne i wystarczające jest, aby wyznacznik macierzy określony we współrzędnych tych wektorów, w podstawie ortonormalnej był równy zero.

Pojęcie równoległościanu i wyznacznika jako jego objętości, jest rozłożone na wektorową przestrzeń *Rn,* która ma wymiar *n> 3.* Podobne tworzenie się z n *wektorów* przestrzeni Rn i zbioru punktów tej przestrzeni, zamkniętych w granicach tych wektorów, które są uważane za objętość i ograniczone do tych wektorów, jest określane jako ***równ-oległościan.***

Niech równoległotop będzie utworzony przez *n* wektorów $\vec{a}_1, \vec{a}_2 ... \vec{a}_n$, które rozkładając się na podstawie kanonicznej $\vec{\ell}_1, \vec{\ell}_2, ... \vec{\ell}_n$ przestrzeni R^n mają postać $\vec{a}_j = \alpha_{1j}\vec{\ell}_1 + \alpha_{2j}\vec{\ell}_2 + ... + \alpha_{nj}\vec{\ell}_n$, $j = 1,2,...,n$, wtedy objętość V_p takiego równoległotopu jest równa bezwzględnej wartości wyznacznika *D (A),* gdzie *A* - jest kwadratową matrycą, która $\vec{a}_j$ jest kolumną - wektorami (rząd - wektory), tj.

$$V_p = | D(A) | = \begin{Vmatrix} \alpha_{11}\alpha_{12}...\alpha_{1n} \\ \alpha_{21}\alpha_{22}...\alpha_{2n} \\ .... \\ \alpha_{n1}\alpha_{n2}...\alpha_{nn} \end{Vmatrix} \text{ and } A = \begin{pmatrix} \alpha_{11}\alpha_{12}...\alpha_{1n} \\ \alpha_{21}\alpha_{22}...\alpha_{2n} \\ .... \\ \alpha_{n1}\alpha_{n2}...\alpha_{nn} \end{pmatrix} = (\vec{a}_1, \vec{a}_2 ... \vec{a}_n)$$

§ 4. STOSOWANIE DETERMINANTÓW DLA OKREŚLANIE RANGI MACIERZOWEJ

Uwzględnimy matrycę *A* powyżej pola *P*, która ma wielkość m×n i przedstawimy ją jako układ n wektorów kolumnowych w przestrzeni P^m.

$$A = (\vec{a}_1, \vec{a}_2, ..., \vec{a}_n) = \begin{pmatrix} a_{11}a_{12}....a_{1n} \\ a_{21}a_{22}....a_{2n} \\ .... \\ a_{m1}a_{m2}....a_{mn} \end{pmatrix},$$

Elementy macierzy a_{ij} - liczby z *P*. Aby określić rangę *r* danego układu wektorów lub macierzy *A*, określoną we współrzędnych tych wektorów, należy określić możliwie największą liczbę wektorów niezależnych liniowo, które można wybrać z tego układu, czyli liczbę podstawowych wektorów tego układu.

Zanim rozważymy szczególny przypadek, kiedy m = n. Pokażmy, że dla takiej kwadratowej macierzy rzędu n obowiązuje poniższe twierdzenie.

Twierdzenie 1. Aby n wektorów $\vec{a}_1, \vec{a}_2, \ldots a_n$ z P ^{n} było liniowo niezależne, jest konieczne i wystarczające, aby wyznacznikiem kwadratowej macierzy *A*, utworzonej ze współrzędnych tych wektorów *D(A) = D(* $\vec{a}_1, \vec{a}_2, \ldots \vec{a}_n$) 0.≠

Dowód. *Konieczność.* Niech będzie $\vec{a}_1, \vec{a}_2, \ldots a_n$ linearnie niezależna, matryca *A* - jest odwracalna (księga 2, rozdział 5, §5, punkt 5.1), czyli istnieje odwracalna na nią matryca *A-1*, taka, że *A-A-1 = E,* gdzie *E* - matryca tożsamości. Następnie, korzystając z własności mnożenia determinanty, otrzymamy: *D(AA-1) = D(A)-D(A-1) = D(E) =* 1, a więc *D(A) - D(A-1)* = 1, stąd *D*(A) 0≠.

Wystarczająco. Stwierdzenie, że jeżeli *D(A) ≠0,* to układ wektorów jest liniowo niezależny, jest równoważne stwierdzeniu, że jeżeli *D(A) =0,* to układ wektorów jest liniowo zależny. Udowodnimy ostatni. Ponieważ *D (A) =0* , to albo jeden z wierszy lub jedna z kolumn czynnika określającego jest równa zeru, albo dwa wiersze (kolumny) czynnika określającego są równe lub proporcjonalne i, na koniec, jeden z wierszy (kolumn) czynnika określającego jest liniową kombinacją innych wierszy (kolumn) czynnika określającego. Dla układu wektorów $\vec{a}_1, \vec{a}_{2,} \ldots \vec{a}_n$ oznacza to, że w układzie występuje albo zero - wektor, albo dwa równe lub proporcjonalne wektory, albo wektor, który jest liniową kombinacją innych wektorów układu. We wszystkich tych trzech przypadkach, jak wynika z twierdzeń o wektorach liniowo zależnych i liniowo niezależnych, układ wektorów $\vec{a}_1, \vec{a}_{2,} \ldots \vec{a}_n$ będzie liniowo zależny, co miało być udowodnione.

Z powyższego twierdzenia wynika więc, że jeżeli wyznacznik *D (A)* kwadratowej macierzy *A* rzędu *n* nie jest równy zero, to ranga macierzy *A* jest równa *n*: *r (A) =n.* Jeżeli *D (A) = 0,* to *r(A)<n.*

Teraz uogólnimy otrzymany wynik w celu określenia procesu, pozwalając na określenie dokładnej wartości rangi *r (A) za pomocą* determinantów dla macierzy *A* o dowolnej wielkości. Proces ten opiera się na twierdzeniu, dla którego podamy tylko sformułowanie, a my pominiemy dowód. Zanim jednak przedstawimy sformułowanie tego twierdzenia, wprowadzimy pojęcie ***podstawowego małoletniego i nieletnich graniczących z nim*** dla matrycy *A.*

Definicja 1. Mniejsza z rzędu *h* macierzy *A jest określana* jako wyznacznik z rzędów i kolumn *h*, który otrzymuje się w wyniku skreślenia rzędów i kolumn tej macierzy tak, że pozostały tylko *h* rzędów i kolumny *h*, lub innymi słowy, mniejsza z nich jest wyznacznikiem kwadratowej macierzy utworzonej z elementów znajdujących się na przecięciu *h* różnych rzędów i *h* różnych kolumn początkowej macierzy.

Oczywiste jest, że najlepsza kolejność nieletniej z *macierzy* w rozmiarze $m \times n$ jest równa minimalnej liczbie od *m* lub *n*, $hmax = min(m, n)$.

Definicja 2. Jeżeli $h < min(m, n)$, to można dodać kilka i-rzędów *i* - kolumn macierzy początkowej, gdzie $i = 1,2,..., min(m, n)-h$ i możemy uzyskać nieletnich wyższego rzędu $h + i$. Tacy nieletni są określani jako ***graniczący*** z ***podstawowym*** nieletnim *h*.

Definicja 3. Jeżeli jako podstawowa osoba małoletnia matrycy

$$A = \begin{pmatrix} a_{11}a_{12}....a_{1n} \\ a_{21}a_{22}....a_{2n} \\ .... \\ a_{m1}a_{m2}....a_{mn} \end{pmatrix},$$

wybieramy niepełnoletniego z 1-go rzędu znajdującego się w lewym górnym rogu a_{11}, wszyscy niepełnoletni graniczący z niepełnoletnimi z wyższych rzędów, uzyskani przez dodanie kolejnych wierszy i kolumn, są określani jako ***główni*** niepełnoletni z matrycy *A*.

$$D_1(A) = a_{11}, D_2(A) = \begin{vmatrix} a_{11}a_{12} \\ a_{21}a_{22} \end{vmatrix}, D_3(A) = \begin{vmatrix} a_{11}a_{12}a_{13} \\ a_{21}a_{22}a_{23} \\ a_{31}a_{32}a_{33} \end{vmatrix}, \dots, D_S(A) = \begin{vmatrix} a_{11}a_{12}...a_{1S} \\ a_{21}a_{22}...a_{2S} \\ .... \\ a_{S1}a_{S2}...a_{SS} \end{vmatrix},$$

gdzie $S = min(m, n)$.

Obowiązuje następujące twierdzenie.

Twierdzenie 2. Jeżeli istnieje osoba niepełnoletnia z *macierzy A w kolejności* nie równej zero, a wszystkie osoby niepełnoletnie z macierzy $(r+1)$ - kolejności, graniczącej z tą osobą niepełnoletnią, są równe zero, to *r* jest rangą macierzy *A*: $r = r (A)$. Mniejsza z rzędu *r*, różna od zera, jest określana jako ***podstawowa.***

Ta uwaga. Jeżeli wszystkie osoby niepełnoletnie z rzędu *(r+1)* - rzędu są równe zeru, to również wszystkie osoby niepełnoletnie z rzędu wyższego również są równe zeru.

W związku z tym twierdzeniem proces definiowania rangi macierzy sprowadza się do następujących etapów. Konieczne jest wybranie w matrycy jako podstawowego minor dowolnego porządku, który różni się od zera. Następnie należy obliczyć nieletnich z wyższych rzędów, które z nim graniczą. Wówczas najwyższy rząd graniczący z osobą małoletnią, różniący się od zera, również będzie stanowił rangę rozważanej matrycy

Przykład. Zdefiniuj rangę matrycy $A=\begin{pmatrix} 1 & -2 & 1 & 3 \\ 1 & 3 & -1 & 1 \\ 3 & 4 & -1 & 5 \end{pmatrix}$. Wybierzmy jako podstawowy, mniejszy z 1-go rzędu, znajdujący się w lewym górnym rogu $|1| \neq 0$. A graniczący z małoletnim graniczącym z drugim porządek $\begin{vmatrix} 1 & -2 \\ 1 & 3 \end{vmatrix} = 5 \neq 0$, i graniczące z nieletnimi trzeciego rzędu

$$\begin{vmatrix} 1 & -2 & 1 \\ 1 & 3 & -1 \\ 3 & 4 & -1 \end{vmatrix} = 1\begin{vmatrix} 3 & -1 \\ 4 & -1 \end{vmatrix} + 2\begin{vmatrix} 1 & -1 \\ 3 & -1 \end{vmatrix} + 1\begin{vmatrix} 1 & 3 \\ 3 & 4 \end{vmatrix} = 1+4-5=0, \begin{vmatrix} 1 & -2 & 3 \\ 1 & 3 & 1 \\ 3 & 4 & 5 \end{vmatrix} = 1\begin{vmatrix} 3 & 1 \\ 4 & 5 \end{vmatrix} + 2\begin{vmatrix} 1 & 1 \\ 3 & 5 \end{vmatrix} + 3\begin{vmatrix} 1 & 3 \\ 3 & 4 \end{vmatrix} = 11+4-15=0,$$

stąd ranga matrycy A: $r(A) = 2$.

Ta uwaga. Jeśli jako podstawowy minor wybierzemy inny minor różniący się od zera, ale znajdujący się w innym miejscu matrycy, wynik będzie taki sam.

§ 5. UKŁADANIE ODWROTNEJ MATRYCY

Widzieliśmy już, że aby matryca *A* była kabrioletem, konieczne i wystarczające jest, aby była kwadratowa, a jej ranga *r (A)* powinna być równa kolejności *n* matrycy A. Teraz, używając wyznacznika matrycy, możemy sformułować to stwierdzenie w następujący sposób. Dla kwadratowej macierzy *A* ma odwrotną macierz *A-1*, jest konieczne i wystarczające, aby jej wyznacznikiem $D(A) \neq 0$. Składniki odwrotnej macierzy *A-1* są zdefiniowane za pomocą wzoru:

$$A^{-1} = \begin{pmatrix} \frac{A_{11}}{D(A)} \frac{A_{21}}{D(A)} \cdots\cdots \frac{A_{n1}}{D(A)} \\ \cdots\cdots\cdots\cdots\cdots\cdots \\ \frac{A_{1i}}{D(A)} \frac{A_{2i}}{D(A)} \cdots\cdots \frac{A_{ni}}{D(A)} \\ \cdots\cdots\cdots\cdots\cdots\cdots \\ \frac{A_{in}}{D(A)} \frac{A_{2n}}{D(A)} \cdots\cdots \frac{A_{nn}}{D(A)} \end{pmatrix}.$$

Tutaj *D (A)* - jest wyznacznikiem macierzy *A = (aij)*, gdzie i = 1,2,...,n, j = 1,2,...,n. *Aij* - są algebraicznym uzupełnieniem członka Aij macierzy. Należy zauważyć, że Aij nie znajduje się na miejscu członka *Aij*, lecz na miejscu członka A_{ji}. Dlatego też macierz *A-1* jest transponowana do macierzy $\left(\frac{A_{ij}}{D(A)}\right)$, której członkowie Aij znajdują się na miejscu członków A_{ij}, które uzupełniają je algebraicznie, następnie

$$A^{-1} = \frac{1}{D(A)} \begin{pmatrix} A_{11}A_{21}\cdots\cdots A_{n1} \\ A_{12}A_{22}\cdots\cdots A_{n2} \\ \cdots\cdots\cdots\cdots \\ A_{1n}A_{2n}\cdots\cdots A_{nn} \end{pmatrix} = \frac{1}{D(A)} \begin{pmatrix} A_{11}A_{12}\cdots\cdots A_{1n} \\ A_{21}A_{22}\cdots\cdots A_{2n} \\ \cdots\cdots\cdots\cdots \\ A_{n1}A_{n2}\cdots\cdots A_{nn} \end{pmatrix}^T = \frac{1}{D(A)}(A_{ij})^T.$$

Udowodnimy, że matryca *A-1* jest odwrotna do A. Dla tego musimy pokazać, że *AA-1 = E.*

$$A \cdot A^{-1} = (a_{ij}) \cdot \frac{1}{D(A)}(A_{ij})^T = \frac{1}{D(A)}\left(\sum_{e=1}^{n} a_{ie}A'_{\ell j}\right) = \frac{1}{D(A)}\left(\sum_{e=1}^{n} a_{ie}A_{j\ell}\right).$$

Członkowie transponowanej macierzy Wynika $A'_{\ell j} = A_{j\ell}$. z twierdzenia innego uzupełnienia, że jeśli i j≠, to

$$\sum_{\ell=1}^{n} a_{i\ell}A_{j\ell} = 0, \text{ a } \sum_{\ell=1}^{n} a_{i\ell}A_{i\ell} = D(A).$$

Uzyskaliśmy matrycę przekątną z równymi prętami na przekątnej głównej i jest to matryca skalarna, a zatem

$$AA^{-1} = \frac{1}{D(A)} \begin{pmatrix} D(A)\ldots\ldots 0\ldots\ldots 0 \\ \cdots\cdots\cdots\cdots \\ 0\ldots\ldots\ldots D(A)..0 \\ \cdots\cdots\cdots\cdots \\ 0\ldots\ldots\ldots\ldots 0\ldots D(A) \end{pmatrix} = \frac{D(A)}{D(A)} \begin{pmatrix} 1\ldots 0\ldots 0 \\ \cdots\cdots\cdots \\ 0\ldots 1\ldots 0 \\ \cdots\cdots\cdots \\ 0\ldots 0\ldots 1 \end{pmatrix} = E.$$

Przykład. Zdefiniuj matrycę, odwrotnie do matrycy $A=\begin{pmatrix} 2 & 5 & 7 \\ 6 & 3 & 4 \\ 5 & -2 & -3 \end{pmatrix}$. Najpierw pokażmy, że dana matryca ma matrycę odwrotną . $D(A)=\begin{vmatrix} 2 & 5 & 7 \\ 6 & 3 & 4 \\ 5 & -2 & -3 \end{vmatrix}=-1.$

Od

D(A) ≠0, wtedy dana matryca ma odwrotną wartość. Obliczmy algebraiczne uzupełnienia:

$$A_{11}=(-1)^{1+1}\begin{vmatrix} 3 & 4 \\ -2 & -3 \end{vmatrix}=-1, \quad A_{12}=(-1)^{1+2}\begin{vmatrix} 6 & 4 \\ 5 & -3 \end{vmatrix}=38, \quad A_{13}=-27,$$

$$A_{21}=1, \ A_{22}=-41, \ A_{23}=29, \ A_{31}=-1, A_{32}=34, \ A_{33}=-24.$$

Tak więc,

$$A^{-1}=\frac{1}{-1}\begin{pmatrix} -1 & 1 & -1 \\ 38 & -41 & 34 \\ -27 & 29 & -24 \end{pmatrix}=\begin{pmatrix} 1 & -1 & 1 \\ -38 & 41 & -34 \\ 27 & -29 & 24 \end{pmatrix}.$$

Sprawdźmy

$$AA^{-1}=\begin{pmatrix} 2 & 5 & 7 \\ 6 & 3 & 4 \\ 5 & -2 & -3 \end{pmatrix}\cdot\begin{pmatrix} 1 & -1 & 1 \\ -38 & 41 & -34 \\ 27 & -29 & 24 \end{pmatrix}=\begin{pmatrix} 1 & 0 & 0 \\ 0 & 1 & 0 \\ 0 & 0 & 1 \end{pmatrix}.$$

EKSPERCJE

1. Rozwiązanie równań

$$\begin{vmatrix} x & 1 & 1 \\ 1 & x & 1 \\ 1 & 1 & x \end{vmatrix}=0; \qquad \begin{vmatrix} x & -2 & 2 \\ 1 & x & -1 \\ 1 & -x & 1 \end{vmatrix}=0.$$

2. Czy punkty A(1,1,2), B(-2,1,2), C(3,0,2), Д(2,2,1) leżą w jednym samolocie?

3. Udowodnić, że dodanie elementów dowolnej kolumny wyznacznika do odpowiednich elementów innej kolumny tego samego wyznacznika, pomnożonych przez tę samą liczbę, która nie jest równa zeru, nie zmienia objętości wyznacznika.

4. Czy wektory $\vec{a}(3,2,1)$, $\vec{в}(1,-1,-2)$ and $\vec{c}(0,3,1)$ stanowią podstawę przestrzeni wektorowej R3? Jeśli tak, określ współrzędne wektora $\vec{d}$ (1,2,3) na tej podstawie.

5. Wektory są podane: $\vec{a} = 1\vec{i} - 2\vec{j} + 2\vec{k}$; $\vec{в} = 3\vec{i} - 4\vec{k}$. Zdefiniuj ich iloczyn wektorowy, wędkarz pomiędzy nimi oraz obszar równoległoboku skonstruowanego na tych wektorach.

6. Aby obliczyć objętość Vp równoległościanu zbudowanego na wektorach: $\vec{a}(3,4,6)$, $\vec{в}(4,1,1)$, $\vec{c}(2,0,3)$.

7. Aby zdefiniować ranking matrycowy

$$A = \begin{pmatrix} -2 & 4 & 2 & 3 & 1 \\ 1 & 6 & 3 & 2 & 2 \\ 2 & 12 & 6 & 4 & 4 \\ 3 & -2 & -1 & 5 & 3 \end{pmatrix}$$

8. Czy matryca jest $A = \begin{pmatrix} 2105 \\ 3314 \\ 1100 \\ 2146 \end{pmatrix}$ odwracalna? Jeśli tak, to zdefiniuj jego odwrotną matrycę.

ROZDZIAŁ 7 SYSTEMY RÓWNAŃ LINIOWYCH

§ 1. DEFINICJE. SPÓJNY I NIESPÓJNY SYSTEMY

Układ liniowy k równań o n nieznanych x1, x2, ... xn, jest określany jako zbiór równań

$$\begin{cases} a11x1 + a12x2 + \ldots + A1nxn = в1 \\ a21x1 + a22x2 + \ldots + a2nxn = в2 \\ \ldots\ldots\ldots\ldots \\ aк1x1 + aк2x2 + \ldots + aкnxn = вк \end{cases} \quad (7.1)$$

Współczynniki aij i ***członkowie wolni*** $_{вi}$, i = 1,2,..., к, j = 1,2,..., n - są znane i należą do pola R liczb rzeczywistych lub do pola C liczb złożonych. Dalej będziemy rozważać pole R liczb rzeczywistych jako to pole.

Układ solwaniczny (7.1) oznacza określenie uporządkowanego zestawu liczb $\lambda 1$, $\lambda 2$, . . ., λn z *R* (lub *C*) w taki sposób, że przy zastępowaniu w zastępstwie *x1*,x2 , . .,xn dla $\lambda 1$, $\lambda 2$, ..., λn, odpowiednio, każde równanie systemu staje się prawidłową równością. Uporządkowany zestaw numerów $\lambda 1$, $\lambda 2$, ..., λn, jest określany jako ***rozwiązanie systemu*** (7.1).

Układ równań liniowych jest określany jako ***spójny, jeśli ma rozwiązania,*** a ***niespójny***, jeśli nie ma rozwiązań.

Jeżeli dwa spójne systemy mają identyczne rozwiązania, takie systemy są określane jako ***systemy równoważne*** .

Spójny układ równań liniowych jest określany jako ***pewny***, jeśli ma tylko jedno rozwiązanie i ***niepewny***, jeśli istnieje zbiór rozwiązań.

Metoda gaussowska daje odpowiedzi na te pytania.

§ 2. METODA GAUSYJSKA

Za pomocą układu (7.1) równań liniowych możliwe jest wykonanie następujących operacji, które nie naruszają równoważności układu równań:

a) dodać do obu części równania odpowiednie części innego równania pomnożone przez jakąś liczbę;

b) do permutacji równań w układzie;

c) wyłączyć z układu równania 0x1 + 0x2 + ... +0xn = 0. Ponieważ ta równość jest tożsamością, a wszelkie wartości x1, x2,. .... xn zadowolić go.

Przy pomocy tych operacji każdy układ równań liniowych może zostać zredukowany do trójkątnego

c11x1 + c12x2 + ... + c1rxn + . . . + c1nxn = d1

c22x2 + . . . + c2rxr + . . . + c2nxn = d2 (7.2)

. . . .

crrxr + ... + crnxn = dr

. . . .

+ cnnxn = dn

lub postać trapezowa

c11x1 + c12x2 + ... + c1rxn + . . . + c1nxn = d1

$c_{22}x_2 + \dots + c_{2r}x_r + \dots + c_{2n}x_n = d_2$ (7.3)

. . . .

$c_{rr}x_r + \dots + c_{rn}x_n = d_r$.

Przy redukcji układu do postaci trójkątnej lub trapezowej mogą istnieć równania $0x_i + 0x_{i+1} + \dots + 0x_n = d_i$, $i = 1,2,\dots,n$ Jeśli $d_i = 0$, to równania te są identyczne i są wyłączone z systemu, ale jeśli $d_i \neq 0$, to równanie to nie jest spełnione z żadnymi wartościami x_j. W tym przypadku system nie ma żadnych rozwiązań, jest niespójny.

Spójny układ równań zredukowanych do typu trójkątnego (7.2) ma unikalne rozwiązanie i dlatego jest pewne. Jeżeli układ stały jest zredukowany do typu trapezowego (7.3), a $r < n$, wówczas podaje się do x_{r+1}, $x_{r+2}, \dots, x_n$ dowolne wartości, z systemu (7.3) możemy zdefiniować $x_1, x_2, \dots x_r$ i skonstruować rozwiązanie systemu. Jednakże, biorąc pod uwagę, że $x_{r+1}, x_{r+2}, \dots x_n$ może przyjmować dowolne wartości z *R*, otrzymujemy niepewny system, a liczba jego rozwiązań jest nieskończonym zestawem. Nieznane, które przyjmują jakiekolwiek wartości, są określane jako ***wolne, pomocnicze, niezależne,*** a ich ilość jest równa $n - r$.

Przykłady

1. Rozwiązanie systemu metodą gaussowską

$$\begin{cases} 4x_1 + 2x_2 + x_3 = 4 \\ x_1 + 3x_2 + 2x_3 = 2 \\ 2x_1 - x_2 + x_3 = 5. \end{cases}$$

Wykluczmy z 2 - nd i 3 - rd równań danego systemu nieznane x_1. W tym celu mnożymy drugie równanie przez **-4**, a trzecie przez **-2** i dodajemy do pierwszego:

$$4x_1 + 2x_2 + x_3 = 4$$
$$-10x_2 - 7x_3 = -4$$
$$4x_2 - x_3 = -6.$$

Teraz pomnożymy trzecie równanie otrzymanego systemu przez 5/2 i dodamy do niego drugie równanie:

$$4x_1 + 2x_2 + x_3 = 4$$
$$-10x_2 - 7x_3 = -4$$

$-\frac{19}{2}x_3 = -19$

System jest zredukowany do typu trójkątnego. Od ostatniego równania układu określamy $x3 = 2$, od drugiego $x2 = 1$, od pierwszego $x1 = 1$. System posiada unikalne rozwiązanie (1,-1, 2).

2. System jest podany

$$\begin{cases} 2x1 - x2 + x4 = 4 \\ 4x1 - 2x2 + x3 + x4 = 7 \\ 6x1 - 3x2 + 2x3 - x4 = 8 \end{cases}$$

$$8x1 - 4x2 + 3x3 - x4 = 11$$

Ta uwaga. W rozwiązaniu systemu metodą gaussowską niewiadome w równaniach systemu mogą być wykluczone nie tylko od początku, ale i od końca.

Tak też robimy w rozwiązywaniu danego systemu. W tym celu pomnożymy ostatnie równanie przez 1, 1,-1 konsekwentnie i dodamy je z trzema pierwszymi; otrzymamy system równoważny

$$8x1 \begin{cases} 4x2 + 3x3 - x4 = 11 \\ 10x1 - 5x2 + 3x3 = 15 \\ 12x1 - 6x2 + 4x3 = 18 \end{cases}$$

$$-2x1 + x2 - x3 = -3$$

Teraz pomnożymy ostatnie równanie przez 3 i przez 4 w sposób spójny i dodamy je do dwóch poprzednich; otrzymamy system równoważny:

$$8x1 - 4x2 + 3x3 - x4 = 11$$

$$\begin{cases} -2x1 + x2 - x3 = -3 \\ 4x1 - 2x2 = 6 \\ 4x1 - 2x2 = 6 \end{cases}$$

Następnie pomnożymy przedostatnie równanie przez 1 i dodamy je do ostatniego równania, które mamy:

$$8x1 - 4x2 + 3x3 - x4 = 11$$

$$\begin{cases} -2x1 + x2 - x3 \quad -3 \\ 4x1 - 2x2 = 6 \\ 0x1 - 0x2 = 0 \end{cases}$$

Ostatnim równaniem jest tożsamość i można ją wykluczyć z systemu. Wreszcie

$$\begin{cases} 8x1 - 4x2 + 3x3 - x4 = 11 \\ -2x1 + x2 - \quad x3 \quad = -3 \\ 2x1 - \quad x2 \quad\quad = 3 \end{cases}$$

W ten sposób system zostaje zredukowany do postaci trapezu. Jeśli założymy, że x1 pomocnicze nieznane i podamy mu jakieś wartości, na przykład,β znajdziemy rozwiązanie systemu (β, 2β-3,0,1) . Ponieważ βmoże przyjmować dowolne wartości z *R,* system nie jest pewny i ma nieskończenie wiele rozwiązań.

§ 3. MATRYCOWE I WEKTOROWE FORMY ZAPISU LINIOWEGO SYSTEMY RÓWNAŃ. TWIERDZENIE KORONECKER-CAPELLI

Możliwe jest połączenie poniższych matryc z układem (7.1) równań liniowych:

1. Matryca *A* współczynników aijj jeśli niewiadome systemu to *x1*, *x2*, ... xn.

$$A = \begin{pmatrix} a_{11}a_{12}...a_{1n} \\ a_{21}a_{22}...a_{2n} \\ \dots\dots\dots\dots \\ a_{k1}a_{k2}...a_{kn} \end{pmatrix} = (a_{ij}), \quad i = 1,2,...k, \quad j = 1,2,...n.$$

Ta matryca nazywa się ***matrycą podstawową.***

2. Jeśli do podstawowej macierzy *A* dodamy kolumnę wolnych prętów $в_1$,в2,...$в_к$ systemu otrzymamy tzw. ***rozszerzoną*** macierze *A** danego systemu

$$A^* = \begin{pmatrix} a_{11}a_{12}...a_{1n}в_1 \\ a_{21}a_{22}...a_{2n}в_2 \\ \dots\dots\dots\dots\dots \\ a_{k1}a_{k2}...a_{kn}в_к \end{pmatrix}.$$

3. Matryca - kolumna formatu macierzy $B = \begin{pmatrix} в_1 \\ в_2 \\ \dots \\ в_к \end{pmatrix}$, wolnych prętów к ×1.

4. Matryca - kolumna niewiadomych

$$X = \begin{pmatrix} x_1 \\ x_2 \\ \dots \\ x_n \end{pmatrix}, \text{ format macierzowy } n\times1.$$

Używając definicji produktu matrycowego, system (7.1) można zapisać jako

$$AX = B \qquad (\quad 7 \quad . \quad 4)$$

Ta forma zapisu układu równań liniowych jest określana jako ***macierz***. Jeśli więc uznamy, że matryca *A* jest mapowaniem przestrzeni R^n na *Rk* i jeśli skojarzymy matryce *X* i *B* z kolumnami - wektorami $\vec{x} \in R^n$ i $\vec{в} \in R^k$.odpowiednio. Następnie rozwiązanie układu (7.1) można sprowadzić do problemu określenia wektorów, $\vec{x}_j \in R^n$, które są prototypami wektora w$\vec{в} \in R^k$ przypadku mapowania R^n na R^k, ustawionego przez matrycę *A*, tj. $A(\vec{x}_j) = \vec{в}$.

Oprócz macierzy, układ równań liniowych może być zapisany również w formie wektorowej. W tym celu łączy się matryca *A* z systemem z *n* kolumn - wektorów $\vec{a}_1, \vec{a}_2, ..., \vec{a}_n$w przestrzeni *R к*.

$$A = \begin{pmatrix} a_{11}a_{12}...a_{1n} \\ a_{21}a_{22}...a_{2n} \\ .... \\ a_{k1}a_{k2}...a_{kn} \end{pmatrix} = (\vec{a}_1, \vec{a}_2, ..., \vec{a}_n), \ \vec{a}_j = \begin{pmatrix} a_{1j} \\ a_{2j} \\ \dots \\ a_{kj} \end{pmatrix}, \ j = 1,2,...n.$$

Wtedy system (7.1) stanie się $(\vec{a}_1 x_1 + \vec{a}_2 x_2 + ... + \vec{a}_n x_n = \vec{в}, 7$ .5)

Tutaj $\vec{в} = \begin{pmatrix} в_1 \\ в_2 \\ \dots \\ в_к \end{pmatrix} \in R^k$.

W odniesieniu do równania (7.5) problem rozwiązania układu (7.1) można sprowadzić do problemu określenia liniowej zależności układu wektorowego $\vec{a}_1, \vec{a}_2, ..., \vec{a}_n, \vec{e}$. Tak więc system (7.1) ma rozwiązanie, jeśli wektory $\vec{a}_1, \vec{a}_2, ..., \vec{a}_n, \vec{e}$ są liniowo zależne. Rzeczywiście, z (7.5) wynika, że wektor $\vec{e}$ jest liniową kombinacją wektorów, a $\vec{a}_1, \vec{a}_2, ..., \vec{a}_n$ więc należy do podprzestrzeni, generowanej przez wektory $\vec{a}_1, \vec{a}_2, ..., \vec{a}_n$. Jeśli wektor nie należy $\vec{e}$ do podprzestrzeni, generowany przez wektory $\vec{a}_1, \vec{a}_2, ..., \vec{a}_n$, tzn. wektory $\vec{a}_1, \vec{a}_2, ..., \vec{a}_n, \vec{e}$ są liniowo niezależne, system (7.1) nie ma żadnych rozwiązań. Innymi słowy, system (7.1) ma rozwiązanie, jeżeli ranga $r^*(A^*)$ układu wektorowego wektorów $\vec{a}_1, \vec{a}_2, ..., \vec{a}_n, \vec{e}$ nie przekracza rangi $r(A) \vec{a}_1, \vec{a}_2, ..., \vec{a}_n$ układu wektorowego, a to oznacza, że powinny być one równe. Teraz, jeśli połączymy system wektorów z $\vec{a}_1, \vec{a}_2, ..., \vec{a}_n, \vec{e}$ rozszerzoną matrycą A^*, to powyższe można uznać za dowód na następujące twierdzenia.

Twierdzenie Kroneckera-Capellego (warunek zgodności układu równań liniowych): liniowy układ równań jest rozwiązywalny (spójny) tylko wtedy, gdy ranga $r(A)$ podstawowej macierzy A jest równa randze $r^*(A^*)$ rozszerzonej macierzy A^* : $r(A) = r^*(A^*)$.

§ 4. SYSTEM KRAMERA

Przypuszczamy, że liczba równań w układzie (7.1) jest równa liczbie niewiadomych ($k = n$), a ta kolumna - wektory z $\vec{a}_1, \vec{a}_2 ... \vec{a}_n R^n$ są liniowo niezależne; w tym przypadku (7.1) jest określana jako ***układ Kramera.***

Ponieważ kolumny - wektory $\vec{a}_1, \vec{a}_2 ... \vec{a}_n$ są liniowo niezależne, stanowią podstawę przestrzeni *Rn*, stąd każda kolumna - wektor $\vec{в} \in R^n$ jest reprezentowana w unikalny sposób, w formie (7.5). Tak więc system Kramera zawsze ma rozwiązanie, a co więcej, jest unikalny.

Dla zdefiniowania tego rozwiązania zapiszemy system Kramera w formie matrycy (7.4): $AX = B$. Podstawowa matryca A systemów Kramera - jest kwadratowa, rzędu n, a jej wyznacznik różni się od zera: $D(A) \neq 0$, ponieważ kolumny - wektory macierzy są liniowo niezależne. Dlatego matryca A ma odwrotną matrycę A^{-1}. *Pomnożymy* obie części równania (7.4) przez A^{-1} od lewej strony:

A-1AX = A-1B.

Ponieważ *A-1A = E* i *EX = X*, następnie *X = A-1B* lub

$$\begin{pmatrix} x_1 \\ x_2 \\ . \\ x_n \end{pmatrix} = \frac{1}{D(A)} \begin{pmatrix} A_{11}A_{21}...A_{n1} \\ A_{12}A_{22}...A_{n2} \\ .... \\ A_{1n}A_{2n}...A_{nn} \end{pmatrix} \cdot \begin{pmatrix} в_1 \\ в_2 \\ . \\ в_n \end{pmatrix}.$$

Mnożąc A-1 przez B, otrzymujemy

$$\begin{pmatrix} x_1 \\ x_2 \\ ... \\ x_n \end{pmatrix} = \frac{1}{D(A)} \begin{pmatrix} A_{11}в_1 + A_{21}в_2 + ... + A_{n1}в_n \\ A_{12}в_1 + A_{22}в_2 + ... + A_{n2}в_n \\ .... \\ A_{1n}в_1 + A_{2n}в_2 + ... + A_{nn}в_n \end{pmatrix} \tag{7.6}$$

Stąd $x_j = \frac{1}{D(A)} \left(A_{ij}в_1 + A_{2j}в_2 + ... + A_{nj}в_n \right)$,

gdzie $j = 1, 2, ... n$, oraz $A_{1j}в_1 + A_{2j}в_2 + + ... + A_{nj}в_n$ - wyznacznik macierzowy, który otrzymuje się z podstawowego A przez podstawienie członów *j*- słupa, tj. współczynników przy określonym nieznanym *xj* dla słupa swobodnych członów *в1, в2,...вn* układu. Tak więc,

$$x_j = \frac{\begin{vmatrix} a_{11}...a_{1(j-1)}в_1 a_{1(j+1)}...a_{1n} \\ a_{21}...a_{2(j-1)}в_2 a_{2(j+1)}...a_{2n} \\ .... \\ a_{n1}...a_{n(j-1)}в_n a_{n(j+1)}...a_{nn} \end{vmatrix}}{\begin{vmatrix} a_{11}...a_{1(j-1)}a_{1j} a_{1(j+1)}...a_{1n} \\ a_{21}...a_{2(j-1)}a_{2j} a_{2(j+2)}...a_{2n} \\ .... \\ a_{n1}...a_{n(j-1)}a_{nj} a_{n(j+1)}...a_{nn} \end{vmatrix}} = \frac{|A_j|}{|A|}.$$

Teraz wszystko powyższe sformułujemy jako następującą zasadę.

Zasada Kramera. Jeżeli wyznacznik *D (A)* podstawowa macierz *A* układu *n* równań liniowych z *n* niewiadomymi jest różna od zera *(D(A)≠0),*, to układ ma unikalne rozwiązanie i rozwiązanie to jest określone wzorem:

$$x_j = \frac{D(A_j)}{D(A)}, j=1,2, ..., n, \qquad (7.7)$$

gdzie *D(Aj)* - jest wyznacznikiem otrzymanym z *D(A)* poprzez zastąpienie kolumny *j*- kolumny wolnych elementów systemu.

Przykład. Rozwiązuj układ równań.

$$\begin{cases} 3x-3y+2z=2, \\ 4x-5y+2z=1, \\ 5x-6y+4z=3. \end{cases}$$

Obliczmy wyznacznik podstawowej macierzy *A*:

$$D(A) = \begin{vmatrix} 3 & -3 & 2 \\ 4 & -5 & 2 \\ 5 & -6 & 4 \end{vmatrix} = 3\begin{vmatrix} -5 & 2 \\ -6 & 4 \end{vmatrix} + 3\begin{vmatrix} 4 & 2 \\ 5 & 4 \end{vmatrix} + 2\begin{vmatrix} 4 & -5 \\ 5 & -6 \end{vmatrix} = -24 + 18 + 2 = -4.$$

Od *D(A)≠0,* to jest system Kramera i dlatego ma jedno rozwiązanie, które określamy jako wzór:

$$x_j = \frac{D(A_j)}{D(A)}, j = 1, 2, 3.$$

$$x_1 = \frac{\begin{vmatrix} 2 & -3 & 2 \\ 1 & -5 & 2 \\ 3 & -6 & 4 \end{vmatrix}}{-4} = \frac{2\begin{vmatrix} -5 & 2 \\ -6 & 4 \end{vmatrix} + 3\begin{vmatrix} 1 & 2 \\ 3 & 4 \end{vmatrix} + 2\begin{vmatrix} 1 & -5 \\ 3 & -6 \end{vmatrix}}{-4} = \frac{-16-6+18}{-4} = \frac{-4}{-4} = 1;$$

$$x_2 = \frac{\begin{vmatrix} 3 & 2 & 2 \\ 4 & 1 & 2 \\ 5 & 3 & 4 \end{vmatrix}}{-4} = \frac{3\begin{vmatrix} 1 & 2 \\ 3 & 4 \end{vmatrix} - 2\begin{vmatrix} 4 & 2 \\ 5 & 4 \end{vmatrix} + 2\begin{vmatrix} 4 & 1 \\ 5 & 3 \end{vmatrix}}{-4} = \frac{-4}{-4} = 1;$$

$$x_3 = \frac{\begin{vmatrix} 3 & -3 & 2 \\ 4 & -5 & 1 \\ 5 & -6 & 3 \end{vmatrix}}{-4} = \frac{3\begin{vmatrix} -5 & 1 \\ -6 & 3 \end{vmatrix} + 3\begin{vmatrix} 4 & 1 \\ 5 & 3 \end{vmatrix} + 2\begin{vmatrix} 4 & -5 \\ 5 & -6 \end{vmatrix}}{-4} = \frac{-4}{-4} = 1.$$

Odpowiedź: x1 = x = 1; x2 = y = 1; x3 = z = 1.

§ 5. JEDNORODNY UKŁAD RÓWNAŃ LINIOWYCH

Układ równań liniowych jest określany jako jednorodny, jeżeli właściwe części tych równań są równe zeru:

$$\begin{cases} a1x1 + a12\,x2 + ... + a1n\,xn = 0, \\ a21x1 + a22\,x2 + ... + a2n\,xn = 0, \\ \qquad\qquad (7.8) \\ ak1x1 + ak2\,x2 + ... + akn\,xn = 0. \end{cases}$$

Układ jednorodny jest zawsze spójny, ponieważ rozszerzona matryca różni się od podstawowej z kolumną reprezentującą zero - wektor. Ponieważ układ zawierający zero - wektor, jest zawsze liniowo zależny, ranga macierzy rozszerzonej pokrywa się z rangą macierzy podstawowej. Spójność układu jednorodnego jest oczywista, ponieważ zawsze ma trywialne rozwiązanie x1 = *x2* =..... = *xn* = 0. To rozwiązanie będzie unikalne, jeśli układ jednorodny jest układem Kramera, tj. kiedy $k = n$ i wyznacznik *D (A)* podstawowej macierzy *A* różni się od zera. Innymi słowy, kiedy ranga *r(A)* podstawowej macierzy jest równa liczbie *n* niewiadomych układu: $r(A) = n$. Jeżeli $r(A) < n$, to jednorodny układ równań liniowych ma nieobliczalny zbiór rozwiązań, a zbiór rozwiązań układu tworzy podprzestrzeń wektorową. Pokażemy to. W tym celu zapisujemy system (7.8) w postaci wektorowej w przestrzeni *Rn* rzędu - wektory. W tym przypadku każde równanie układu reprezentuje iloczyn skalarny dwóch wektorów

z *Rn*: и $\vec{a}_i = (a_{i1}, a_{i2}, ..., a_{in}), i = 1,2,..k$ $\vec{x} = (x_1, x_2, ... x_n)$:

$$\begin{cases} \vec{a}_1 \cdot \vec{x} = 0 \\ \vec{a}_2 \cdot \vec{x} = 0 \\ \ldots\ldots\ldots\ldots \\ \vec{a}_k \cdot \vec{x} = 0 \end{cases} \qquad (7.9)$$

Udowodnijmy, że jeśli wektory i $\vec{x}^0 = \left(x_1^0, x_2^0, ...x_n^0\right)$ $\vec{y}^0 = \left(y_1^0, y_2^0, ...y_n^0\right)$ są rozwiązaniami systemu (7.9) to i $\vec{x}^0$ + $\vec{y}^0$ $\lambda\vec{x}^0$ będą rozwiązaniami tego systemu. Naprawdę, ponieważ produkt skalarny jest dystrybucyjny w stosunku do dodawania wektorów również jest asocjacyjny w stosunku do mnożenia przez liczbę, mamy:

$$\vec{a}_i\left(\vec{x}^0 + \vec{y}^0\right) = \vec{a}_i\vec{x}^0 + \vec{a}_i\vec{y}^0 = 0,$$

$$\vec{a}_i\left(\lambda\vec{x}^0\right) = \lambda\left(a_i\vec{x}^0\right) = 0, \quad i = 1, 2, ..., k.$$

Oznacza to, że są to i $\vec{x}^0$ + $\vec{y}^0$ $\lambda\vec{x}^0$ są rozwiązania o jednorodnym systemie. Oprócz$\left(-x_1^0, -x_2^0, ...-x_n^0\right)$ elementów neutralnych *(*0,0.... , 0*)* i symetrycznych również należą do przestrzeni rozwiązań. W ten sposób zestaw rozwiązań jednorodnego systemu tworzy podprzestrzeń wektorową. Teraz zdefiniujemy podprzestrzenny wymiar rozwiązań systemowych, na którym będziemy budować jego podstawy. Jak już wspomnieliśmy, podprzestrzeń rozwiązań zawiera wektory niezerowe, jeśli r*(A)* < *n.* Warunek r*(A)* <*n jest* zawsze spełniony, jeśli liczba k równań systemowych jest mniejsza od liczby n *niewiadomych.* Fakt, że ranga macierzy podstawowej *A* jest równa *r (A),* oznacza, że macierzy *A* zawiera macierze mniejszej z rzędu *r*, różniącej się od zera; niemniej jednak macierze mniejszej z wyższych rzędów są równe zeru, włączając w to (jeśli istnieje) macierze mniejszej z rzędu *n.* Nie ograniczając uogólnienia, możemy uznać, że ta mniejsza z kolei jest główną mniejszą z macierzy *A* rzędu *r*.

$$D_r(A)=\begin{vmatrix} a_{11}a_{12}...a_{1r} \\ a_{21}a_{22}...a_{2r} \\ .... \\ a_{r1}a_{r2}...a_{rr} \end{vmatrix} \neq 0.$$

Zawsze możemy to uzyskać, poprzez permutację równań w układzie. Następnie pozostałe równania κ-r układu są liniowymi kombinacjami pierwszych równań r układu i w konsekwencji, bez naruszania równoważności układu, równania te mogą być wyłączone z układu. Pozostałe równania r systemu zapisujemy w następującej formie

$$\begin{cases} a_{11}x_1 + a_{12}x_2 + ... + a_{1r}x_r = -a_{1(r+1)}x_{r+1} - ... - a_{1n}x_n \\ a_{21}x_1 + a_{22}x_2 + ... + a_{2r}x_r = -a_{2(r+1)}x_{r+1} - ... - a_{2n}x_n \\ .... \\ a_{r1}x_1 + a_{r2}x_2 + ... + a_{rr}x_r = -a_{r(r+1)}x_{r+1} - ... - a_{rn}x_n \end{cases}. \quad (7.10)$$

Zauważmy, że jeśli w systemie (7.10) podamy jakieś wartości liczbowe niewiadomych *xr+1, ..., xn, otrzymamy* system Kramera, ponieważ $D_r(A) \neq 0$, a więc inne niewiadome *x1, x2, ..., xr* mogą być jednoznacznie określone przez zasadę Kramera (7.7). Zdefiniujmy unknowns *x1, x2, . . ., xr* podając konsekwentnie następujące wartości (1,0..., 0), (0,1,0..., 0)..., (0,0..., 1) dla unknowns xr+1, *xr+2, ..., xn* . Taki wybór jest spowodowany tym, że każdy zestaw z liczb *n-r* jest wektorem kanonicznej podstawy przestrzeni R^{n-r}. Załóżmy, że dla każdego określonego zestawu wartości *xr+1, xr+2, ..., xn* dla *x1, x2, ..., xr* $(\alpha_{11}, \alpha_{12}, ..., \alpha_{1r})$, $(\alpha_{21}, \alpha_{22}, ..., \alpha_{2r})$, uzyskuje się odpowiednio.... następujące *n-r* zestawy z liczb *r* . . $(\alpha_{(n-r)1}, \alpha_{(n-r)2}, ..., \alpha_{(n-r)r})$.

To oczywiste, że wektory

$$\begin{aligned} \vec{y}_1 &= (\alpha_{11}, \alpha_{12}, ..., \alpha_{1r}, 1, 0, ..., 0), \\ \vec{y}_2 &= (\alpha_{21}, \alpha_{22}, ... \alpha_{2r}, 0, 1, 0, ..., 0), \\ &..................................... \\ \vec{y}_{n-r} &= (\alpha_{(n-r)1}, \alpha_{(n-r)2}, ..., \alpha_{(n-r)r}, 0, 0, ..., 1) \end{aligned} \quad (7.11)$$

są rozwiązaniami systemu (7.10). Liczba współrzędnych wektorów jest $\vec{y}_1, \vec{y}_2, ... \vec{y}_{n-r}$ równa n i należą one do przestrzeni R^n.

Udowodnimy, że wektory $\vec{y}_1,...,\vec{y}_{n-r}$ są liniowo niezależne. Naprawdę, jeśli zapiszemy równość w $\lambda_1\vec{y}_1 + ...\lambda_{n-r}\vec{y}_{n-r} = \vec{0}$ formie skalarnej

$$\sum_{i=1}^{n-r} \lambda_i y_{ij} = 0, \ j = 1,2,...,n,$$

przy użyciu składników (7.11) jest spełniony tylko pod warunkiem, że $\lambda_2 = ... = \lambda_{n-r} \lambda_1 = = 0$. Jest on bezpośredni z równań, dla których j ⩾ $r+1$. Nietrudno jest wykazać, że jakiekolwiek rozwiązanie $\vec{y} = (\beta_1, \beta_2, ..., \beta_n)$ układu jednorodnego (7.10) jest liniowym połączeniem wektorów $\vec{y}_1, \vec{y}_2, ...\vec{y}_{n-r}$ o współczynnikach

$\gamma_1 = \beta_{r+1}, \gamma_2 = \beta_{r+2}, ..., \gamma_{n-r} = \beta_n$, i.e.

$$\vec{y} = \beta_{r+1}\vec{y}_1 + \beta_{r+2}\vec{y}_2 + ... + \beta_n\vec{y}_{n-r} = \gamma_1\vec{y}_1 + \gamma_2\vec{y}_2 + ... + \gamma_{n-r}\vec{y}_{n-r}, \quad (7.12)$$

gdzie $\gamma_1 = \beta_{r+1}, ..., \gamma_{n-r} = \beta_n$ możemy wziąć dowolne wartości z *R*. Na dowód tego, jeśli rozwiążemy system (7.10) dla niewiadomych *xr+1,...,xn* przyjmujemy wartości *(β_{r+1}, 0.... , 0), (0, β_{r+2},, 0,...0),..... ,(0,0,...,β_n).*

Tak więc wektory $\vec{y}_1, \vec{y}_2, ...\vec{y}_{n-r}$ z komponentami (7.11) tworzą podprzestrzenną podstawę jednorodnego układu (7.8) rozwiązań o wymiarach *n-r*. Wyrażenie (7.12) określające cały zestaw rozwiązań podprzestrzennych, określane jest jako ***ogólne rozwiązania*** układu jednorodnego. Zestaw liniowo niezależnych rozwiązań systemu jest określany jako ***podstawowy*** system decyzyjny. Zmienne *xr+1,... xn* są określane jako ***wolne,*** *x1,... xr* - ***podstawowy***.

Ta uwaga. Określenie podstawowych rozwiązań wskazanych powyżej, nie jest obowiązkowe, a przy rozwiązywaniu konkretnych problemów wybór wartości *xr+1,...xn* może być inny.

Przykład

Niech zostanie podany jednorodny układ równań

$$\begin{cases} x1 + 2x2 - 5x3 + 3x4 = 0, \\ 2x1 + 5x2 - 6x3 - \ x4 = 0, \\ 5x1 + 12x2 - 17x3 + x4 = 0, \end{cases}$$

w którym liczba niewiadomych wynosi n = 4, a liczba równań wynosi k = 3. Od к *n<*to *r(A)<n* i stąd system ma nieskończoną liczbę rozwiązań. W

celu zdefiniowania podstawowych i ogólnych rozwiązań systemu określamy rangę *r (A)* podstawowej matrycy

$$A=\begin{pmatrix}1 & 2 & -5 & 3\\ 2 & 5 & -6 & -1\\ 5 & 12 & -17 & 1\end{pmatrix}.$$

Zastanówmy się nad głównymi nieletnimi: $D_2(A)=\begin{vmatrix}1 & 2\\ 2 & 5\end{vmatrix}=1\neq 0;$

$D_3(A)=\begin{vmatrix}1 & 2 & -5\\ 2 & 5 & -6\\ 5 & 12 & -17\end{vmatrix}=0.$ Dla macierzy A jest jeszcze jeden mniejszy z trzeciego rzędu $D_3'(A)=\begin{vmatrix}1 & 2 & 3\\ 2 & 5 & -1\\ 5 & 12 & 1\end{vmatrix}$, również jest równy zeru. Tak więc, wszyscy małoletni trzeciego rzędu macierzy *A* są równi zero, a wśród małoletnich drugiego rzędu jest małoletni różniący się od zera. Stąd ranga *r (A)* macierzy *A* jest równa 2. Oznacza to również, że trzecie równanie układu jest liniową kombinacją pierwszych dwóch i może być wyłączone z układu. Naprawdę, możemy otrzymać trzecie równanie, jeśli pomnożymy drugie równanie przez 2 i dodamy je z pierwszym. Po usunięciu trzeciego równania z układu trzeciego równania, pozostałe dwa równania przepisujemy w następującej formie

$$\begin{cases} x1 + 2x2 = 5x3 - 3x4 \\ 2x1 + 5x2 = 6x3 + x4 \end{cases}$$

Zakładając, że x3 = 1, a x4$\vec{y}_1$ = 0, otrzymamy podstawowe rozwiązanie systemu

$$\begin{cases} x1 + 2x2 = 5 \\ 2x1 + 5x2 = 6 \end{cases} \Rightarrow \quad x1 = 13,\ x2 = -4, \quad \vec{y}_1 = (13, -4, 1, 0).$$

Zakładając, że x3 = 0, a x4 = 1, określamy $\vec{y}_2$

$$\begin{cases} x1 + 2x2 = -3 \\ 2x1 + 5x2 = 1 \end{cases} \quad x1 \Rightarrow = -17,\ x2 = 7,\ \vec{y}_2 = (-17, 7, 0, 1).$$

Ogólne rozwiązanie systemu

$$\vec{y} = \gamma_1\vec{y}_1 + \gamma_2\vec{y}_2 = \gamma_1(13,-4,1,0) + \gamma_2(-17,7,0,1) =$$
$$= (13\gamma_1 - 17\gamma_2, -4\gamma_1 + 7\gamma_2, \gamma_1, \gamma_2),$$

gdzie γ_1 and γ_2 są jakiekolwiek numery z *R*.

Gdzie jakiekolwiek numery

z

1 и γ_2

R.

Tak więc, rozwiązania systemowe tworzą podprzestrzeń wektorową o wymiarach *n* - *r* = 4 - 2 = 2.

§ 6. HETEROGENICZNY UKŁAD RÓWNAŃ LINIOWYCH

Jeżeli w układzie równań liniowych (7.1) tylko jeden ze swobodnych członów $в_i$ różni się od zera, to układ taki jest określany jako ***niejednorodny.***

Należy podać niejednorodny układ równań liniowych, które w postaci wektorowej można przedstawić jako

$\vec{a}_i\vec{x} = в_i$, i = 1,2,... ,$к$, (7.13)

$\vec{a}_i = (a_{i1}, a_{i2},..., a_{in},) \in R^n$, $\vec{x} = (x_1, x_2,..., x_n) \in R^n$.

Rozważmy odpowiedni jednorodny system

$\vec{a}_i\vec{x} = 0$, i=1,2,...k. (7.14).

Niech wektor $\vec{x}_1 = (\alpha_1, \alpha_2,..., \alpha_n)$ będzie roztworem układu niejednorodnego (7.13), a wektor będzie $\vec{y} = (\beta_1, \beta_2,..., \beta_n)$ roztworem układu jednorodnego (7.14). Wtedy łatwo zauważyć, że wektor $\vec{z} = \vec{x}_1 + \vec{y}$ jest również rozwiązaniem układu niejednorodnego (7.13). Naprawdę

$$\begin{cases}\vec{a}_1\vec{z}=в_1\\ \vec{a}_2\vec{z}=в_2\\ \dots\dots\dots\\ \vec{a}_к\vec{z}=в_к\end{cases}\Rightarrow\begin{cases}\vec{a}_1(\vec{x}_1+\vec{y})=в_1\\ \vec{a}_2(\vec{x}_1+\vec{y})=в_2\\ \dots\dots\dots\dots\dots\\ \vec{a}_к(\vec{x}_1+\vec{y})=в_к\end{cases}\Rightarrow\begin{cases}\vec{a}_1\vec{x}_1+\vec{a}_1\vec{y}=в_1\\ \vec{a}_2\vec{x}_1+\vec{a}_2\vec{y}=в_2\\ \dots\dots\dots\dots\dots\\ \vec{a}_к\vec{x}_1+\vec{a}_к\vec{y}=в_к\end{cases}\Rightarrow\begin{cases}\vec{a}_1\vec{x}_1=в_1\\ \vec{a}_2\vec{x}_1=в_2\\ \dots\dots\dots\\ \vec{a}_к\vec{x}_1=в_к\end{cases}$$

Teraz, używając wzoru (7.12) z ogólnego roztworu równania jednorodnego, mamy

$$\vec{y}=\gamma_1\vec{y}_1+\gamma_2\vec{y}_2+...+\gamma_{n-r}\vec{y}_{n-r},$$

a zatem

$$\vec{z}=\vec{x}_1+\gamma_1\vec{y}_1+\gamma_2\vec{y}_2+...+\gamma_{n-r}\vec{y}_{n-r}, \qquad (7.15)$$

gdzie są $\gamma_1,...,\gamma_{n-r}$ dowolne liczby z R, oraz $\vec{y}_1,...,\vec{y}_{n-r}$ - są podstawowymi rozwiązaniami jednorodnego systemu.

Tak więc, roztwór układu niejednorodnego jest zestawem jego roztworu częściowego i ogólnego roztworu odpowiadającego układu jednorodnego.

Roztwór (7.15) jest określany jako ***ogólny roztwór niejednorodnego układu równań liniowych.*** Z (7.15) wynika, że układ niejednorodny równań liniowych ma unikalne rozwiązanie, jeżeli ranga *r (A)* podstawowej macierzy *A* pokrywa się z liczbą *n* niewiadomych układu (układu Kramera), jeżeli *r (A) n*<, układ ma nieskończoną liczbę rozwiązań i ta liczba rozwiązań jest równoważna podprzestrzeni rozwiązania odpowiadającego układu równań jednorodnych o wymiarze *n-r*.

Przykłady

1. Podajmy niejednorodny układ równań, w którym liczba równań wynosi $k = 3$, a liczba niewiadomych wynosi $n = 4$.

$$\begin{cases}x1 - x2 + x3 -2x4 = 1\\ x1 - x2 + 2x3 -x4 = 2\\ 5x1 - 5x2 + 8x3 -7x4 = 3\end{cases}$$

Wyznaczymy stopnie macierzy podstawowej *A* i macierzy rozszerzonej A* danego systemu. Ponieważ *A* i *A** nie są macierzami zerowymi i *k* = 3 n<, zatem 1 ≤*r (A), r*(A*) 3*≤. Weźmy pod uwagę nieletnich drugiego rzędu macierzy *A* i *A**:

$$D_2(A)=D_2(A^*)=\begin{vmatrix}1 & -1\\ 1 & -1\end{vmatrix}=0;\quad D_2'(A)=D_2'(A^*)=\begin{vmatrix}1 & 1\\ 1 & 2\end{vmatrix}=1\neq 0.$$

Tak więc, wśród nieletnich drugiego rzędu macierzy A i A^* jest nieletni różniący się od zera, a więc 2 r≤(A), r*(A*) 3≤. Teraz weźmiemy pod uwagę nieletnich z trzeciego rzędu

$D_3(A) = D_3(A^*) = \begin{vmatrix} 1 & -1 & 1 \\ 1 & -1 & 2 \\ 5 & -5 & 8 \end{vmatrix} = 0$ ponieważ pierwsza i druga kolumna są proporcjonalne. Podobnie jak nieletni $D_3'(A) = D_3'(A^*) = \begin{vmatrix} 1 & -1 & -2 \\ 1 & -1 & -1 \\ 5 & -5 & -7 \end{vmatrix} = 0$.

$$D_3''(A) = D_3''(A^*) = \begin{vmatrix} -1 & 1 & -2 \\ -1 & 2 & -1 \\ -5 & 8 & -7 \end{vmatrix} = -1\begin{vmatrix} 2 & -1 \\ 8 & -7 \end{vmatrix} - 1\begin{vmatrix} -1 & -1 \\ -5 & -7 \end{vmatrix} - 2\begin{vmatrix} -1 & 2 \\ -5 & 8 \end{vmatrix} = 6 - 2 - 4 = 0.$$

I tak wszyscy nieletni z trzeciego rzędu podstawowej macierzy A są równi zero, stąd $r(A) = 2$. W przypadku macierzy rozszerzonej A^* są jeszcze nieletni trzeciego rzędu

$$D_3'''(A^*) = \begin{vmatrix} 1 & -1 & 1 \\ 1 & -1 & 2 \\ 5 & -5 & 3 \end{vmatrix} = 0; \quad D_3''''(A^*) = \begin{vmatrix} -1 & 1 & 1 \\ -1 & 2 & 2 \\ -5 & 8 & 3 \end{vmatrix} = 5 \neq 0.$$

Tak więc wśród nieletnich trzeciego rzędu rozszerzonej macierzy A^* *znajduje się nieletni* różniący się od zera, a więc $r^*(A^*) = 3$. Oznacza to, że *r(A) r*≠(A*)*, a następnie, na podstawie twierdzenia Kroneckera-Capellego, możemy stwierdzić, że dany system jest niespójny.

2. Układ solwaniczny równań

3x1 +2x2 +x3 +x4 = 1

3x1 +2x2 - x3 - 2x4 = 2

Dla danego systemu $k = 2 < n = 4$ i w konsekwencji 1 r≤(A), r*(A*) 2≤. W przypadku macierzy A i A^* *weźmy pod* uwagę nieletnich drugiego rzędu, więc $D_2(A) = D_2(A^*) = \begin{vmatrix} 3 & 2 \\ 3 & 2 \end{vmatrix} = 0$; $D_2'(A) = D_2'(A^*) = \begin{vmatrix} 3 & 1 \\ 3 & -1 \end{vmatrix} = -6 \neq 0$. $r(A) = r^*(A^*) = 2$, a więc system jest spójny. Jako podstawowe zmienne wybieramy dwie dowolne zmienne, dla których mniejszy z drugiego rzędu utworzony ze współczynników tych zmiennych nie jest równy zero. Takimi zmiennymi mogą być np.

x3 i x4, od kiedy. $D_2'(A)=\begin{vmatrix} 1 & 1 \\ -1 & -2 \end{vmatrix}=-1\neq 0$. Wtedy mamy

$$\begin{cases} x3 + x4 = 1 - 3x1 - 2x2 \\ -x3 - 2x4 = 2 - 3x1 - 2x2. \end{cases}$$

$\vec{x}_1$Zdefiniujmy częściowe rozwiązanie układu heterogenicznego. W tym celu umieścimy x1 = x2 =0.

$$\begin{cases} x3 + x4 = 1 \\ -x3 - 2x4 = 2 \end{cases}$$

Rozwiązanie tego systemu: x3 = 4, x4 = - 3, stąd, $\vec{x}_1$ = (0,0,4,-3).

Teraz zdefiniujemy ogólne rozwiązanie odpowiedniego homogenicznego równania

$$\begin{cases} x3 + x4 = -3x1 - 2x2 \\ -x3 - 2x4 = - 3x1 - 2x2 \end{cases}$$

Stawiamy: x1 =1, x2 =0

$$\begin{cases} x3 + x4 = -3 \\ -x3 - 2x4 = -3 \end{cases}$$

Rozwiązanie tego systemu x3 = -9, x4 = 6.

Tak więc $\vec{y}_1=(1,0,-9,6)$.

Teraz postawimy x1 =0, x2 = 1

$$\begin{cases} x3 + x4 = -2 \\ -x3 - 2x4 = -2 \end{cases}$$

Rozwiązanie: x3 = 6, x4 = 4, a następnie $\vec{y}_2=(0,1,-6,4)$.

Po określeniu rozwiązania częściowego $\vec{x}_1$, równania niejednorodnego i podstawowych rozwiązań $\vec{y}_1$ and $\vec{y}_2$ odpowiadającego mu równania jednorodnego, zapisujemy ogólne rozwiązanie równania niejednorodnego.

$$\vec{z}=\vec{x}_1+\gamma_1\vec{y}_1+\gamma_2\vec{y}_2=(0,0,4,-3)+\gamma_1(1,0,-9,6)+\gamma_2(0,1,-6,4)=$$

$=(\gamma_1,\gamma_2,4-9\gamma_1-6\gamma_2,-3+6\gamma_1+4\gamma_2)$, gdzie γ_1 and γ_2 są jakiekolwiek numery z R.

EKSPERCJE

1. Rozwiązuj układ równań metodą gaussowską i przy pomocy determinantów

$$\begin{cases} 2x_1 + x_2 + 3x_3 + 4x_4 = 11; \\ 7x_1 + 3x_2 + 6x_3 + 8x_4 = 24; \\ 3x_1 + 2x_2 + 4x_3 + 5x_4 = 14; \\ x_1 + x_2 + 3x_3 + 4x_4 = 10; \end{cases}$$

2. Zdefiniować podstawę i wymiar podprzestrzenny, tworzone przez zestaw rozwiązań jednorodnego układu równań:

a) $\begin{cases} 3x_1 + 5x_2 - x_3 + 2x_4 = 0; \\ 2x_1 + 4x_2 - x_3 + 3x_4 = 0; \\ x_1 + 3x_2 - x_3 + 4x_4 = 0; \end{cases}$ b) $\begin{cases} x_1 + 4x_2 - 3x_3 + 6x_4 = 0; \\ 2x_1 + 5x_2 + x_3 + 2x_4 = 0; \\ x_1 + 7x_2 - 10x_3 + 20x_4 = 0; \end{cases}$

3. Czy układ równań jest spójny t? Jeśli jest spójny, to go rozwiąż:

a) $\begin{cases} x_1 + x_2 + x_3 = 3 \\ x_1 + x_2 - 3x_3 = -1 \\ 2x_1 + x_2 - 2x_3 = 1 \\ x_1 + 2x_2 - 3x_3 = 1 \end{cases}$ b) $\begin{cases} x_1 - 2x_2 - 3x_3 = -3 \\ x_1 + 3x_2 - 5x_3 = 0; \\ -x_1 + 4x_2 + x_3 = 3 \\ 3x_1 + x_2 - 13x_3 = -6 \end{cases}$

c) $\begin{cases} 2x_1 + x_2 - x_3 - x_4 + x_5 = 1 \\ x_1 - x_2 + x_3 + x_4 - 2x_5 = 0 \\ 3x_1 + 3x_2 - 3x_3 - 3x_4 + 4x_5 = 2 \\ 4x_1 + 5x_2 - 5x_3 - 5x_4 + 7x_5 = 3 \end{cases}$ d) $\begin{cases} 2x_1 - x_2 + x_3 - 5x_4 = 4 \\ 2x_1 + 3x_2 - 3x_3 + x_4 = 2 \\ 8x_1 - x_2 + x_3 - x_4 = 1 \\ 4x_1 - 3x_2 + 3x_3 + 3x_4 = 2 \end{cases}$

e) $\begin{cases} x_1 + 2x_2 + x_3 - x_4 + x_5 = -1 \\ 2x_1 + 5x_2 + 6x_3 - 5x_4 + x_5 = 0 \\ x_1 - 2x_2 + x_3 - x_4 - x_5 = 3 \\ x_1 + 3x_2 + 2x_3 - 2x_4 + x_5 = -1 \\ x_1 - 4x_2 + x_3 + x_4 - x_5 = 3 \end{cases}$

4. Zdefiniowanie rozwiązania systemu za pomocą matrycy odwrotnej

$$\begin{cases} x_1 + 4x_2 - 7x_3 + 6x_4 = 0 \\ x_1 - 3x_2 - 6x_4 = 9 \\ 2x_1 + x_2 - 5x_3 + x_4 = 8 \\ 2x_2 - x_3 + 2x_4 = -5 \end{cases}$$

ROZDZIAŁ 8
REDUKCJA MATRYCY

Niech K będzie przestrzenią wektorową o skończonym wymiarze n powyżej pola P. I niech f będzie liniowym odwzorowaniem przestrzeni K na K. *Za pomocą* zwykłego izomorfizmu przestrzeni K i $P^{n\, dochodzimy}$ do liniowego odwzorowania P^n na P^n. Odwzorowanie to określa kwadratową matrycę z n rzędów i n kolumn, zależną od wybranej podstawy w K. Spróbujemy znaleźć w K taką konkretną podstawę, w stosunku do której ograniczona f matryca miałaby najprostszą formę.

§ 1. MATRYCA PRZEJŚCIA Z JEDNEJ PODSTAWY DO ANETHER

Niech $\vec{\ell}_1, \vec{\ell}_2,...\vec{\ell}_n$ - początkowa podstawa przestrzeni K, i $\vec{\ell}'_1, \vec{\ell}'_2,...\vec{\ell}'_n$ - jej nowa podstawa. Będziemy wyrażać wektory $\vec{\ell}'_1, \vec{\ell}'_2,...\vec{\ell}'_n$ przez wektory $\vec{\ell}_1, \vec{\ell}_2,...\vec{\ell}_n$, tworząc pierwszą podstawę. Mamy $\vec{\ell}'_j = \tau_{1j}\vec{\ell}_1 + \tau_{2j}\vec{\ell}_2 + ... + \tau_{nj}\vec{\ell}_n$, $j = 1, 2..., n$. Współrzędne τ_{ij} wektorów $\vec{\ell}'_j$ w podstawie $\vec{\ell}_1, \vec{\ell}_2,...\vec{\ell}_n$ można zapisać jako matrycę:

$$T = \begin{pmatrix} \tau_{11}\tau_{12}...\tau_{1n} \\ \tau_{21}\tau_{22}...\tau_{2n} \\ .... \\ \tau_{n1}\tau_{n2}...\tau_{nn} \end{pmatrix}, -$$

tutaj kolumny matrycowe - są współrzędnymi wektorów $\vec{\ell}'_1, \vec{\ell}'_2,...\vec{\ell}'_n$ na podstawie $\vec{\ell}_1, \vec{\ell}_2,...\vec{\ell}_n$.

Definicja. Matryca T, której kolumna - wektory są utworzone ze współrzędnych wektora nowej podstawy wyrażonych przez początkową podstawę, jest określana jako ***macierz przejścia*** z jednej podstawy na drugą.

Matryca przejścia T posiada następujące właściwości:

1. Ponieważ i $\vec{\ell}'_1, \vec{\ell}'_2,...\vec{\ell}'_n$ $\vec{\ell}_1, \vec{\ell}_2,...\vec{\ell}_n$ - są to podstawy o tej samej przestrzeni K, ich liczba jest identyczna, a dekompozycja w odniesieniu do

podstawy jest unikalna. Dlatego też matryca *T* jest zawsze kwadratowa również jest jednoznacznie zdefiniowana.

2. Kolumna - wektory macierzy *T* są liniowo niezależne (są to wektory podstawy). Tak więc, ranga *r (T)* macierzy przejścia *T* jest równa *n*; oznacza to, że wyznacznik *D(T)* $\neq 0$i macierz T ma zawsze odwrotność T-1, która będzie matrycą przejścia od do $\vec{\ell}'_1, \vec{\ell}'_2, ... \vec{\ell}'_n$ $\vec{\ell}_1, \vec{\ell}_2, ... \vec{\ell}_n$.

Matryca przejścia *T* przedstawia biurowe mapowanie $\vec{x} = T(\vec{x}')$ przestrzeni *Pn* na siebie. Naprawdę, niech $\vec{a}$ - będzie każdy element z *K*. Mamy

$$\vec{a} = \lambda_1 \vec{\ell}_1 + \lambda_2 \vec{\ell}_2 + \ldots + \lambda_n \vec{\ell}_n = \lambda'_1 \vec{\ell}' + \lambda'_2 \vec{\ell}'_2 + \ldots + \lambda'_n \vec{\ell}'_n;$$

jeśli wyrazimy $\vec{\ell}'_j$ through$\vec{\ell}_i$ i T, otrzymamy

$$\lambda_j = \tau_{j1}\lambda'_1 + \tau_{j2}\lambda'_2 + \ldots + \tau_{jn}\lambda'_n, \quad j = 1,2,\ldots n.$$

Wektory i $\vec{x} = (\lambda_1, \lambda_2, \ldots \lambda_n)$ $\vec{x}' = (\lambda'_1, \lambda'_2, \ldots \lambda'_n)$należą do przestrzeni P^n, a więc$\vec{x} = T(\vec{x}')$. Rozkład pod względem podstaw jest unikalny i odwracalny (istnieje odwrotna macierz *T-1*), stąd$\vec{x} = T(\vec{x}')$ - jest biunique mapping.

Jako oczywistą ilustrację macierzy przejścia rozważymy ją dla przestrzeni geometrycznej, w której macierz przejścia jest połączona z transformacją układu współrzędnych i określa liniowe mapowanie *R3* na *R3*.

1.1. Matryca przejścia połączona z systemem transformacja współrzędnych w przestrzeni geometrycznej

Zapiszemy matrycę przejściową w przestrzeni geometrycznej dla podstaw ortodontycznych. Wybierzmy jako pierwszą bazę$\vec{i}, \vec{j}, \vec{k}$ i połączymy z nią układ współrzędnych x, y, z, a jako drugą$\vec{i}', \vec{j}', \vec{k}'$ i połączymy z nią układ współrzędnych x ', y ', z ' (rys. 2.8). Następnie

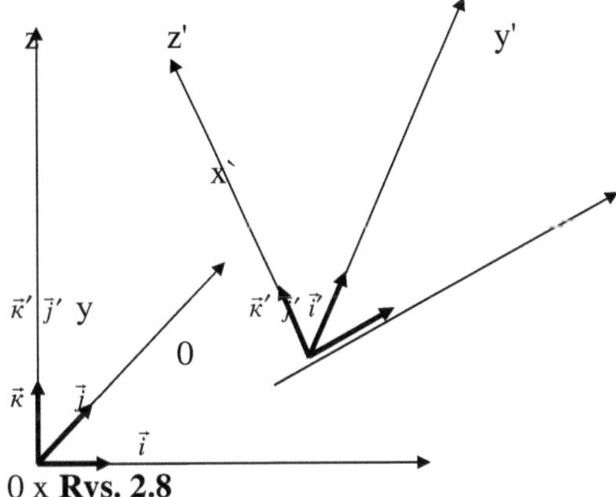

Rys. 2.8

$$\vec{i}' = \tau_{11}\vec{i} + \tau_{21}\vec{j} + \tau_{31}\vec{k}$$

$$\vec{j}' = \tau_{12}\vec{i} + \tau_{22}\vec{j} + \tau_{32}\vec{k} \qquad (8.1)$$

$$\vec{k}' = \tau_{13}\vec{i} + \tau_{23}\vec{j} + \tau_{33}\vec{k} \ .$$

Jeśli pomnożymy pierwszy rząd przez kolejność, biorąc pod uwagę $\vec{i}, \vec{j}, \vec{k}$, że

$\vec{i}\vec{j} = \vec{i}\vec{k} = \vec{j}\vec{k} = 0,$ oraz $\vec{i}\vec{i} = \vec{j}\vec{j} = \vec{k}\vec{k} = 1,$

wtedy otrzymamy $\tau_{11} = \vec{i}'\vec{i} = \cos(\vec{i}'\,\vec{i});\ \tau_{21} = \vec{i}'\vec{j} = \cos(\vec{i}'\,\vec{j});\ \tau_{31} = \cos(\vec{i}'\vec{k}).$

Jeśli zrobimy to samo z drugim i trzecim rzędem równości, możemy zdefiniować $\tau_{12} = \cos(\vec{j}'\,\vec{i}); \tau_{22} = \cos(\vec{j}'\,\vec{j}); \tau_{32} = \cos(\vec{j}'\,\vec{k});$ $\tau_{13} = \cos(\vec{k}'\vec{i});:$ $\tau_{23} = \cos(\vec{k}'\vec{j}); \tau_{33} = \cos(\vec{k}'\,\vec{k}).$

Zatem macierz przejścia T jednej podstawy ortonormalnej do innej podstawy ortonormalnej, związana z transformacją układu współrzędnych w przestrzeni geometrycznej, ma postać

$$T=\begin{pmatrix}\tau_{11} & \tau_{12} & \tau_{13}\\ \tau_{21} & \tau_{22} & \tau_{23}\\ \tau_{31} & \tau_{32} & \tau_{33}\end{pmatrix}=\begin{pmatrix}\cos(\vec{i}'\vec{i}) & \cos(\vec{j}'\vec{i}) & \cos(\vec{k}'\vec{i})\\ \cos(\vec{i}'\vec{j}) & \cos(\vec{j}'\vec{j}) & \cos(\vec{k}'\vec{j})\\ \cos(\vec{i}'\vec{k}) & \cos(\vec{j}'\vec{k}) & \cos(\vec{k}'\vec{k})\end{pmatrix} \qquad (8.2)$$

a jego elementy są wyznaczane przez cosinusy kątów, które powstają przy obracaniu nowego układu współrzędnych w stosunku do poprzedniego. Jeśli obrót układu współrzędnych przy ich transformacji nie występuje, a obserwuje się go przy równoległym przesunięciu układu współrzędnych,

to $\cos(\vec{i}'\vec{i})=\cos(\vec{j}'\vec{j})=\cos(\vec{k}'\vec{k})=1$, i inne cosinusy są równe zeru. Dlatego macierzą przejściową dla równoległego przesunięcia układu współrzędnych jest macierzą tożsamości

$$T=E=\begin{pmatrix}1\ldots\ 0\ldots 0\\ \ldots\ldots\ldots\\ 0\ldots 1\ldots 0\\ \ldots\ldots\ldots\\ 0\ldots\ 0\ldots 1\end{pmatrix}.$$

Teraz rozważymy matrycę przejściową T jako matrycę liniowego mapowania $\vec{v}=T(\vec{v}')$ przestrzeni *R3* na siebie. Niech $\vec{r}=x'\vec{i}'+y'\vec{j}'+z'\vec{k}'$ - promień - wektor jakiegoś punktu *M* w układzie współrzędnych x', y', z'. W układzie współrzędnych *x, y, z* ten sam wektor ma rozkład:

$$\vec{r}=(x-x_0)\vec{i}+(y-y_0)\vec{j}+(z-z_0)\vec{k},$$

gdzie *x0, y0, z0* są współrzędnymi pochodzenia współrzędnych x', y', z' w układzie współrzędnych *x, y, z*. Następnie wektor $\vec{v}=(x-x_0, y-y_0, z-z_0)$, i $\vec{v}'=(x', y', z')$ należą one do przestrzeni *R3*. Dlatego mapowanie $\vec{v}=T(\vec{v}')$ w formie współrzędnych jest przedstawiane jako:

$$\begin{pmatrix}x-x_0\\ y-y_0\\ z-z_0\end{pmatrix}=T\begin{pmatrix}x'\\ y'\\ z'\end{pmatrix}$$ lub (8 . 3 $X-X_0=T\cdot X'$)

Stąd otrzymujemy wzór na zmianę współrzędnych punktu *M* w transformacji układu współrzędnych ogólnie, gdy mamy zarówno przesunięcie równoległe, jak i obrót układu współrzędnych.

$$\begin{pmatrix} x \\ y \\ z \end{pmatrix} = T\begin{pmatrix} x' \\ y' \\ z' \end{pmatrix} + \begin{pmatrix} x_0 \\ y_0 \\ z_0 \end{pmatrix} \quad \text{lub (} \quad 8 \quad . \qquad 4\,X = TX' + X_0)$$

We wzorach (8.3) i (8.4) przyjmujemy, że są one znane $X' = \begin{pmatrix} x' \\ y' \\ z' \end{pmatrix}$ i

$X_0 = \begin{pmatrix} x_0 \\ y_0 \\ z_0 \end{pmatrix}$ tzn. współrzędne punktu *M* w nowym układzie współrzędnych są znane i należy określić współrzędne punktu w starym układzie.

Odwrotny problem jest bardziej naturalny, gdy x_0 и X są znane i wymagane jest zdefiniowanie X'. W tym przypadku zakładamy $\vec{v} = (x, y, z)$, a $\vec{v}' = (x' + x_0, y' + y_0, z' + z_0)$, a następnie

$$\begin{pmatrix} x \\ y \\ z \end{pmatrix} = T\begin{pmatrix} x' + x_0 \\ y' + y_0 \\ z' + x_0 \end{pmatrix} \text{ or } \mathrm{X} = \mathrm{T}(\mathrm{X}' + \mathrm{X}_0),$$

skąd

$$\begin{pmatrix} x' + x_0 \\ y' + y_0 \\ z' + x_0 \end{pmatrix} = T^{-1}\begin{pmatrix} x \\ y \\ z \end{pmatrix} \text{ or } \mathrm{X}' = \mathrm{T}^{-1}\mathrm{X} - \mathrm{X}_0. \qquad (8.5)$$

1.2. Ortogonalne matryce przejścia

Jeśli podniesiemy do drugiej potęgi wszystkie rzędy równań (8.1) lub pomnożymy je przez siebie, otrzymamy następujący system równości:

$\tau_{1\alpha} \tau_{1\gamma} + \tau_{2\alpha} \cdot \tau_{2\gamma} \qquad = + \tau_{3\alpha} \tau_{3\gamma} \delta_{\alpha\gamma}$,, (8.6)

gdzie $\delta_{\alpha\gamma}$,,,, - jest symbol Kroneckerα=1,2,3,γ=1,, 2,3.

Stąd w macierzy *T* (8.2) suma kwadratów elementów znajdujących się w każdej kolumnie jest równa 1, a suma iloczynów odpowiednich elementów dwóch dowolnych kolumn ($\alpha \neq \gamma$) jest równa zero). Matryce tego typu określane są jako ***ortogonalne.***

System równości (8.6), który istnieje dla elementów osnowy ortogonalnej *T*, można przepisać również jako warunek *T-T=E* lub *TT=T-1*, gdzie *TT* - jest osnową transponowaną, a *T-1* - jest osnową odwrotną do *T*.

Następnie, jeśli wektor $\vec{\tau}_j$ *j* kolumny w *T* ze składowymi $(\tau_{1j}, \tau_{2j}, \tau_{3j})$, stosunek (8.6) oznacza, że iloczyn skalarny $\vec{\tau}_j \cdot \vec{\tau}_i = \delta_{ji}$, *j* = *1, 2,* 3, *i* = 1, 2, 3, a więc wektory kolumny $\vec{\tau}_j$, *j* = 1, 2, 3 ortogonalnej macierzy *T* tworzą ortonormalną podstawę.

Podana definicja macierzy ortogonalnych jest stosowana nie tylko dla macierzy przejściowych trzeciego rzędu *n* = 3, ale także dla macierzy rzędu *n*> *3*.

Definicja. Matryca kwadratowa *S* = (σ_{ij}), gdzie *i* = 1, 2, ..., *n*, *j* = 1, 2, ... , *n*, dla którego $^{ST\text{-}S=E}$ (lub $_{1i}\sigma\sigma_{1j\,2i}+\sigma\sigma_{2j}$...... + $+\sigma_{ni}\sigma_{nj\,ij}=\delta$, gdzie $_{ij}\delta$ - symbol Kroneckera), jest określany jako ***ortogonalny***.

Z definicji tej wynika również, że aby matryca była ortogonalna, konieczne i wystarczające jest, aby jej wektory kolumnowe (lub rzędowe - wektory) tworzyły ortonormalną podstawę w R^n.

Determinant *D (S)* matrycy ortogonalnej *S* jest równy +1 lub-1. W rzeczywistości, ponieważ wyznacznik iloczynu macierzowego jest równy iloczynowi wyznaczników mnożnikowych, to *D(S-ST)* = *D(S)* - *D*(ST) = *[D(S)]* ^{2} = *D(E)* = 1 i stąd *D(S)* = ±1. Wartości +1 i-1 odpowiadają różnej orientacji kolumna - wektory, tworzące podstawę. Jeśli więc jako kolumnę - wektory w *S* wybierzemy kanoniczną podstawę ortoniczną $\vec{\ell}_1 = (1,0,...,0)$, $\vec{\ell}_2 = (0,1,0,...,0)$,........ , $\vec{\ell}_n = (0,0,.....,1)$ otrzymamy *S=E* i *D(S)=+1*. Jeżeli przyjmiemy ortogonalną podstawę $\vec{\ell}_2 = (0,1,0,...,0)$,..... $\vec{\ell}_1 = (1,0,...,0)$,, $\vec{\ell}_{n-1} = (0,0,...,1,0), -\vec{\ell}_n = (0,0,...,-1)$ to ortogonalna macierz *S'* odpowiednia do niej będzie miała wyznacznik *D (S') =-1.*

§ 2. ZMIANA LINIOWEJ MATRYCY MAPUJĄCEJ PRZY ZMIANIE BAZY

Rozważmy liniowe mapowanie f n przestrzeni wymiarowej K powyżej pola P w m przestrzeni *wymiarowej* F powyżej pola P i jeśli w przestrzeni K podstawa $\vec{v}_1, \vec{v}_2, ..., \vec{v}_m$ jest ustawiona, a w przestrzeni F podstawa $\vec{v}_1, \vec{v}_2, ..., \vec{v}_m$, to mapowanie f jest związane z macierzą A, reprezentującą liniowe mapowanie przestrzeni P^n na P^m, $\vec{x} \in P^n, \vec{y} \in P^m$. Przekażmy w tych przestrzeniach odpowiednio innym podstawom i $\vec{\ell}'_1, \vec{\ell}'_2, ... \vec{\ell}'_n$ $\vec{v}'_1, \vec{v}'_2, ..., \vec{v}'_m$, które są połączone z podstawami początkowymi z macierzą przejścia и $S : \vec{\ell}' \to \vec{\ell}\, T : \vec{v}' \to \vec{v}$. Naszym zadaniem jest ustalenie, jakiego rodzaju matrycę A *przyjmą* bazy $\vec{\ell}'$ i $\vec{v}'$. Oznaczmy tę przekształconą matrycę B.

Uwzględnimy każdy wektor $\vec{x}$ z przestrzeni P^n, a jego obraz $\vec{y} = A(\vec{x})$ z przestrzeni P^m w bazach i $\vec{\ell}\, \vec{v}$. Przy zmianie baz Pn i Pm są mapowane do siebie za pomocą macierzy przejścia S i T. Tak więc wektory $\vec{x}'$ i będą $\vec{y}'$ odpowiednio preimages wektorów i $\vec{x} = S(\vec{x}')\, \vec{y} = T(\vec{y}')$. Następnie matryca B jest ustawiana za pomocą współczynnika, a następnie B=T-$1AS$. Jest to również wymagany wzór na określenie zależności między macierzami A i B, reprezentującymi to samo liniowe odwzorowanie f z przestrzeni K do przestrzeni F, przy zmianie podstaw w nich, określonych przez macierze przejścia S i T.

Jeśli F=K, i początkowe, a także nowe podstawy w przestrzeniach K i F pokrywają się, to A i S = T *będą* kwadratowymi matrycami tego samego rzędu. Następnie otrzymujemy B=$T^{\text{-1AT}}$; B jest określane jako macierz przekształcona z A *za* pomocą T; macierze B i A są określane jako ***podobne macierze.*** Jeżeli A jest odwracalne, to $T^{-1}(A^{-1})T=(T^{\text{-1AT}})^{\text{-1=B -1}}$.

Teraz spróbujemy zdefiniować w K taką konkretną podstawę, w stosunku do której kwadratowa matryca związana z f, która określa mapowanie P^n na $P^{n,}$ miałaby najprostszą formę.

2.1. Wartości własne, wektory własne matrycy kwadratowej

Możemy łatwo wykazać, że równość B = $T^{\text{-1AT}}$ powoduje równość determinantów: D (B) = D (A). Naprawdę, z zasady mnożenia determinantów, mamy

$$D(B) = D(T^{-1})\text{-}D(A)\text{-}D(T) = D(A)D(E) = D(A)\text{-}1 = D(A).$$

Z drugiej strony, matryca przekształcona z matrycy tożsamości, jest matrycą tożsamości: $T^{-1ET} = E$, więc dla każdego $\rho \in P$ mamy

$$B - E\rho = T^{-1}(A - E\rho)T,$$

a następnie wyznacznik $D(A - E\rho)$ zależy tylko od mapowania liniowego f i nie zależy od wyboru konkretnej podstawy w K.

$$\text{Jeżeli} \quad A = \begin{pmatrix} \alpha_{11}\ \alpha_{12} \ldots \alpha_{1n} \\ \alpha_{21}\ \alpha_{22} \ldots \alpha_{2n} \\ \ldots\ldots\ldots\ldots \\ \alpha_{n1}\ \alpha_{n2} \ldots \alpha_{nn} \end{pmatrix},$$

$$\text{potem i}\, A - \rho E = \begin{pmatrix} \alpha_{11} - \rho & \alpha_{12} & \cdots & \alpha_{1n} \\ \alpha_{21} & \alpha_{22} - \rho & \cdots & \alpha_{2n} \\ \ldots & \ldots & \ldots & \ldots \\ \alpha_{n1} & \alpha_{n2} & \cdots & \alpha_{nn} - \rho \end{pmatrix}$$

$D(A\text{-}\rho E)^{n} = (-1)\rho^{n} + qn\text{-}1\rho^{n-1} + qn\text{-}2\rho^{n-2} + ... + q1\ D\rho + (A)$, jest wielomianem ρ mocy, który jest dokładnie równy n. Nie mamy potrzeby zapisywać, jakie współczynniki qi, są równe.

Definicja 1. Wielomian $D(A\text{-}\rho E)$ jest określany jako wielomian ***charakterystyczny*** dla mapowania f.

Jego współczynniki zależą tylko od mapowania liniowego f i nie zależą od wyboru podstawy w K. *To* samo będzie dotyczyło zer tego wielomianu i ich wielości.

Definicja 2. ***Wartości własne*** lub ***charakterystyczne*** numery mapowania f są określane jako zera charakterystycznych wielomianów $D(A\text{-}\rho E)$ i. tj. korzeni równania $D(A\text{-}\rho E) = 0$ - równanie to jest określane jako ***charakterystyczne.***

Jeśli P jest polem C liczb złożonych, to wielomian mocy n ma dokładnie n zer należących do C; jeśli liczymy każde zero wiele razy, jak to jest jego wielokrotność (fundamentalne twierdzenie algebry). Dlatego odtąd będziemy zakładać, że P t jest polem C.

Niech ρ_1 będzie wartością własną, tak rzeczywistą lub złożoną, że $D(A\text{-}\rho_1 E) = 0$. Następnie macierz $A\text{-}\rho_1 E$ jest nieodwracalna, i niech będzie co najmniej jeden taki niezerowy wektor$\vec{u}_1' \in C^n$, tak aby $(A - \rho_1 E)(\vec{u}') = \vec{0}$, i.e. $A(\vec{u}_1') = \rho_1 \vec{u}_1'$. Odwrotnie, jeśli istnieje taki niezerowy wektor,$\vec{u}_1' \in C^n$ tak, że$A(\vec{u}_1') = \rho_1 \vec{u}_1'$, to rozumowanie, które jest odwrotne do wymienionych, ustalamy, żeρ_1 jest wartością własną.

Definicja 3. Wektor $\vec{u}_1'$jest określany jako ***wektor*** macierzysty *A*, należący do wartości własnej ρ_1, jeżeli$A(\vec{u}_1') = \rho_1 \vec{u}_1'$, z$\vec{u}_1' \neq \vec{0}$.

Jeśli$\vec{u}_1$ jest to wektor od *K*, adekwatny do wektora$\vec{u}_1' \in C^n$, to $f(\vec{u}_1) = \rho_1 \vec{u}_1$pokazuje to, że jak i $\vec{u}_1 \rho_1$ zależą tylko od*f*.

Wektor ten$\vec{u}_1$ jest określany jako ***wektor macierzysty*** mapowania liniowego*f*.

Wymieńmy niektóre właściwości eigenwektorów i wartości własne macierzy *A*, które są również właściwościami eigenwektorów i wartości własnych mapowania liniowego*f*.

1. Każdy wektor własny odpowiada unikalnemu właściwemu numerowi.

2. Jeżeli$\vec{u}'$ - jest eigenwektorem macierzy *A* o odpowiedniej liczbieρ , to każdy wektor$\lambda\vec{u}'$, który jest współliniowy do wektora$\vec{u}'$, jest również eigenwektorem macierzy *A* o tej samej liczbieρ.

3. Jeżeli i $\vec{u}_1' \vec{u}_2'$są wektorami własnymi macierzy *A o tej samej liczbie* właściwejρ, to ich suma$\vec{u}_1'$ + $\vec{u}_2'$również jest wektorem własnym macierzy *A* o tej samej liczbieρ .

Z właściwości 2 i 3 wynika, że każdy właściwy odpowiada nieskończonemu zestawowi (współliniowych) wektorów własnych. Zestaw ten wraz z wektorem zerowym, który zawsze jest wektorem własnym, tworzy podprzestrzeń C^n, jeżeli dotyczy $\vec{u}'$ wektorów własnych macierzy, oraz przestrzeń *K*, jeżeli dotyczy $\vec{u}$ wektorów własnych mapowania liniowego*f*.

4. Jeżeli wektory własne $(\vec{u}_1', \vec{u}_2', \cdots, \vec{u}_k'$lub $\vec{u}_1, \vec{u}_2, \cdots, \vec{u}_k)$ należą do różnych wartości własnych, są one liniowo niezależne.

Ostatni element pozwala na rozwiązanie problemu redukcji matrycy kwadratowej do prostszej formy.

2.2. Redukcja matrycy kwadratowej do formy przekątnej

Wektory własne mapowania $\vec{u}_1, \vec{u}_2, \ldots, \vec{u}_n$ liniowego *f*, należące do różnych wartości własnych tego mapowania i będące liniowo niezależne, mogą stanowić podstawę przestrzeni *K* wymiaru *n*. Możliwe jest, na przykład, jeśli mapowanie *f* ma *n* różnych wartości własnych; załóżmy, że istnieje; wyznaczymy je przez ...$\rho_1, \rho_2,, \rho_n$. Wszystkie one służą jako proste zera charakterystycznego wielomianu.

Niech $\vec{u}_i$ - eigenwektory należące do wartości własnych ρ_i for $i = 1,2,\ldots,n$, stanowią podstawę przestrzeni *K*. Teoretycznie może się zdarzyć, że mapowanie liniowe ma mniej niż *n* wartości własnych, ale mimo to ma podstawę z eigenwektorów.
Niech będzie $\vec{x} = \lambda_1 \vec{u}_1 + \lambda_2 \vec{u}_2 + \ldots + \lambda_n \vec{u}_n$ dowolny wektor od *K*, i $\vec{x}' = \lambda_1, \lambda_2, \ldots, \lambda_n$ - odpowiadający mu wektor w *Cn*. $\vec{y} = f(\vec{x}) = \lambda_1 f(\vec{u}_1) + \ldots + \lambda_n f(\vec{u}_n) = \lambda_1 \rho_1 \vec{u}_1 + \lambda_2 \rho_2 \vec{u}_2 + \ldots + \lambda_n \rho_n \vec{u}_n . \vec{x}'$ Z tego wynika, że odpowiadający mu wektor w C^n będzie wektorem $\vec{y}' = (\lambda_1 \rho_1, \lambda_2 \rho_2, \ldots, \lambda_n \rho_n)$; tak więc, okazuje się, że za pomocą diagonalnej matrycy

$$U = \begin{pmatrix} \rho_1 \ldots 0 \ldots 0 \\ \ldots\ldots\ldots\ldots \\ 0 \ldots \rho_{\mathrm{i}} \ldots 0 \\ \ldots\ldots\ldots\ldots \\ 0 \ldots 0 \ldots \rho_{\mathrm{n}} \end{pmatrix};$$

Tak więc, jeżeli $\vec{u}_1, \vec{u}_2, \ldots, \vec{u}_n$ za podstawę weźmiemy wektory własne w *K*, to mapowanie przestrzeni C^n na C^n, odpowiadające mapowaniu *f*, jest ustawiane przez przekątną macierzy *U*. Jeżeli $\vec{\ell}_1, \vec{\ell}_2, \ldots, \ell_n$ - dowolna podstawa w *K*, to
$\vec{u}_j = \alpha_{1j} \vec{\ell}_1 + \alpha_{2j} \vec{\ell}_2 + \ldots + \alpha_{nj} \vec{\ell}_n$ dla j = *1,2, ...,* *n* i matrycy przejściowej

$$T = \begin{pmatrix} \alpha_{11}\ \alpha_{12} \ldots \alpha_{1n} \\ \alpha_{21}\ \alpha_{22} \ldots \alpha_{2n} \\ \ldots\ldots\ldots\ldots\ldots\ldots \\ \alpha_{n1}\ \alpha_{n2} \ldots \alpha_{nn} \end{pmatrix}.$$

Niech *A* - będzie matrycą reprezentującą mapowanie *f*, gdy $\vec{\ell}_1, \vec{\ell}_2, \ldots, \ell_n$przyjmuje się za podstawę w *K*; następnie *U=T-1AT*. Dlatego też istnieje taka odwracalna matryca *T*, że matryca przekształcona z *A* za pomocą *T*, będzie diagonalną matrycą *U*. Matryca *U* nie jest unikalna, ponieważ możliwa jest zmiana kolejności wektorów$\vec{u}_1, \vec{u}_2, \ldots \vec{u}_n$; jeśli jednak istnieje diagonalna matryca

$$W = \begin{pmatrix} \beta_1 0 \ldots 0 \\ 0\ \ \beta_2 ..0 \\ \ldots\ldots\ldots \\ 0\ \ 0 \ldots \beta_n \end{pmatrix}$$ przekształcony z A, potem $D(W - \rho E) = D(A - \rho E)$. . ,

i. e. (Księga 2, Rozdział 3, § 4),

$(-1)^n(\rho-\beta_1)(\rho-\beta_2)\cdot\ldots\cdot(\rho-\beta_n)=(-1)^n(\rho-\rho_1)\cdot(\rho-\rho_2)\cdot\ldots\cdot(\rho-\rho_n)$, a więc liczby , $\ldots\beta_1, \beta_2, \beta_n$ dokładne w ramach sekwencji są wartościami własnymi, a *W* istnieje jedna z matryc rodzaju *U*.

Zauważymy, że wektor podprzestrzenny wektora wektorów własnych należących do jednej wartości własnej, ma wymiar równy jeden. Rzeczywiście, jeśli i $\vec{u}_1$ $\vec{v}_1$- są to dwa wektory własne należące do wartości własnejρ_1, to oba należą do podprzestrzeni wektorowej, która jest uzupełnieniem *n-1-wymiarowej* przestrzeni wektorowej generowanej przez wektory, a$\vec{u}_2, \ldots, \vec{u}_n$ więc do wektorowej podprzestrzeni wymiaru, jest jeden. Dlatego też$\vec{v}_1 = \lambda\vec{u}_1$ $\lambda \in C$ (jeżeli)$\lambda \neq 0$.

Jeśli wszystkie wartości własne nie są różne, nie zawsze możliwe jest zdefiniowanie macierzy przekątnej reprezentującej mapowanie liniowe. Jednak w tym przypadku możliwe jest określenie macierzy ujawniającej wartości własne i posiadającej formę, która jest łatwa do obliczenia. W celu rozważenia tego przypadku odsyłamy czytelnika do literatury specjalistycznej.

Dla przestrzeni rzeczywistej *Rn* złożone korzenie charakterystycznego równania nie mogą być wartościami własnymi, ponieważ nie potrzebują one równości $A(\vec{x}) = \lambda\vec{x}$, ponieważ współrzędne wektora $\vec{x}$ i członów macierzy *A* należą do pola *R* liczb rzeczywistych. Dlatego liniowe mapowanie *Rn* na *Rn,* ustawione przez matrycę *A* nad polem *R* liczb rzeczywistych, dla których równanie charakterystyczne ma tylko złożone - sprzężone korzenie (tzn. żaden korzeń rzeczywisty), nie ma wartości własnych (moc takiego wielomianu charakterystycznego powinna być parzysta). Jeśli jednak mapowanie liniowe *Rn* na *Rn* jest ustawione przez symetryczną matrycę *A,* to wszystkie korzenie charakterystycznego równania takiej matrycy są realne; wszystkie należące do nich eigenwektory mogą być wybrane jako realne. W tym przypadku wektory własne macierzy *A* stanowią podstawę, a na tej podstawie macierz mapowania liniowego ma charakter przekątny. Rozważmy to na przykładzie redukcji symetrycznej rzeczywistej matrycy *A* do rodzaju przekątnej, która określa formę kwadratowo-prawną na *Rn.*

§ 3. RZECZYWISTE FORMY LINIOWE I KWADRATOWE

Rozważmy przestrzeń wektorową R^n powyżej pola *R*, w którym $\vec{\ell}_1, \vec{\ell}_2, ..., \vec{\ell}_n$ podano podstawę i niech $\vec{x} = \mu_1\vec{\ell}_1 + \mu_2\vec{\ell}_2 + ...\mu_n\vec{\ell}_n$ - będzie dowolnym wektorem tej przestrzeni,$\mu_i \in R$.

Definicja 1. Rzeczywista forma liniowa φjest określana jako liniowe odwzorowanie przestrzeni R^n na *R*, które każde $\vec{x} \in R^n$ zestawia z numerem $\varphi(\vec{x}) = \sum_{i=1}^{n} \lambda_i \mu_i$ od *R,* gdzie ${}_i\lambda\, {}_i\mu$ - są to liczby od *R* . Liniowa forma nazywana jest również jednorodną formą prostą i najczęściej zapisywana jest w następującej formie:

$\varphi(\vec{x}) = a_1x_1 + a_2x_2 + ... + a_nx_n$, gdzie $\vec{x} = (x_1, x_2, ..., x_n) \in R^n$.

Definicja 2. Rzeczywista forma kwadratowa ω jest określana jako liniowe mapowanie R^n na *R,* które każdy $\vec{x} \in R^n$ umieszcza w numerze zgodności od$\varpi(\vec{x})=\sum_{i=1}^{n}\left(\sum_{j=1}^{n}\sigma_{ij}\mu_i\mu_j\right)$ R gdzie μ_κ - są to współrzędne wektora $\vec{x}$, σ_{ij} - są to liczby od R, dla których równość $\sigma_{ij}=\sigma_{ji}$ jest spełniona.

Z definicji wynika, że $\omega(\lambda\vec{x})=\lambda^2\omega(\vec{x})$. Dlatego też kwadratowa forma prawna jest jednorodną formą drugiej mocy.

Przykład

$$\vec{x}=(x_1,x_2,x_3)\ ;\quad \omega(\vec{x})=\sum_{i=1}^{n}\left(\sum_{j=1}^{n}\sigma_{ij}x_ix_j\right)=$$

$$=\ \sigma_{11}x_1^2+\sigma_{22}x_2^2+\sigma_{33}x_3^2+2\sigma_{12}x_1x_2+2\sigma_{13}x_1x_3+2\sigma_{23}x_2x_3\ .$$

3.1. Redukcja formy prawa kwadratowego do typu kanonicznego

Forma kwadratowa może być zapisana również za pomocą matrycy. W tym celu umieśćmy wektor $\vec{x}=(\mu_1,...,\mu_n)$ z $R^{\,n}$ zgodnie z dwoma matrycami: kolumna - matryca $X=\begin{pmatrix}\mu_1\\ \mu_2\\ \vdots\\ \mu_n\end{pmatrix}$ i rząd - matryca $X\ T$ = (

$n)\mu_1,\mu_2,...,\mu$. Oczywiste jest, że $X\ T$ jest transponowaną matrycą do X. Dla współczynników σ_{ij} formy prawa kwadratowego wprowadzimy rzeczywistą matrycę

$$A=\begin{pmatrix}\sigma_{11}\ \sigma_{12}\ldots\sigma_{1n}\\ \sigma_{21}\ \sigma_{22}\ldots\sigma_{2n}\\ \ldots\ldots\ldots\ldots\ldots\\ \sigma_{n1}\ \sigma_{n2}\ldots\sigma_{nn}\end{pmatrix}.$$ Następnie

$$\omega(\vec{x})=\sum_{i=1}^{n}\left(\sum_{j=1}^{n}\sigma_{ij}\mu_i\mu_j\right)=\sum_{i=1}^{n}\mu_i\left(\sum_{j=1}^{n}\sigma_{ij}\mu_j\right)=\sum_{i=1}^{n}\mu_iA\cdot X=X^TAX\ .$$

Macierz A jest określana jako ***matryca formy prawa kwadratowego***, a ponieważ dla współczynników formy prawa kwadratowego $\sigma_{ij}\sigma_{ji}$=, to matryca A jest symetryczna.

Zastanowimy się, jak zmienia się matryca A przy przejściu do R^n z jednej podstawy ortonormalnej na drugą. Wyznaczmy matrycę przejściową przez T, a współrzędne wektora $\vec{x} = (\mu_1,...,\mu_n)$ w nowej podstawie przez $\vec{y} = (\beta_1, \beta_2, \ldots, \beta_n)$. Następnie $\vec{x} = T(\vec{y})$, lub w formie matrycy $X = TY$, gdzie T jest matrycą ortogonalną. Dlatego dla formy kwadratowej mamy

$$\omega(\vec{x}) = X^T AX = (TY)^T ATY = Y^T T^T ATY = Y^T BY \text{ gdzie B} = TTAT.$$

Ale ponieważ T jest ortogonalna, to TT = *T-1*; a B = *T-1AT*, tzn. B jest przekształcana z A *za* pomocą macierzy T. Oprócz przekształconej macierzy B - jest również symetryczna, ponieważ

BT = (T-1AT)T = (TTAT)T = TTAT(TT)T = TTAT = B.

Jak AT = *A*.

Ponieważ matryca A jest symetryczna, wtedy *Rn* posiada co najmniej jedną ortonormalną podstawę $\vec{u}_1, \vec{u}_2, \ldots, \vec{u}_n$, wykonaną z eigenwektorów matrycy A; jeśli wybierzemy podstawę $\vec{u}_1, \vec{u}_2, \ldots, \vec{u}_n$, jako nową podstawę, wtedy przekształcona matryca w tej podstawie $B = U$ i ma rodzaj przekątnej.

$$U = \begin{pmatrix} \rho_1\, 0 \ldots 0 \\ 0\, \rho_2 \ldots 0 \\ \ldots\ldots\ldots\ldots \\ 0\; 0\, \ldots \rho_n \end{pmatrix},$$

Tutaj wartości własne ρ_i matrycy A mogą być różne i takie same, ale wszystkie są prawdziwe. Jeśli matryca formy kwadratowo-prawnej jest przekątna, wówczas forma kwadratowo-prawna staje się przekątną:

$\omega(\vec{x}) = Z^T UZ = \rho_1 z^2{}_1 + \rho_2 z^2{}_2 + \ldots + \rho_n z^2{}_n$ gdzie *z1, z2, ...* z_n - to współrzędne wektora $\vec{x}$, rozłożone na podstawie $\vec{u}_1, \vec{u}_2, \ldots \vec{u}_n$.

Tak więc, jeśli chodzi o podstawę $\vec{u}_1, \vec{u}_2, \ldots \vec{u}_n$, złożoną z eigenwektorów matrycy formy kwadratowo-prawnej, forma kwadratowo-prawna ma tylko członki z kwadratami; można powiedzieć, że jest ona zredukowana do rodzaju ***kanonicznego.***

Przykład. Zmniejszyć formę prawa kwadratowego do typu kanonicznego

$\omega(\vec{x})$ = 3x21 + 4x1x2 + x23, gdzie $\vec{x}=(x_1,x_2,x_3)$.

1. Tworzymy matrycę formy prawa kwadratowego:

$$A=\begin{pmatrix}3 & 2 & 0\\ 2 & 0 & 0\\ 0 & 0 & 1\end{pmatrix}$$ (zob. przykład na początku paragrafu)

2. Zapisujemy charakterystyczne równanie

$$\begin{vmatrix}3-\rho & 2 & 0\\ 2 & 0-\rho & 0\\ 0 & 0 & 1-\rho\end{vmatrix}=0,$$ gdzie . $(1-\rho)(\rho^2-3\rho-4)=0$

Rozwiązując ostatnie równanie, definiujemy odpowiednie liczby: □$\rho_1=1;\rho_2=4;\rho_3-1$.= Wyznaczymy współrzędne wektora $\vec{x}$ w układzie wektorów własnych matrycy poprzez *z1, z2, z3*. Wtedy forma prawa kwadratowego staje się

$$\omega(\vec{x})=z_1^2+4z_2^2-z_3^2.$$

3. Definiujemy ortonormalne eigenwektory matrycy: $\vec{u}_1=(k_1,\ell_1,m_1)\,\vec{u}_2=(k_2,\ell_2,m_2)$; ; $\vec{u}_3=(k_3,\ell_3,m_3)$. W tym celu w postaci współrzędnych zapisuje się równanie A($\vec{u}$) =: $\rho\,\vec{u}$

$$\begin{cases}3k+2\ell+0m=\rho k,\\ 2k+0\ell+0m=\rho\ell,\\ 0k+0\ell+0m=\rho m\end{cases}\quad \text{lub}\begin{cases}(3-\rho)k+2\ell+0m=0,\\ 2k+(0-\rho)\ell+0m=0,\\ 0k+0\ell+(1-\rho)m=0.\end{cases}$$

Załóżmy, że. $\rho=\rho_1=1$ . . Wtedy system staje się:

$$\begin{cases}2k_1'+2\ell_1'=0\\ 2k_1'-\ell_1'=0\end{cases}$$

System ten posiada unikalne rozwiązanie $k_1'=0$, $\ell_1'=0$. Wartość elementu m_1 jest dowolna. Aby wektor $\vec{u}_1$ został znormalizowany, to znaczy, że $|\vec{u}_1|=1$ założymy $m_1=1$. Mamy $\vec{u}_1=(0{,}0{,}1)$.

Od tego czasu $\rho=\rho_2=4$, system staje się:

$$\begin{cases}-k_2'+2\ell_2'=0,\\ 2k_2'-4\ell_2'=0,\\ -3m_2'=0.\end{cases}$$

Stąd $k_2' = 2t$, $\ell'_2 = t$, $m_2' = 0$, gdzie t-jest jakikolwiek prawdziwy numer. Ale normalizując, otrzymujemy $k_2 = \frac{2}{\sqrt{5}}$; $|\vec{u}_2| = \sqrt{k_2^2 + \ell_2^2 + m_2^2} = 1 \Rightarrow$ $\ell_2 = \frac{1}{\sqrt{5}}$; $m_2 = 0$. Więc, $\vec{u}_2 = (\frac{2}{\sqrt{5}}, \frac{1}{\sqrt{5}}, 0)$.

Dla trzeciego właściwego numeru $\rho = \rho_3 = -1$mamy system:

$$\begin{cases} 4k_3' + 2\ell'_3 = 0, \\ 2k_3' + \ell'_3 = 0, \\ 2m_3' = 0. \end{cases}$$

Stąd$k_3' = -t$ $\ell'_3 = 2t$, , $m_3' = 0$, gdzie t- jest jakikolwiek prawdziwy numer. Normalizując$\vec{u}_3' = (-t, 2t, 0)$, definiujemy $k_3 = -\frac{1}{\sqrt{5}}$, $\ell_3 = \frac{2}{\sqrt{5}}$ $m_3 = 0$, , czyli wektor jest $\vec{u}_3 = (-\frac{1}{\sqrt{5}}, \frac{2}{\sqrt{5}}, 0)$. Tak więc, eigenektory formy kwadratowoprawnej są:$\vec{u}_1 = (0,0,1)$, $\vec{u}_2 = (\frac{2}{\sqrt{5}}, \frac{1}{\sqrt{5}}, 0)$ $\vec{u}_3 = (-\frac{1}{\sqrt{5}}, \frac{2}{\sqrt{5}}, 0)$, a forma kanoniczna formy kwadratowo-prawnej to:$\omega(\vec{x}) = z_1^2 + 4z_2^2 - z_3^2$.

3.2. Zdecydowana forma prawa kwadratowego. Kryterium Sylwestra

Definicja. Materialna forma prawa kwadratowego$\omega(\vec{x})$ jest określana jako ***pozytywna***

Forma ***definitywna***, jeżeli dla któregokolwiek$\vec{x} \neq 0$ z $Rn\,\omega(\vec{x}) > 0$, oraz forma ***negatywna definitywna***, jeżeli dla któregokolwiek$\vec{x} \neq 0$ z Rn $<$ $\omega(\vec{x})$ 0.

Jeżeli dla wszystkich wektorów z $\vec{x}Rn$ nierówności nie są ścisłe, tzn.$\omega(\vec{x}) \geq 0$ lub $0\,\omega(\vec{x}) \leq$, forma kwadratowo-prawna jest określana jako odpowiednio ***forma niepozytywna*** lub ***nienegatywnie ostateczna*** lub ***półokreślona***. Definitywne i półokreślone formy prawa kwadratowego są określane jako odnoszące się do ***form zdefiniowanych przez znak.***

Formularze prawa kwadratowego, dla których którykolwiek z tych warunków nie jest spełniony, są określane ***jako nieokreślone*** formy prawa kwadratowego. Innymi słowy, forma prawa kwadratowego $\omega(\vec{x})$ jest określana jako nieokreślona, jeżeli $\vec{x} \in R^n$ różni się od zera, a forma prawa kwadratowego ma zarówno wartości dodatnie, jak i ujemne.

Przykłady. Forma kwadratowo-prawna jest definitywna $\omega(\vec{x}) = \frac{x_1^2}{a^2} + \frac{x_2^2}{b^2}$, ponieważ dla każdego $\vec{x} \neq 0$ $\omega(\vec{x}) > 0$; forma kwadratowo-prawna $\omega(\vec{x}) = \frac{x_1^2}{a^2} - \frac{x_2^2}{b^2}$ jest nieokreślona, ponieważ znak w prawej części $\vec{x} \neq 0$ może być zarówno pozytywny, jak i negatywny.

Ponieważ każda forma kwadratowo-prawna może być zapisana w formie kanonicznej, forma kwadratowo-prawna będzie dodatnia, jeżeli wszystkie właściwe liczby w macierzy określającej formę kwadratowo-prawną będą dodatnie, a ujemna - ujemna. ***Sylvester Criterion udziela*** również odpowiedzi na pytanie o ostateczność formy prawa kwadratowego. Aby forma prawa kwadratowego z symetryczną matrycą była jednoznacznie pozytywna, konieczne i wystarczające jest, aby główni małoletni matrycy byli pozytywni, tj.

$$\sigma_{11}\ ,>0 \begin{vmatrix} \sigma_{11}\sigma_{12}\sigma_{13} \\ \sigma_{21}\sigma_{22}\sigma_{23} \\ \sigma_{31}\sigma_{32}\sigma_{33} \end{vmatrix} > \ ,..0.,\ 0\ . \begin{vmatrix} \sigma_{11}\sigma_{12}...\sigma_{1n} \\ \sigma_{21}\sigma_{22}...\sigma_{1n} \\ .... \\ \sigma_{n1}\sigma_{n2}...\sigma_{nn} \end{vmatrix} >$$

Kryterium formy negatywnej wynika z zasady Sylvestera.

Jeżeli $\omega(\vec{x}) > 0$, то $-\omega(\vec{x}) < 0$ i odwrotnie. Następnie, zgodnie z kryterium Sylwestra, ponieważ $-\omega(\vec{x})$ mamy

$$-\sigma_{11} > 0, \begin{vmatrix} -\sigma_{11} - \sigma_{12} \\ -\sigma_{21} - \sigma_{22} \end{vmatrix} > 0, \begin{vmatrix} -\sigma_{11} - \sigma_{12} - \sigma_{13} \\ -\sigma_{21} - \sigma_{22} - \sigma_{23} \\ -\sigma_{31} - \sigma_{31} - \sigma_{33} \end{vmatrix} > 0, \cdots, \begin{vmatrix} -\sigma_{11} - \sigma_{12} \ldots - \sigma_{1n} \\ -\sigma_{21} - \sigma_{22} \ldots - \sigma_{2n} \\ .... \\ -\sigma_{n1} - \sigma_{n2} \ldots - \sigma_{nn} \end{vmatrix} > 0$$

$$\text{lub}\ \sigma_{11} < 0, \begin{vmatrix} \sigma_{11}\ \sigma_{12} \\ \sigma_{21}\ \sigma_{22} \end{vmatrix} > 0, \begin{vmatrix} \sigma_{11}\ \sigma_{12}\ \sigma_{13} \\ \sigma_{21}\ \sigma_{22}\ \sigma_{23} \\ \sigma_{31}\ \sigma_{31}\ \sigma_{33} \end{vmatrix} < 0, \cdots, (-1)^n \begin{vmatrix} \sigma_{11}\ \sigma_{12} \ldots \sigma_{1n} \\ \sigma_{21}\ \sigma_{22} \ldots \sigma_{2n} \\ .... \\ \sigma_{n1}\ \sigma_{n2} \ldots \sigma_{nn} \end{vmatrix}.$$

Tak więc, jeżeli znaki głównych nieletnich z prawa kwadratowego tworzą się naprzemiennie, to forma prawa kwadratowego jest zdecydowanie negatywna.

EKSPERCJE

1. Zdefiniować właściwe liczby i wektory własne transformacji liniowej ustalone przez matrycę $A=\begin{pmatrix} 5 & 2 & -3 \\ 4 & 5 & -4 \\ 6 & 4 & -4 \end{pmatrix}$.

2. Pokazać, na przykładzie macierzy $A=\begin{pmatrix} 3 & 4 \\ 5 & 2 \end{pmatrix}$, że liczby charakterystyczne odwrotnej macierzy *A-1* są odwrotnymi wartościami liczb charakterystycznych macierzy *A*.

3. Określanie właściwych liczb i wektorów własnych osnowy symetrycznej

$$S=\begin{pmatrix} 7 & -2 & 0 \\ -2 & 6 & -2 \\ 0 & -2 & 5 \end{pmatrix}.$$

Pokaż, że wektory własne są ortogonalne

4. Matryce są podane

$$A=\begin{pmatrix} 2 & -2 & 3 \\ 10 & -4 & 5 \\ 5 & -4 & 6 \end{pmatrix} \text{ and } T=\begin{pmatrix} 2 & 0 & 1 \\ 1 & 3 & -1 \\ -2 & 1 & 0 \end{pmatrix}$$

Pokazać na przykładzie macierzy A i $B = T^{-1AT}$, że podobne macierze mają identyczne numery charakterystyczne.

5. Formować ortonormalną podstawę $\vec{i}, \vec{j}, \vec{k}$ z eigenwektorów matrycy:

$$\text{a) } A=\begin{pmatrix} 7 & -2 & 0 \\ -2 & 6 & -2 \\ 0 & -2 & 5 \end{pmatrix}; \quad \text{b) } A=\begin{pmatrix} 1 & 2 & -4 \\ 2 & -2 & -2 \\ -4 & -2 & 1 \end{pmatrix}.$$

6. Ograniczyć formy prawa kwadratowego do rodzaju kanonicznego i określić ich wektory własne, jeśli

a) $\omega(\vec{z}) = 3x^2 - 48xy + 27y^2$, $\vec{z} = (x, y)$;

b) $\omega(\vec{x}) = 99x_2^2 - 12x_1x_2 + 48x_1x_3 + 130x_2^2 - 60x_2x_3 + 71x_3^2$, $\vec{x} = (x_1, x_2, x_3)$;

c) $\omega(\vec{x}) = x_1^2 + x_1x_2 + x_2^2$, $\vec{x} = (x_1, x_2,)$.

KSIĄŻKA 3
GEOMETRIA ANALITYCZNA

Geometria analityczna jest gałęzią matematyki, w której obiekty geometryczne odpowiadają określonym równaniom w taki sposób, że atrybuty obiektów są oznaczone w atrybutach tych równań. Jeżeli obiekt geometryczny ma być traktowany jako jakiś zbiór punktów, to jako zasadę wyboru punktów przestrzennych dla zbioru, który tworzy dany obiekt geometryczny, można wywołać równanie obiektu.

ROZDZIAŁ 1
LINIE, POWIERZCHNIE I ICH RÓWNANIA

§ 1. LINIA NA SAMOLOCIE KARTEZJAŃSKIM

Załóżmy, że jakaś linia jest ustawiona na płaszczyźnie współrzędnych xOy. Następnie punkty danej przestrzeni można podzielić na dwie kategorie, w których niektóre punkty są osadzone na danej krzywej, a inne nie.

Definicja 1. Równanie $F(x, y)=0$, w którym współrzędne x, y dla wszystkich punktów linii są zadowalające, a współrzędne punktów, które nie wchodzą na tę linię nie są zadowalające, nazywamy ***równaniem linii na płaszczyźnie*** w kartezjańskim układzie współrzędnych.

W szczególności, równanie linii może być przedstawione jako funkcja jawna $y = f(x)$.

Przykłady

1. *Okrąg o promieniu R ze środkiem w punkcie M (x0, y0)*. Jego równanie jest następujące $(x-x_0)^2+(y-y_0)^2=R^2$
2. *Sieć trakcyjna*. Jego równanie jest następujące

$$y=\frac{a}{2}\left(e^{\frac{x}{a}}+e^{-\frac{x}{a}}\right)=a\cdot ch\frac{x}{a}$$

Wzdłuż tej linki znajduje się elastyczny, nierozciągliwy, ciężki gwint (łańcuch, drut itp.), zawieszony na obu końcach w stanie zrównoważonym.

Definicja 2. Równania parametryczne linii na płaszczyźnie w kartezjańskim układzie współrzędnych nazywane są równaniami o postaci $x=\varphi(t)$, $y=\psi(t)$,

gdzie funkcje i $x=\varphi(t)$ $y=\psi(t)$mają tę samą domenę, każda wartość *t* z tej domeny odpowiada punktowi M(φ(t),ψ(t)) dla rozpatrywanej linii, a każdy punkt *M* tej linii odpowiada pewnej wartości *t* z domeny funkcji i $x=\varphi(t)$ $y=\psi(t)$, tzn. znajdujemy taką wartość *t* dla każdego punktu *M,* która i $\varphi(t)$ $\psi(t)$staje się współrzędnymi punktu *M.*

Na przykład, równania parametryczne okręgu o promieniu R ze środkiem w punkcie M wyglądają jak

$$x=x_0+R\cos t \; y=y_0+R\sin t, .$$

§ 2 POWIERZCHNIA W PRZESTRZENI GEOMETRYCZNEJ

Definicja 1. Równanie powierzchni w kartezjańskim układzie współrzędnych nazywane jest równaniem $F(x,y,z)=0$, które zadowala się współrzędnymi dowolnego punktu, leżącego na powierzchni, a nie zadowala się współrzędnymi punktów, nie leżących na powierzchni.

W szczególności, równanie powierzchni w kartezjańskim układzie współrzędnych może być ustawione jako forma, która jest rozwiązywana dla jednej ze współrzędnych, na przykład jako

$z=f(x,y)$

tj. jako funkcja numeryczna dwóch zmiennych rzeczywistych.

Definicja 2. Równania parametryczne powierzchni Φ w kartezjańskim układzie współrzędnych to równanie w postaci

$x=x(u,v)$i $y=y(u,v)$ $z=z(u,v)$,

gdzie funkcje $x(u,v)$i $y(u,v)$ $z(u,v)$mają tę samą domenę D (stanowiącą wielokrotność uporządkowanych par liczb *u, v*), przy czym każda para liczb *u, v* z domeny D odpowiada punktowi M($x(u,v)$, $y(u,v)$, $z(u,v)$) powierzchniΦ, a my znajdujemy taką parę (*u, v*) z domeny D dla każdego punktu *M* powierzchni *D*, który $x(u,v)$ $y(u,v)$ $z(u,v)$staje się współrzędnymi punktu *M.*

Na przykład, równanie kuli o promieniu R ze środkiem w punkcie M(x0, *y0, z0*) wygląda jak

$$(x-x_0)^2+(y-y_0)^2+(z-z_0)^2=R^2$$

Równanie parametryczne rozpatrywanej sfery to

$$x=x_0+R\cos v\cos u\ z=z_0+R\sin v,\ ,y=y_0+R\cos v\sin u\ .$$

Domena D parametrów u, v zmiana wynosi $0\le u<2\pi,\ -\pi/2\le v\le\pi/2$

§ 3 LINIA W PRZESTRZENI GEOMETRYCZNEJ

Linia w przestrzeni geometrycznej *x, y, z* może być zdefiniowana jako miejsce przecięcia się punktów dwóch powierzchni, dlatego taką linię mogą dać dwa równania dwóch powierzchni przecinających się wzdłuż tej linii:

$$\begin{cases}F_1(x,y,z)=0,\\ F_2(x,y,z)=0.\end{cases} \qquad (1.1)$$

Tak więc, linia w przestrzeni jest zbiorem punktów tej powierzchni, spełniającym zbiór równań (1.1).

Równania mające postać

$$x=\varphi_1(t),\ y=\varphi_2(t),\ z=\varphi_3(t)\ , \qquad (1.2)$$

oraz ustalenie zależności aktualnych współrzędnych punktu *M* od pewnego parametru *t,* wyznaczają również linię w przestrzeni geometrycznej.

Podobnie jak w przypadku równań linii na płaszczyźnie, równania takie nazywane są parametrycznymi: dostarczają one parametrycznej reprezentacji linii w przestrzeni geometrycznej.

W szczególności, jeżeli rozpatrywać równania (1.2) w taki sam sposób jak równania, ustalając zależność aktualnych współrzędnych promienia - wektora $\vec{r}=\overrightarrow{OM}$ punktu *M* w ortonormie $\vec{i},\vec{j},\vec{k}$ od jakiegoś parametru *t,* to jako funkcję wektorową można zapisać równanie linii w przestrzeni geometrycznej: (Księga 2, Rozdz. 4, § 7):

$$\vec{r}(t)=\varphi_1(t)\vec{i}+\varphi_2(t)\vec{j}+\varphi_3(t)\vec{k} \qquad (1.3)$$

Równanie (1.3) nazywane jest równaniem ***parametrycznym linii w postaci wektorowej*** lub ***równaniem wektorowym linii*** w przestrzeni geometrycznej.

Na przykład, równania $x = R\cos t,\ y = R\sin t,\ z = \lambda t$ lub równanie

$$\vec{r}(t) = R\cos t \cdot \vec{i} + R\sin t \cdot \vec{j} + \lambda t\vec{k}$$

są równaniami parametrycznymi lub równaniami wektorowymi helisy znajdującej się na powierzchni cylindra o promieniu *R*.

§ 4. LINIE I POWIERZCHNIE ALGEBRAICZNE

4.1. Linie algebraiczne na płaszczyźnie

Definicja 1. Linia na płaszczyźnie współrzędnych jest nazywana ***algebraiczną,*** jeśli równanie $F(x, y) = 0$ jest algebraiczne w jakimś kartezjańskim układzie współrzędnych.

Równanie algebraiczne jest równaniem, które otrzymujemy w momencie zrównania ***całej funkcji rozumnej*** do zera, czyli funkcji otrzymanej pod warunkiem, że na argumentach i liczbach wykonywane są tylko operacje mnożenia i dodawania. Na przykład,

$$z = \frac{2}{3}xy^2 - xy + 2x^2 - 3$$

Uwaga. Odejmowanie ma być dodawane, gdy jeden z dodatków mnoży się przez -1, a dzielenie przez liczbę, która nie jest równa zeru, jest uważane za pomnożenie przez liczbę, która jest jego odwzajemniona.

Definicja 2. Jeżeli linia jest zdefiniowana algebraicznym równaniem n-tej potęgi w kartezjańskim układzie współrzędnych, to jest ona nazywana ***algebraiczną linią n-tej*** potęgi.

Stopień równania algebraicznego

$$F(x, y, z...) = 0$$

nazywany jest stopniem całej funkcji racjonalnej *F,* tj. maksymalną wartością sumy $\alpha + \beta + \gamma + ...$ indeksów argumentów w równaniu mającym postać

$$a \cdot x^{\alpha} \cdot y^{\beta} \cdot z^{\gamma} \cdot ....$$

a sumą tych argumentów jest funkcja *F.*

W opisanym powyżej przykładzie istnieje funkcja [trzeciej] mocy.

We wszystkich kartezjańskich układach współrzędnych linia algebraiczna jest zdefiniowana za pomocą równania algebraicznego i ma ten sam porządek. Tak więc, algebraiczny charakter równania algebraicznego i jego kolejność jest niezmienna (tzn. stała) w stosunku do transformacji kartezjańskiego układu współrzędnych.

W geometrii analitycznej linie algebraiczne [pierwszego] i [drugiego] rzędu, tj. linie te ustawiają relatywnie kartezjański układ współrzędnych z równaniem

$Ax+By+C=0$ $a_{11}x^2+a_{22}y^2+2a_{12}xy+a_{10}x+a_{20}y+a_{00}=0$, (1.4)
są głównie badane w samolocie.

Podane równania są nazywane ogólnymi równaniami pierwszego i drugiego rzędu.

4.2. Powierzchnie algebraiczne

Definicja 1. ***Powierzchnia algebraiczna*** nazywana jest wszystkimi punktami M(x, y, z) ustawionymi dla przestrzeni geometrycznej, a ich współrzędne spełniają równanie algebraiczne

$$F(x,y,z)=0. \qquad (1.5)$$

w kartezjańskim układzie współrzędnych.

Definicja 2. Siła całej racjonalnej funkcji $F(x,y,z)$nazywana jest ***porządkiem powierzchni algebraicznej***.

Podobnie jak linia algebraiczna, charakter równania algebraicznego (1.5) i kolejność powierzchni algebraicznej są niezmienne w stosunku do przekształcenia kartezjańskiego układu współrzędnych.

W geometrii analitycznej powierzchnie I i II rzędu, tzn. powierzchnie ułożone względnie kartezjańskim układem współrzędnych z równaniami

$$Ax+By+Cz+D=0, \qquad (1.6)$$

$$a_{11}x^2+a_{22}y^2+a_{33}z^2+2a_{12}xy+2a_{13}xz+2a_{23}yz+a_{10}x+a_{20}y+a_{30}z+a_{00}=0$$

są głównie badane w kosmosie.

Podane równania nazywane są ***ogólnymi równaniami powierzchni pierwszego i drugiego rzędu***.

Na podstawie powyższego można więc powiedzieć, że linię i powierzchnię można wyznaczyć w sposób geometryczny i analityczny za pomocą równania. Do tworzenia równań liniowych i powierzchniowych wykorzystuje się nie tylko kartezjański układ współrzędnych, ale również biegunowy układ współrzędnych.

§ 5. POLARNY UKŁAD WSPÓŁRZĘDNYCH NA PŁASZCZYŹNIE I W PRZESTRZENI

5.1. Biegunowy układ współrzędnych na płaszczyźnie

Mówimy, że polarny układ współrzędnych jest wprowadzany na płaszczyźnie, jeżeli zostanie wybrany punkt *O*, zwany ***biegunem***, i półlinia Oh, zwana ***osią biegunową*** i wychodząca z punktu *O*, pasek skali OE=1, a kąt odczytany z osi Oh na dowolną wiązkę, wychodzącą z bieguna *O* w kierunku dodatnim, jest wskazany.

Położenie dowolnego punktu *M* na płaszczyźnie, która nie pokrywa się z biegunem, można określić za pomocą takiego układu współrzędnych o dwóch numerach: numerze ρ, który oznacza odległość między punktem M a biegunem oraz numerze φ, który jest wartością kąta, wykonanym przez wiązkę wychodzącą z bieguna, składającą się z pręta OM i osi biegunowej. Pozytywnym kierunkiem odczytu kąta odchylenia ma φ być kierunek odwrotny do ruchu wskazówek zegara od osi Ox. Zamówiona para numerów jest nazywana ***współrzędnymi biegunowymi*** punktu M. Pierwsza współrzędna ρ jest nazywana ***promieniem biegunowym***, a druga współrzędna φ jest nazywana ***kątem biegunowym***.

Liczby i ρ φ które są współrzędnymi punktu M są oznaczone w następujący sposób: $M(\rho,\varphi)$. Uważamy, że to $\rho = 0$, i φ jest dowolną liczbą dla bieguna O.

W niektórych przypadkach istnieje znak dla promienia biegunowego ρ: uważamy, że jeżeli $\rho < 0$ φ mierzony jest kąt od osi biegunowej do wiązki, to jest on wykonywany za pomocą pręta wydłużenia OM poza punkt M.

Współrzędne biegunowe i ρ φ określić położenie linii na płaszczyźnie o jednej wartości. Odwrotna wypowiedź jest błędna, ponieważ każdy punkt na płaszczyźnie odpowiada tej samej współrzędnej ρ i nieskończonemu zestawowi kątów biegunowych, które mogą różnić się od siebie gdzie $2\pi k$ $k \in Z$. Tym samym, w przeciwieństwie do kartezjańskiego układu współrzędnych, biegunowy układ współrzędnych nie daje możliwości ustalenia wzajemnej zgodności pomiędzy zestawem wszystkich punktów na płaszczyźnie współrzędnych a zestawem uporządkowanych par liczb rzeczywistych. Aby uzyskać korespondencję jeden do jednego, kąt biegunowy φ ma ograniczenia:

$$0 \le \varphi < 2\pi \text{ (lub } -\pi \le \varphi < \pi\text{)}.$$

Wartości te nazywane są głównymi wartościami kątów biegunowych.

Ustalmy związek pomiędzy współrzędnymi biegunowymi i kartezjańskimi punktu M.

W tym celu nakładamy prawy kartezjański układ współrzędnych xOy na polarny układ współrzędnych w taki sposób, aby początek zbiegał się z biegunem, a oś polarna z dodatnią x-semiaksją. Pasek skali OE biegunowego układu współrzędnych jest uważany za pasek skali kartezjańskiego układu współrzędnych (rys. 3.1).

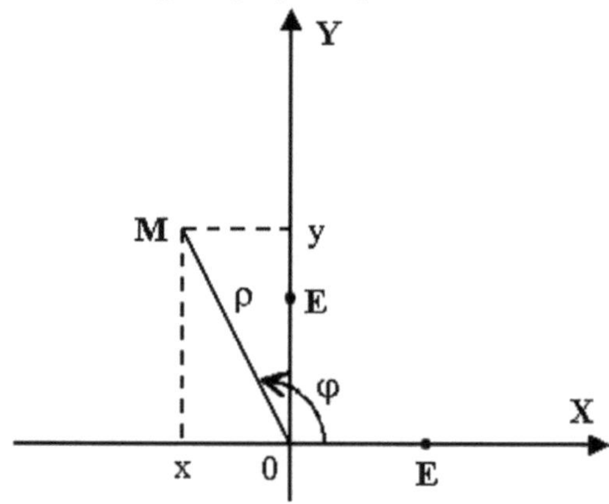

Rys. 3.1

Załóżmy, że ρ i φ są to współrzędne biegunowe dowolnego punktu płaszczyzny M, który nie pokrywa się z biegunem, a x i y są jego współrzędnymi kartezjańskimi w układzie pokazanym powyżej.

Zgodnie z definicją funkcji trygonometrycznych, mamy

$$x = \rho\cos\varphi \ \ y = \rho\sin\varphi \qquad , (1 \ .7)$$

Wzory te oznaczają współrzędne kartezjańskie punktu płaszczyzny, przy użyciu współrzędnych biegunowych. Rozwiązując system (1.7) dla ρ i (φ pod warunkiem $\rho > 0$), nabywamy

$$\rho = \sqrt{x^2 + y^2} \qquad (1.8)$$

$$\cos\varphi = \frac{x}{\sqrt{x^2 + y^2}}, \qquad \sin\varphi = \frac{y}{\sqrt{x^2 + y^2}}. \qquad (1.9)$$

lub, jeśli $x \neq 0$,

$$tg\varphi = \frac{y}{x}. \qquad (1.10)$$

Wzory (1.8), (1.9), (1.10) pozwalają na obliczenie współrzędnych biegunowych i ρ φpunktu M na jego współrzędnych kartezjańskich x i y. Pod warunkiem, że (tzn. rozważymy $0 \leq \varphi < 2\pi$główne wartości kąta biegunowegoφ), ze względu na wzór (1.9) mamy

$$\varphi = \begin{cases} arccos\dfrac{x}{\sqrt{x^2 + y^2}} & \text{при } y \geq 0, \\ 2\pi - arccos\dfrac{x}{\sqrt{x^2 + y^2}} & \text{при } y < 0. \end{cases}$$

W przypadku, gdy $x \neq 0$ ze względu na wzór (1.10) mamy

$$\varphi = \begin{cases} arctg\dfrac{y}{x} & \text{при } x > 0, y \geq 0, \\ \pi + \mathrm{arctg}\dfrac{y}{x} & \text{при } x \leq 0, \\ 2\pi + arctg\dfrac{y}{x} & \text{при } x > 0,\ y < 0. \end{cases}$$

Równanie linii w polarnym układzie współrzędnych nazywane jest równaniem

$$\Phi(\rho, \varphi) = 0, \qquad (1.11)$$

gdzie współrzędne biegunowe i ρ φjakichkolwiek punktów, należących do tej linii, i tylko współrzędne tych punktów są zadowalające.

W szczególności, równanie linii może mieć postać $\rho = \rho(\varphi)$ współrzędnych biegunowych. Na przykład, równanie$\rho = a$, gdzie a = *stożek*, określa okrąg o środku w biegunie i promieniu *a we* współrzędnych biegunowych; równanie $\rho = 2a\cos\varphi$określa okrąg o promieniu *a* i środku w punkcie ρ = *a*, φ = 0; równanie ρ = *aφ* określa krzywą, która nazywana jest spiralą archimedesa (proponujemy narysowanie tej krzywej samodzielnie).

5.2. Polarny układ współrzędnych w przestrzeni kosmicznej Współrzędne cylindryczne i sferyczne

Weźmy pod uwagę płaszczyznę współrzędnych *P*, w której układ współrzędnych biegunowych jest ustawiony, w płaszczyźnie. *Oz* jest osią współrzędnych, prostopadłą do płaszczyzny *P* i przecina ją w biegunie *O*. *Oś* współrzędnych *Oz* jest skierowana w taki sposób, że kierunek odczytu dodatnich wartości kąta biegunowego φ od osi biegunowej Ox jest widziany przeciwnie do ruchu wskazówek zegara od końca dodatniego kierunku osi *Oz*. Kompleks tych elementów nazywany jest ***biegunowym układem współrzędnych w przestrzeni*** (rys. 3.2).

Płaszczyzna współrzędnych P jest nazywana ***równikową***, a oś współrzędnych *Oz* jest ***zenitalna***. Aby było to bardziej kompleksowe, uważamy, że pręty skali mają tę samą długość (OE1 = OE2), a punkt początkowy O dla osi współrzędnych *Oz* pokrywa się z biegunem *O*. ***Współrzędne walcowe*** punktu *M*, który nie leży na osi zenitalnej, nazywamy potrójną liczbą ρ, *φ*, *z* gdzie ρ i φ są współrzędnymi biegunowymi dla rzutu prostopadłego Mp punktu *M* na płaszczyznę równikową, a *z* jest współrzędną dla osi zenitalnej *Oz* rzutu Mz punktu M na oś zenitalną (rys. 3.3). Przypuszczamy, że ρ = 0, φ może być dowolną liczbą, a *z* jest określone zgodnie z powyższym stwierdzeniem dla punktów osi zenitalnej.

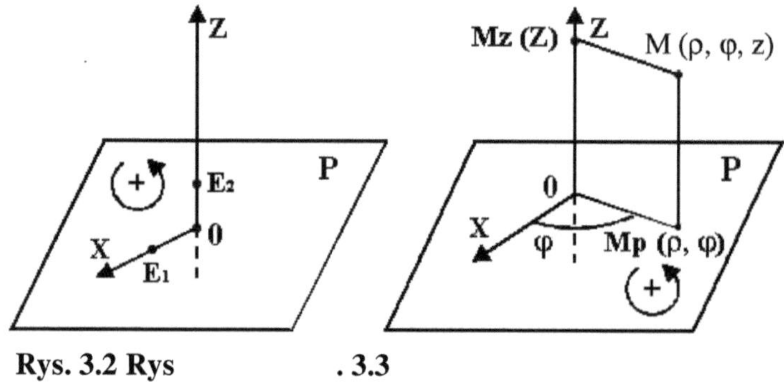

Rys. 3.2 Rys . 3.3

W przypadku ρ, *φ* i *z* są to ***współrzędne cylindryczne*** punktu M w przestrzeni, odnotowujemy je jako M (ρ, *φ*, *z*). Należy wspomnieć, że nie ma jednoznacznej zgodności między zbiorem wszystkich punktów w przestrzeni geometrycznej a zbiorem uporządkowanych potrójnych liczb rzeczywistych, ustalonych za pomocą współrzędnych cylindrycznych.

Współrzędne sferyczne punktu M, który nie leży na osi zenitalnej nazywane są potrójną liczbą *r*, *φ*, *Θ*, gdzie *r* jest długością pręta OM, *φ* to kąt od osi biegunowej Ox do wiązki OMp (Mp jest rzutem punktu M na płaszczyznę równikową), a Θ to kąt między prętami OMp i OM, który przyjmuje wartości interwałowe $\left(-\pi/2, \pi/2\right)$; Poza tym przyjmujemy, że Θ = 0, jeżeli punkt M leży na płaszczyźnie równikowej, Θ > 0, jeżeli wiązka OM *i* oś zenitalna tworzą kąt ostry, Θ < 0, jeżeli wiązka OM *i* oś zenitalna tworzą kąt rozwarty (rys. 3.4).

Jeżeli punkt *M* leży na osi zenitalnej i nie pokrywa się z biegunem *O*, to uważamy, że φ jest dowolną liczbą i lub (w $\theta = +\pi/2$ $\theta = -\pi/2$ zależności od kierunku zbieżności lub opozycji pomiędzy belką *OM* a osią zenitalną). W odniesieniu do bieguna mamy *r* = 0, φ i Θ to dowolne liczby. Nie ma wzajemnej zgodności pomiędzy zestawem wszystkich punktów w przestrzeni a zestawem uporządkowanych liczb rzeczywistych potrójnych, ustalonych za pomocą współrzędnych sferycznych.

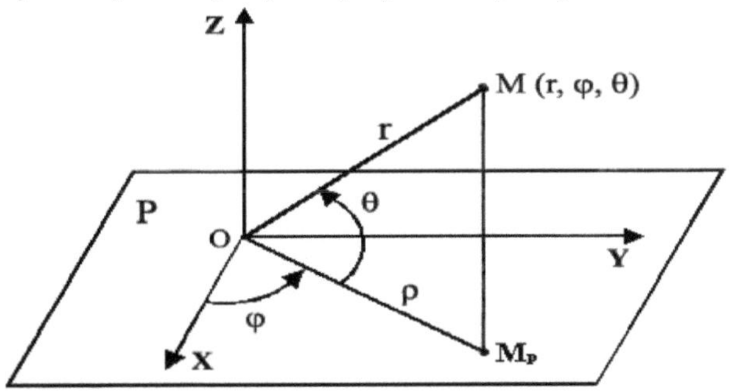

Rys. 3.4

Znajdźmy zależność między współrzędnymi kartezjańskimi punktu *M* (x, *y*, *z*) a jego współrzędnymi cylindrycznymi M (ρ, *φ*, *z*) i współrzędnymi sferycznymi M (*r*, *φ*, *θ*). Wprowadzamy kartezjański układ współrzędnych i ustawiamy oś biegunową jako dodatnią półosi Oh, która powstaje w wyniku skrętu osi Oh na kąt $+\pi/2$ wokół bieguna w płaszczyźnie równikowej, jako oś Ou, *oś* zenitalną jako oś Oz (rys. 3.4.).

Korzystając z rys. 3.4. oraz biorąc pod uwagę wzór (1.7) i rys. 3.3, znajdujemy

$$x = \rho \cos\varphi \;,\; y = \rho \sin\varphi \,,\, z = z \qquad (1.12)$$

Poza tym, a $\rho = r\cos\theta$ $z = r\sin\theta$ potem mamy

$$\begin{cases} x = r\cos\theta\cos\varphi, \\ y = r\cos\theta\sin\varphi, \\ z = r\sin\theta. \end{cases} \qquad (1.13)$$

Wzory (1.12) i (1.13) są właściwe również w przypadkach, gdy punkt M leży na osi zenitalnej i pokrywa się ze słupem (ostatni przypadek wymaga dodatkowych warunków dotyczących wartości ρ i φ).

Współrzędne kartezjańskie punktu *M* można obliczyć za pomocą wzorów (1.12), jeżeli znamy jego współrzędne cylindryczne, oraz za pomocą wzorów (1.13), jeżeli znamy jego współrzędne sferyczne.

Ze wzorów (1.13) mamy

$$x^2 + y^2 + z^2 = r^2,$$

$$x^2 + y^2 = \rho^2 = r^2\cos^2\theta,$$

gdzie $r\cos\theta = \sqrt{x^2 + y^2}$,

następnie

$$\begin{cases} r = \sqrt{x^2 + y^2 + z^2}, \\ \cos\varphi = \dfrac{x}{\sqrt{x^2 + y^2}}, \\ \sin\varphi = \dfrac{y}{\sqrt{x^2 + y^2}}, \\ \sin\theta = \dfrac{z}{\sqrt{x^2 + y^2 + z^2}}. \end{cases} \qquad (1.14)$$

Współrzędne sferyczne *r*, φ, Θ punktu M, które nie leżą na osi zenitalnej zgodnie z jego współrzędnymi kartezjańskimi *x*, *y*, *z* (gdy wskazany jest wzajemny układ tych dwóch układów współrzędnych) są obliczane na podstawie tych wzorów.

Współrzędne walcowe ρ, φ, *z* punktu M obliczane są na podstawie współrzędnych kartezjańskich *x*, *y*, *z ze wzorów* (1.12), z uwzględnieniem wzorów (1.8) и (1.9) i (1.10).

Podobnie jak współrzędne kartezjańskie, równanie powierzchni we współrzędnych sferycznych jest określone jako $F(r,\varphi,\theta)=0$, a równanie powierzchni we współrzędnych cylindrycznych jako $F(\rho,\varphi,z)=0$

Uwaga. Druga współrzędna sferyczna φ jest często nazywana ***długością geograficzną***, a trzecia współrzędna sferyczna Θ jest ***szerokością geograficzną***. Zamiast szerokości geograficznej Θ możemy czasem rozważyć kąt ψ pomiędzy dodatnim kierunkiem osi zenitalnej a wiązką *OM* wychodzącą z bieguna O w kierunku danego punktu M; wartość ψ zmienia się od 0 do π. Wartość ψ nazywana jest ***odległością zenitalną***.

W odniesieniu do $\theta=\frac{\pi}{2}-\psi$, i $\cos\theta$ $\sin\theta$powinny zostać zastąpione przez i $\sin\psi$ $\cos\psi$we wzorach (1.13) i (1.14) (podawanie odległości zenitalnej jest uważane za trzecią współrzędną sferyczną).

ROZDZIAŁ 2
LINIA PROSTA NA PŁASZCZYŹNIE

§ 1. RÓWNANIE LINII PROSTEJ PRZECHODZĄCEJ PRZEZ DANĄ WSKAZYWAĆ W DANYM KIERUNKU

Definicja. Wektor kierujący linią jest nazywany dowolnym wektorem, który nie jest równy 0 i jest współliniowy do tej linii.

Twierdzenie. W kartezjańskim układzie współrzędnych równanie linii *p*, która przechodzi przez M0(x0, y0) z wektorem kierującym $\vec{a}(\ell,m)$ ma postać

$$\begin{vmatrix} x-x_0 & y-y_0 \\ \ell & m \end{vmatrix} = 0 \text{ lub } (2\frac{x-x_0}{\ell} = \frac{y-y_0}{m}. \qquad 1)$$

Dowód. Weźmy pod uwagę każdy punkt płaszczyzny M (x, y). Punkt M (x, y) leży na linii p tylko w przypadku wektorów i $\overrightarrow{M_0M}(x-x_0, y-y_0)$ $\vec{a}(\ell,m)$ są współliniowe. Ich współliniowość opiera się na równości (szukaj Księgi. 2, rozdz. 4, § 3, s. 3.3):

$$\frac{x-x_0}{\ell} = \frac{y-y_0}{m}$$

lub używając twierdzenia o rozmieszczeniu wyznacznika na elementach rzędu (szukaj Księgi. 2, rozdz. 6, § 2) równość ta jest zapisana jako

$$\begin{vmatrix} x-x_0 & y-y_0 \\ \ell & m \end{vmatrix} = 0$$

Równanie (2.1) nazywane jest ***równaniem kanonicznym linii prostej***.

Uwaga. Jeżeli jeden z mianowników lub т ℓ jest równy zero, równanie (2.1) oznacza, że odpowiadający mu licznik jest również równy zero.

§ 2. OGÓLNE RÓWNANIE LINII

Twierdzenie 1. W kartezjańskim układzie współrzędnych linia prosta jest wyrażona równaniem pierwszej potęgi:

$$Ax + By + C = 0 \qquad (2.2)$$

Dowód. Napiszmy ponownie kanoniczne równanie linii prostej w postaci

$$mx - \ell y + \ell y_0 - mx_0 = 0 \ .$$

Zakładając, że т=A, $-\ell = B$, $\ell y_0 - mx_0 = c$, stawiamy to jako $Ax + By + C = 0$.

Jest to równanie [1.] mocy, ponieważ wektor $\vec{a}(\ell, m)$nie jest równy zero, dlatego A i B nie mogą zniknąć w tym samym czasie (A=т, $B = -\ell$).

Twierdzenie 2 (odmiana odwrotna). Każde równanie [pierwszej] potęgi jest równaniem linii prostej w kartezjańskim układzie współrzędnych.

$$Ax + By + C = 0 \qquad (2.3)$$

Dowód. Załóżmy, że x0, y0 to jakieś rozwiązanie równania (2.3), tj.

$$Ax_0 + By_0 + C = 0 \ . \qquad (2.4)$$

Następnie równanie

$$A(x - x_0) + B(y - y_0) = 0 \text{ или } (\begin{vmatrix} x - x_0 & y - y_0 \\ -B & A \end{vmatrix} = 0 \quad 2.5)$$

jest takie samo jak równanie (2.3).

Zgodnie z twierdzeniem udowodnionym w poprzednim akapicie, równanie to, a więc i równanie (2.3), jest równaniem linii, która przechodzi przez punkt M (x0, y0) i gdzie wektorem wiodącym jest $\vec{a}(-B, A)$.

Twierdzenie 3. Warunkiem koniecznym i wystarczającym do uznania wektora współliniowego $\vec{a}(\ell, m)$w odniesieniu do linii jest

$$A\ell + Bm = 0 \qquad (2.6)$$

Dowód. Zaznaczmy wektor $\vec{a}(\ell, m)$z dowolnego punktu M0(x0, y0) należącego do danej linii. Koniec M zaznaczonego wektora ma współrzędne $x_0 + \ell$, $y_0 + m$. Wektor $\vec{a}(-B, A)$jest współliniowy do danej linii, tylko w przypadku, gdy punkt M leży na danej linii, tzn. gdy robi się równość:

$$A(x_0 + \ell) + B(y_0 + m) + C = 0$$

lub

$Ax_0 + Bx_0 + C = 0$ (ponieważ punkt *M0* leży na danej linii)

Jeżeli linia jest ustawiona względnie kartezjańskim układem współrzędnych z równaniem (2.2), wektor $\vec{n}(A,B)$jest prostopadły do tej linii.

W rzeczywistości, jeśli

$$\vec{a}\cdot\vec{n} = -B\cdot A + A\cdot B = 0$$

następnie wektor $\vec{n}$jest prostopadły do wektora kierującego $\vec{a}(-B,A)$dla tej linii, a więc wektor $\vec{n}$jest prostopadły do samej linii. Wektor $\vec{n}$jest nazywany ***normalnym wektorem*** tej linii.

Równanie $Ax+By+C=0$jest nazywane ***ogólnym równaniem linii prostej***.

Rozważmy poszczególne przypadki rozmieszczenia linii prostej porównawczo kartezjańskiego układu współrzędnych:

1. Linia prosta jest współliniowa do osi Ox tylko w przypadku A=0, ponieważ skierowanie wektora $\vec{a}(-B,A)$linii prostej jest współliniowe do osi Ox tylko w przypadku, gdy druga współrzędna tego wektora jest równa zero.

Tak więc, równanie linii ($Ax+By+C=0$pod warunkiem, że linia prosta jest współliniowa do osi Ox) ma postać By+C=0 lub $y=b$(где $b=-\frac{C}{B}$).

2. W ten sam sposób możemy udowodnić, że linia prosta jest współliniowa do osi Oy tylko w przypadku, gdy B = 0, tzn. ogólne równanie linii $Ax+By+C=0$ ma postać Ax+C=0, lub x = a $\left(a=-\frac{C}{A}\right)$.

3. Warunkiem koniecznym i wystarczającym do założenia, że linia prosta przechodzi przez początek jest równość C = 0, ponieważ tylko w przypadku C = 0 równanie $Ax+By+C=0$jest spełnione ze współrzędnymi początkowymi.

Zatem ogólne równanie linii, przecinającej początek, ma postać Ax+By=0 i odwrotnie (tzn. każde jednorodne równanie pierwszej potęgi Ax+By=0 określa linię prostą przecinającą początek).

§ 3. RÓWNANIA PARAMETRYCZNE LINII PROSTEJ

Twierdzenie. Równanie parametryczne linii, która przechodzi przez punkt M0 (x0, y0) i ma wektor kierujący $\vec{a}(\ell, m)$, ma postać

$$x = x_0 + \ell t, \quad y = y_0 + mt$$

w kartezjańskim układzie współrzędnych.

Dowód. Załóżmy, że M (x, *y*) to dowolny punkt samolotu. Punkt będzie leżał na danej płaszczyźnie tylko w przypadku wektorów $\overrightarrow{M_0M}(x - x_0, y - y_0)$i jest $\vec{a}(\ell, m)$współliniowy tzn. różni się od współczynnika liczbowego (jest proporcjonalny)

$$\overrightarrow{M_0M} = t\vec{a} \qquad (2.7)$$

lub ze współrzędnymi

$x - x_0 = t\ell, \quad y - y_0 = tm$ co oznacza, że

$x = x_0 + \ell t, \quad y = y_0 + mt$.

Jeżeli przyjmuje wszystkie wartości rzeczywiste, to punkt M i te współrzędne charakteryzują całą daną płaszczyznę.

Wprowadzając wektory promieniowania i $\overrightarrow{OM}_0 = \vec{r}_0$ $\overrightarrow{OM} = \vec{r}$ dla punktów M0 i M, zmieniamy stosunek zapisu (2,7) w następujący sposób:

$$\vec{r} - \vec{r}_0 = t\vec{a}$$

gdzie mamy

$$\vec{r} = \vec{r}_0 + t\vec{a} \qquad (2.8)$$

Jest to równanie parametryczne linii prostej w formie wektorowej, która przechodzi przez punkt $M_0(\vec{r}_0)$i ma wektor kierujący $\vec{a}$.

§ 4. RÓWNANIE LINII PROSTEJ PRZECHODZĄCEJ PRZEZ DWA PUNKTY

Twierdzenie. Równanie linii przechodzącej przez dwa punkty M1(x1, y1) i M2(x2, y2), które są ułożone względnie kartezjańskim układem współrzędnych, może być zapisane w jednej z następujących form:

$$\frac{x - x_1}{x_2 - x_1} = \frac{y - y_1}{y_2 - y_1} \qquad (2.9)$$

lub

$$\begin{vmatrix} x-x_1 & y-y_1 \\ x_2-x_1 & y_2-y_1 \end{vmatrix} = 0 \qquad (2.10)$$

lub

$$\begin{vmatrix} x & y & 1 \\ x_1 & y_1 & 1 \\ x_2 & y_2 & 1 \end{vmatrix} = 0 \qquad (2.11)$$

lub w formie parametrycznej: $x = x_1 + (x_2 - x_1)t, \quad y = y_1 + (y_2 - y_1)t$.

Dowód. Wektor kierujący może być określony jako wektor

$$\vec{a} = \overrightarrow{M_1M_2}(x_2 - x_1, y_2 - y_1)$$

to wykorzystamy wynik uzyskany w § 1 i § 3.

§ 5. RÓWNANIE LINII PROSTEJ NA ODCINKACH

Załóżmy, że linia prosta nie przechodzi przez początek i przecina obie osie współrzędnych w punkcie (a, 0) dla osi Ox i w punkcie (0, *b*) dla osi Oy.

Odcięta a i rzędna *b* dla punktów przecięcia linii oraz Ox i Oy są często nazywane odcinkami linii odciętymi na osiach współrzędnych.

Równanie danej linii prostej wygląda jak

$$\begin{vmatrix} x & y & 1 \\ a & 0 & 1 \\ 0 & b & 1 \end{vmatrix} = 0 \quad \text{lub} \quad (\quad 2 \quad . \frac{x}{a} + \frac{y}{b} = 1 12 \quad)$$

Równanie to nazywane jest równaniem przechwytującym linię prostą.

§ 6. WSPÓŁCZYNNIK KĄTOWY LINII PROSTEJ

Definicja. Nachylenie *k* linii, ustawione względnie kartezjańskim układem współrzędnych, nazywane jest stosunkiem drugiej współrzędnej wektora kierującego $\vec{a}(\ell, m)$do pierwszej współrzędnej dla tej linii:

$$k = \frac{m}{\ell}$$

Linie, które są równoległe do osi Oy i osi Oy nie mają nachylenia, ponieważ pierwsza współrzędna dowolnego wektora kierującego jest równa zeru dla tych linii.

Nachylenie każdej linii prostej, która przecina oś Oy, ma pewną wartość bez zależności od wyboru wektora kierującego.

Rzeczywiście, jeśli i $(\ell, m)(\ell_1, m_1)$kierują wektory dla tej samej linii, która przecina oś Oy, to są one współliniowe, a zatem,

$k = \frac{m}{\ell} = \frac{m_1}{\ell_1}$(gdzie i $\ell \neq 0\, \ell_1 \neq 0$).

W kartezjańskim układzie współrzędnych nachylenie k linii, która przecina oś OU, jest równe stycznej kąta α między osią OOx i wektorem kierującym dla tej linii: $k = tg\alpha$

Rzeczywiście, jeżeli kąt między osią Ox a wektorem $\vec{a}$jest równy α, to biorąc pod uwagę wzór (4.2) z książki 2 i $\cos\gamma = 0$, to współrzędne wektora $\vec{a}$ są równe i $\ell = |\vec{a}|\cos\alpha\; m = |\vec{a}|\cos\beta = |\vec{a}|\cos\left(\alpha - \pi/_2\right) = |\vec{a}|\sin\alpha$.

Dlatego też, w odniesieniu do tych wskaźników, mamy $k = \frac{m}{\ell} = tg\alpha$.

§ 7. RÓWNANIE LINII PROSTEJ ZE WSPÓŁCZYNNIKIEM KĄTOWYM

Równanie linii przechodzącej przez punkt M0 (x0, y0) i mającej nachylenie k ma postać

$$y - y_0 = k(x - x_0)$$

(2.13)

w kartezjańskim układzie współrzędnych.

Wzór (2.13) wynika z kanonicznego równania linii prostej (§1). Równanie to zawiera zestaw wszystkich linii, które należą do innego skupiska linii z punktem M0 jako środkiem, z wyjątkiem jednej linii, prostopadłej do odciętych (równolegle do osi Oy).

Definicja. Zestaw wszystkich linii przechodzących przez jeden punkt *M0* i leżących na jednej płaszczyźnie nazywany jest ***klastrem linii z punktem M0 jako środkiem***.

Równanie linii prostej o nachyleniu k i przecinającej oś Oy w punkcie (0, b) ma postać

$$y = kx + b \tag{2.14}$$

w kartezjańskim układzie współrzędnych.

Równanie (2.14) ustala się za pomocą równania (2.13), jeśli ustalimy $y_0 = b,\ x_0 = 0$.

Liczba b jest czasami nazywana ***początkową rzędną tej linii***, a równanie (2.14) może być zdefiniowane jako ***równanie linii z daną początkową rzędną i danym nachyleniem***.

Jeżeli linia jest wyznaczona równaniem ogólnym Ax + By + C =0 w kartezjańskim układzie współrzędnych i jeżeli linia ta nie jest równoległa do osi Oy$B \neq 0$, tzn. jeżeli równanie to jest podzielone przez B, to mamy

$\frac{A}{B}x + y + \frac{C}{B} = 0$ Dlatego, $y = -\frac{A}{B}x - \frac{C}{B}$

lub

$y = kx + b$ где $k = -\frac{A}{B},\ b = -\frac{C}{B}$.

§ 8. RELACJA POZYCYJNA DWÓCH LINII PROSTYCH

Twierdzenie. Załóżmy, że równania dwóch linii są ułożone relatywnie kartezjańskim układem współrzędnych

$A_1x + B_1y + C_1,\ A_2x + B_2y + C_2 = 0$. (2.15)

Następnie konieczny i wystarczający warunek przecięcia tych linii ma postać

$$\frac{A_1}{A_2} \neq \frac{B_1}{B_2} \tag{2.16}$$

Dlatego konieczny i wystarczający warunek rozważenia tych równoległych do siebie linii ma postać

$$\frac{A_1}{A_2} = \frac{B_1}{B_2} \neq \frac{C_1}{C_2} \tag{2.17}$$

W związku z tym warunkiem koniecznym i wystarczającym do zaistnienia zbiegu okoliczności linie te mają postać

$$\frac{A_1}{A_2}=\frac{B_1}{B_2}=\frac{C_1}{C_2} \qquad (2.18)$$

Konieczny i wystarczający warunek zbiegu okoliczności dwie linie można zdefiniować w inny sposób: jeśli istnieje taka liczba $\lambda \neq 0$, która prowadzi do

$$A_1=\lambda A_2, \quad B_1=\lambda B_2, \quad C_1=\lambda C_2$$

Twierdzenie to wynika z rozważenia warunków (2.16), (2.17) i (2.18) koniecznych i wystarczających cech, że system (2.15) ma tylko jedno rozwiązanie, nie ma rozwiązań lub jest nieokreślony (tzn. ma wiele rozwiązań).

Uwaga $\frac{A_1}{A_2}\neq\frac{B_1}{B_2}$. Stan może być zapisany jako $\begin{vmatrix} A_1 & B_1 \\ A_2 & B_2 \end{vmatrix}\neq 0$ i stan $\frac{A_1}{A_2}=\frac{B_1}{B_2}$ może być zapisany jako $\begin{vmatrix} A_1 & B_1 \\ A_2 & B_2 \end{vmatrix}=0$.

Warunek lub $\frac{A_1}{A_2}\neq\frac{B_1}{B_2}\begin{vmatrix} A_1 & B_1 \\ A_2 & B_2 \end{vmatrix}\neq 0$ jest konieczny i wystarczający do potwierdzenia, że linie, ustawione za pomocą równań (2.15) o względnie kartezjańskim układzie współrzędnych, są równoległe lub zbieżne (w przeciwnym razie byłyby uważane za współliniowe).

§ 9. NORMALNE RÓWNANIE LINII

Równanie linii ustawionej względnie kartezjańskim układem współrzędnych $Ax+By+C=0$ nazywane jest ***normalnym***, jeżeli wektor normalny $\vec{n}(A,B)$ dla tej linii jest ***jednostką***, tzn. $A^2+B^2=1$.

Aby przekształcić ogólne równanie zbioru linii dotyczące kartezjańskiego układu współrzędnych $Ax+By+C=0$ na postać normalną, lewą stronę danego równania mnoży się przez punkt M:

$$AMx+BMy+MC=0$$

a punkt M powinien być wybrany w taki sposób, aby wektor (AM, *BM*) był jednostką:

$$(AM)^2+(BM)^2=1$$

Dlatego, $M = \pm \frac{1}{\sqrt{A^2 + B^2}}$

Tak więc, zawsze mamy dwa normalne równania dla każdej linii:

$$\pm \frac{Ax + By + C}{\sqrt{A^2 + B^2}} = 0$$

Jest to również oczywiste, ponieważ istnieją dwa różne wektory jednostkowe, które są prostopadłe do danej linii.

Czynniki M nazywane są czynnikami normalizującymi. Radykalny $\sqrt{A^2 + B^2}$ jest modułem wektora normalnego $\vec{n}(A, B)$ dla tej linii, więc mamy $M = \pm \frac{1}{|\vec{n}|}$.

Współczynnik równania normalnego dla linii, ustalony względnie kartezjańskim układem współrzędnych z równaniem

$$Ax + By + C = 0 \quad \left(A^2 + B^2\right) = 1$$

ma prosty, geometryczny sens:

$$A = \vec{n} \cdot \vec{i} = \cos\alpha, \; B = \vec{n} \cdot \vec{j} = \cos\beta, \; |C| = p$$

gdzie α i β są kątami między wektorami jednostkowymi $\vec{i}$, a $\vec{j}$ dla osi współrzędnych Ox, *Oy* i wektora normalnego $\vec{n}(A, B)$ dla linii prostej $Ax + By + C = 0$, p jest odległością między początkiem współrzędnych a tą linią prostą.

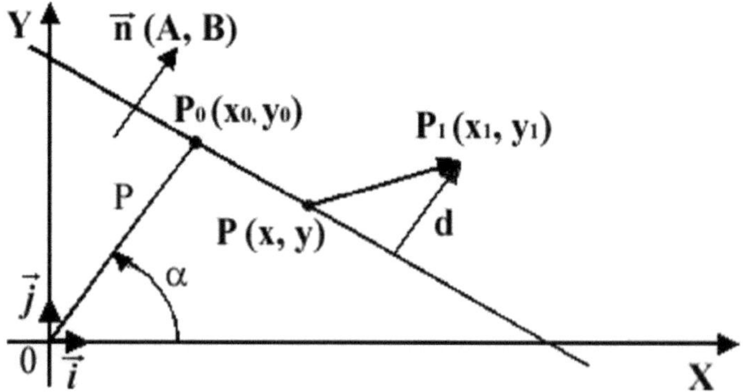

Rys. 3.5

Jeżeli $C < 0$, to A i B są cosinusami i sinusami kąta αpomiędzy dodatnim kierunkiem osi Ox a wektorem, gdzie P0 $\overrightarrow{OP_0}$jest stopą prostopadłą od początku współrzędnej do danej linii prostej i $|C| = p$jest długością tej prostopadłej (rys. 3.5).

Rzeczywiście, jeśli $C < 0$, to wektory i $\overrightarrow{OP}_0(x_0, y_0)\vec{n}(A, B)$są nie tylko współliniowe, ale mają ten sam kierunek, ponieważ

$$\vec{n} \cdot \overrightarrow{OP} = Ax_0 + By_0 = -C > 0$$

Kąt αmiędzy dodatnim kierunkiem osi Ox a wektorem $\overrightarrow{OP_0}$jest równy kątowi αmiędzy wektorem $\vec{i}(1,0)$a normalnym wektorem $\vec{n}(A, B)$dla danej linii prostej, a zatem $\vec{n}(\cos\alpha, \sin\alpha)$.

Zatem normalne równanie linii, która nie przechodzi przez początek współrzędnych, może być zapisane jako

$$x\cos\alpha + y\sin\alpha - p = 0 \qquad (2.19)$$

(ten wariant jest częsty w użyciu), gdzie α i p mają wartości wskazane powyżej (rys. 3.5).

Aby przekształcić ogólne równanie linii $Ax + By + C = 0$w formę normalną, lewą stronę tego równania należy pomnożyć przez współczynnik normalizujący

$$M = \pm\frac{1}{\sqrt{A^2 + B^2}},$$

Poza tym, wynika to z warunku$CM = -P < 0$, że wybieramy znak M w taki sposób, że jest on przeciwny do znaku C.

§ 10. ODLEGŁOŚĆ MIĘDZY PUNKTEM A LINIĄ PROSTĄ

Jeżeli linia prosta jest ustawiona względnie kartezjańskim układem współrzędnych z równaniem normalnym (2.19), wówczas odległość d pomiędzy punktem $P_1(x_1, y_1)$a tą linią jest równa wartości bezwzględnej, która jest wynikiem zastąpienia współrzędnych punktu P1 na lewą stronę równania normalnego

$$d = |x_1\cos\alpha + y_1\sin\alpha - p|$$

Dowód. Załóżmy, że $P(x,y)$jest to dowolny punkt danej linii prostej (rys. 3.5). Ponieważ wektor $\vec{n}(\cos\alpha,\sin\alpha)$jest normalny dla tej linii prostej zgodnie z kartezjańskim układem współrzędnych, oznacza to, że

$$d=\frac{\left|\vec{n}\cdot\overrightarrow{PP_1}\right|}{|\vec{n}|}=\frac{|\cos\alpha(x_1-x)+\sin\alpha(y_1-y)|}{\sqrt{\cos^2\alpha+\sin^2\alpha}}=$$

$$=|x_1\cos\alpha+y_1\sin\alpha-x\cos\alpha-y\sin\alpha|=$$

$$=|x_1\cos\alpha+y_1\sin\alpha-p|,$$ (rys. 3.5)

bo i $x\cos\alpha+y\sin\alpha-p=0-x\cos\alpha-y\sin\alpha=-p$.

Uwaga. Czasami znak jest przypisywany do odległości między punktem a linią prostą; taka odległość jest nazywana ***odchyleniem*** i przypuszczamy, że

$$\delta=x_1\cos\alpha+y_1\sin\alpha-p \qquad (2.20)$$

Linia prosta dzieli płaszczyznę na dwie półpłaszczyzny. Półpłaszczyzna nazywana jest ***ujemną***, jeśli $\delta<0$dla punktów zlokalizowanych na tej półpłaszczyznie o pochodzeniu O (0, 0). Jeśli półpłaszczyzna nie zawiera pochodzenia współrzędnych, wówczas $\delta>0$i jest nazywana ***dodatnią*** półpłaszczyzną.

§ 11. KĄT MIĘDZY DWOMA LINIAMI PROSTYMI; WARUNKI WSPÓŁLINIOWOŚCI I PROSTOPADŁOŚCI DWÓCH LINII PROSTYCH

Założmy, że dwie proste są ułożone relatywnie kartezjańskim układem współrzędnych z ogólnymi równaniami

$$A_1x + B_1y + C_1 = 0, \quad A_2x + B_2y + C_2 = 0 \qquad (2.21)$$

Następnie kąt między wektorami i $\vec{n}_1(A_1, B_1)\,\vec{n}_2(A_2, B_2)$jest równy jednemu z kątów, które są formowane z tymi liniami prostymi, a zatem cosinusy i sinusy tych kątów są obliczane za pomocą wzorów

$$\cos\varphi = \frac{\vec{n}_1 \cdot \vec{n}_2}{|\vec{n}_1| \cdot |\vec{n}_2|} = \frac{A_1A_2 + B_1B_2}{\sqrt{A_1^2 + B_1^2} \cdot \sqrt{A_2^2 + B_2^2}}\ ; \qquad (2.22)$$

$$\sin\varphi = \frac{|[\vec{n}_1 \times \vec{n}_2]|}{|\vec{n}_1| \cdot |\vec{n}_2|} = \frac{A_1B_2 - A_2B_1}{\sqrt{A_1^2 + B_1^2} \cdot \sqrt{A_2^2 + B_2^2}}. \qquad (2.23)$$

Używając wzoru (2.22), znajdujemy niezbędne i wystarczające warunki dla prostopadłości dwóch linii prostych:

$$A_1A_2 + B_1B_2 = 0\ , \qquad (2.24)$$

i używając wzoru (2.23) znajdujemy warunek współliniowości dwóch linii prostych:

$$A_1B_2 - A_2B_1 = 0 \left(\text{или} \begin{vmatrix} A_1 & B_1 \\ A_2 & B_2 \end{vmatrix} = 0 \right) \quad \text{(spójrz na § 8).} \qquad (2.25)$$

Jeśli podane linie proste są wzajemnie prostopadłe, to mamy

$$tg\varphi = \frac{A_1B_2 - A_2B_1}{A_1A_2 + B_1B_2} \qquad (2.26)$$

Ustalmy, jaką formę przybierze wzór (2.26), jeśli linie proste (2.21) zostaną ułożone za pomocą równań o współczynnikach kątowych i $k_1 = -\frac{A_1}{B_1}\, k_2 = -\frac{A_2}{B_2}$. W tym celu przekształcamy na niego wzór (2.26) i zastępujemy wartości *k1* i *k2:*

$$tg\varphi = \frac{-\frac{A_2}{B_2} + \frac{A_1}{B_1}}{1 + \left(-\frac{A_1}{B_1}\right)\left(-\frac{A_2}{B_2}\right)} = \frac{k_2 - k_1}{1 + k_1k_2}\ . \qquad (2.27)$$

Znajdujemy więc niezbędne i wystarczające warunki dla prostopadłości i współliniowości dwóch linii prostych o współczynnikach kątowych:

$1+k_1k_2=0$ i $k_1k_2=-1$ jest warunkiem dla prostopadłościanu

$k_1=k_2$ jest warunkiem współliniowości.

ROZDZIAŁ 3
PŁASZCZYZNA W PRZESTRZENI GEOMETRYCZNEJ

§ 1. RÓWNANIE PŁASZCZYZNY PRZECHODZĄCEJ PRZEZ DANY PUNKT WSPÓŁLINIOWO DWA WEKTORY NIEKOLIN-IOWE

Twierdzenie. W kartczjańskim układzic współrzędnych *x*, *y*, *z* równanie przestrzeni *P*, która przechodzi przez punkt $M_0(x_0, y_0, z_0)$i jest koplanarna do dwóch wektorów niekolizyjnych i $\vec{a}(x_1, y_1, z_1)\vec{b}(x_2, y_2, z_2)$ma postać

$$\begin{vmatrix} x-x_0 & y-y_0 & z-z_0 \\ x_1 & y_1 & z_1 \\ x_2 & y_2 & z_2 \end{vmatrix} = 0 \qquad (3.1)$$

Dowód. Załóżmy, że ten punkt $M(x,y,z)$to dowolny punkt przestrzeni. Punkt $M(x,y,z)$leży na płaszczyźnie P tylko w przypadku wektorów$\overrightarrow{M_0M}(x-x_0, y-y_0, z-z_0)$, i $\vec{a}\,\vec{b}$jest koplanarny. Warunek niezbędny i wystarczający do współdziałania tych wektorów przyjmuje postać (książka II, rozdz. 6, §3, s. 3.2)

$$\begin{vmatrix} x-x_0 & y-y_0 & z-z_0 \\ x_1 & y_1 & z_1 \\ x_2 & y_2 & z_2 \end{vmatrix} = 0$$

§ 2. OGÓLNE RÓWNANIE PŁASZCZYZNY

Wskażmy, że algebraiczna powierzchnia pierwszego rzędu jest płaska. W tym celu zamierzamy udowodnić następujące twierdzenia.

Twierdzenie *1.* W kartezjańskim układzie współrzędnych płaszczyzna jest wyznaczana za pomocą ogólnego równania współrzędnych stosunkowo bieżących pierwszego rzędu.

Dowód. Ustalamy dowolny punkt $M_0(x_0, y_0, z_0)$na płaszczyźnie P i wybieramy dwa nieliniowe wektory и$\vec{a}(x_1, y_1, z_1)\vec{b}(x_2, y_2, z_2)$, które są współliniowe do płaszczyzny P. Następnie, biorąc pod uwagę poprzedni akapit, równanie płaszczyzny P może być zapisane w postaci wzoru (3.1) lub

$$\begin{vmatrix} y_1 & z_1 \\ y_2 & z_2 \end{vmatrix}(x-x_0)-\begin{vmatrix} x_1 & z_1 \\ x_2 & z_2 \end{vmatrix}(y-y_0)+\begin{vmatrix} x_1 & y_1 \\ x_2 & y_2 \end{vmatrix}(z-z_0) \qquad (3.2)$$

Ponieważ wektory i $\vec{a}\,\vec{b}$ są współliniowe, co najmniej jeden z czynników determinujących

$$A=\begin{vmatrix} y_1 & z_1 \\ y_2 & z_2 \end{vmatrix},\quad B=-\begin{vmatrix} x_1 & z_1 \\ x_2 & z_2 \end{vmatrix},\quad C=\begin{vmatrix} x_1 & y_1 \\ x_2 & y_2 \end{vmatrix}$$

nie jest równa zeru. Rzeczywiście, w przypadku gdy wszystkie czynniki warunkujące są równe zeru, istnieje stosunek

$$\frac{x_1}{x_2}=\frac{y_1}{y_2}=\frac{z_1}{z_2}$$

i dlatego wektory są współliniowe. Stąd równanie (3.2) jest równaniem pierwszego rzędu relatywnie *x, y, z*. Jeśli założymy, że

$$-x_0\begin{vmatrix} y_1 & z_1 \\ y_2 & z_2 \end{vmatrix}+y_0\begin{vmatrix} x_1 & z_1 \\ x_2 & z_2 \end{vmatrix}-z_0\begin{vmatrix} x_1 & y_1 \\ x_2 & y_2 \end{vmatrix}=D$$

wtedy równanie (3.2) przyjmuje postać

$$Ax+By+Cz+D=0 \qquad (3.3)$$

Równanie (3.3) jest nazywane ***ogólnym równaniem płaszczyzny***.

Twierdzenie 2 (odmiana odwrotna). Ogólne równanie pierwszego rzędu

$$Ax+By+Cz+D=0 \qquad (3.4)$$

to równanie płaszczyzny w kartezjańskim układzie współrzędnych *x, y, z*.

Dowód. Załóżmy, że *x0, y0, z0* to jakieś rozwiązanie dla danego równania, tj.

$$Ax_0+By_0+Cz_0+D=0 \qquad (3.5)$$

Równanie (3.4) jest równoznaczne z równaniem, które jest wynikiem naszej równości odejmowania (3.5) od równania (3.4):

$$A(x-x_0)+B(y-y_0)+C(z-z_0)=0 \qquad (3.6)$$

Jedna z liczb A,B,C jest równa zeru; jeśli założymy, że $A\neq 0$równanie (3.6) jest równoznaczne z równaniem

$$\begin{vmatrix} x-x_0 & y-y_0 & z-z_0 \\ -B & A & 0 \\ -C & 0 & A \end{vmatrix}=0 \qquad (3.7)$$

Rzeczywiście, ostatnie równanie po ujawnieniu wyznacznika przybiera formę

$$A^2(x-x_0)+AB(y-y_0)+AC(z-z_0)=0$$

lub (ponieważ $A\neq 0$)

$$A(x-x_0)+B(y-y_0)+C(z-z_0)=0$$

Również wektory i $\vec{a}(-B,A,0)\,\vec{b}(-C,0,A)$są nieliniowe, ponieważ jeden z czynników determinujących

$$\begin{vmatrix} A & 0 \\ 0 & A \end{vmatrix}=A^2,\quad \begin{vmatrix} 0 & -B \\ A & -C \end{vmatrix}=AB,\quad \begin{vmatrix} -B & A \\ -C & 0 \end{vmatrix}=AC$$

nie jest równa zeru (pierwszy wyznacznik nie jest równy zero od tego czasu$A\neq 0$). Tak więc, równanie (3.7) i podane równanie (3.4) określają płaszczyznę (zgodnie z poprzednim twierdzeniem), która przechodzi przez punkt współliniowo (x_0, y_0, z_0)dwa niekolizyjne wektory (podane $A\neq 0$):

$$\vec{a}(-B,A,0)\text{ i }\vec{b}(-C,0,A).$$

W ten sam sposób dowodzimy, że dana płaszczyzna (pod warunkiem$B\neq 0$) jest współpłaszczyznowa do wektorów $\vec{p}(0,-C,B)\,\vec{a}(-B,A,0)$i które nie są współliniowe do siebie, ale pod warunkiem, że $C\neq 0$dana płaszczyzna jest współpłaszczyznowa do siebie i $\vec{p}(0,-C,B)\,\vec{b}(-C,0,A)$które nie są współliniowe do siebie również.

Tak więc, ***każda płaszczyzna jest powierzchnią*** ***pierwszego*** ***rzędu i na odwrót, każda powierzchnia*** ***pierwszego*** ***rzędu jest płaszczyzną***.

§ 3. WARUNKI DOTYCZĄCE PROSTOPADŁOŚCI I WSPÓŁLINIOWOŚĆ WEKTORA I PŁASZCZYZNY, USTALONA Z OGÓLNE RÓWNANIE

Twierdzenie 1. W kartezjańskim układzie współrzędnych wektor $x, y, z\ \vec{n}(A,B,C)$jest prostopadły do płaszczyzny, ustawiony za pomocą $Ax+By+Cz+D=0$.

Dowód. Wybierzmy dwa dowolne punkty M1(x1, y1, *z1*) i M2(x2, y2, *z2*) z płaszczyzny, ustawione równaniem ogólnym $Ax+By+Cz+D=0$ względnie kartezjańskim układem współrzędnych.

Wtedy mamy to

$Ax_1 + By_1 + Cz_1 + D = 0 \; Ax_2 + By_2 + Cz_2 + D = 0$, ,

Dlatego,

$$A(x_2 - x_1) + B(y_2 - y_1) + C(z_2 - z_1) = 0$$

lub

$\vec{n} \cdot \overrightarrow{M_1M_2} = 0$ (3.8)

Jeśli więc wektor $\vec{n}$ jest prostopadły do dowolnej linii prostej M_1M_2, która leży na danej płaszczyźnie, to jest on również prostopadły do płaszczyzny.

Pod warunkiem, że M1(x1, y1, *z1*) = M0(x0, y0, *z0*), M2(x2, y2, *z2*) = M(x, y2, *z*), równanie (3.8) nazywane jest ***równaniem wektorowym płaszczyzny,*** która przechodzi przez punkt M0(x0, y0, *z0*) i jest prostopadła do wektora $\vec{n}(A,B,C)$, zwanego ***podstawowym*** lub ***normalnym wektorem płaszczyzny***.

Twierdzenie 2. Załóżmy, że wektor $\vec{a}(\ell,m,g)$ i płaszczyzna są ustawione za pomocą ogólnego równania

$Ax + By + Cz + D = 0$ (3.9)

Stosunkowo kartezjański układ współrzędnych w przestrzeni.

Następnie konieczny i wystarczający warunek współliniowości wektora $\vec{a}$ i danej płaszczyzny przyjmuje postać

$$A\ell + Bm + Cg = 0$$

Dowód. Konieczność. Jeżeli wektor $\vec{a}$ jest koplanarny do płaszczyzny, ustawiony za pomocą ogólnego równania (3.9), to jest on prostopadły do podstawowego wektora płaszczyzny, $\vec{n}(A,B,C)$ a zatem,

$$\vec{n} \cdot \vec{a} = A\ell + Bm + Cg = 0$$

Wystarczająco. Jeżeli jest $A\ell + Bm + Cg = 0$, to wektor $\vec{a}(\ell,m,g)$ jest prostopadły do wektora, $\vec{n}(A,B,C)$ a więc jest koplanarny do płaszczyzny, która ma wektor $\vec{n}(A,B,C)$ jako wektor podstawowy, czyli ten, ustawiony równaniem (3.9).

W wyniku twierdzenia 1 i 2, podając A = 0, mamy równanie (3.9), które ma postać

$By + Cz + D = 0$ (3.10)

i określa płaszczyznę, w której normalny wektor $\vec{n}(0,B,C)$jest prostopadły do osi Oh. Tak więc równanie (3.10) określa płaszczyznę, która jest równoległa lub przechodzi przez oś Ox.

W analogiczny sposób definiujemy B=0 i C = 0 jako niezbędne i wystarczające warunki do uznania, że płaszczyzna jest równoległa lub przechodzi przez osie Oy i Oz.

Wynika z tego, że płaszczyzna jest równoległa lub pokrywa się z jedną z płaszczyzn współrzędnych tylko w przypadku, gdy dwa ze współczynników A, *B*, *C* staną się zerowe w jej równaniu ogólnym.

Tak więc, równania lub $Ax+D=0,\ By+D,\ Cz+D=0$ $x=a,\ y=b,\ z=c$tylko podobne równania pierwszej potęgi są równaniami płaszczyzn, równoległymi do płaszczyzn współrzędnych, a w przypadku $a=0,\ b=0,\ z=0$nich są również równaniami osi współrzędnych yOz, *xOz*, *xOy*.

Należy wspomnieć, że równanie *D* = 0 jest warunkiem koniecznym i wystarczającym do uznania, że płaszczyzna, która jest ustawiona za pomocą ogólnego równania (3.9), przechodzi przez początek współrzędnych, ponieważ punkt O (0, 0, 0) spełnia w tym przypadku dane równanie.

§ 4. RÓWNANIE PŁASZCZYZNY, PRZECHODZĄCEJ PRZEZ TRZY PUNKTY, KTÓRE NIE NALEŻĄ DO JEDNEJ LINII PROSTEJ

Załóżmy, że mamy trzy punkty M1(x1, y1, *z1*), M2(x2, y2, *z2*), M3(x3, y3, *z3*) i nie leżą one na jednej linii prostej. Te punkty wyznaczają płaszczyznę, przechodzącą przez nie, w jeden sposób. Znajdźmy równanie tego samolotu.

Wybieramy dowolny punkt M (x, y, *z*) w płaszczyźnie i rysujemy wektory

$$\vec{a}=\overrightarrow{M_1M}(x-x_1,y-y_1,z-z_1),$$
$$\vec{b}=\overrightarrow{M_1M}_2(x_2-x_1,y_2-y_1,z_2-z_1),$$
$$\vec{c}=\overrightarrow{M_1M}_3(x_3-x_1,y_3-y_1,z_3-z_1).$$

Punkt M (x, y, z) należy do płaszczyzny, której szukamy tylko w przypadku, gdy wektory $\vec{a},\vec{b},\vec{c}$ leżą na jednej płaszczyźnie, tzn. gdy są koplanarne i dlatego ich potrójny iloczyn jest równy zeru:

$$\left[\vec{a}\times\vec{b}\right]\cdot\vec{c}=0.$$

Piszemy ten potrójny iloczyn, używając współrzędnych mnożonych wektorów

$$\begin{vmatrix} x-x_1 & y-y_1 & z-z_1 \\ x_2-x_1 & y_2-y_1 & z_2-z_1 \\ x_3-x_1 & y_3-y_1 & z_3-z_1 \end{vmatrix}=0 \qquad (3.11)$$

Równanie (3.11) nazywane jest równaniem płaszczyzny, przechodzącym przez trzy podane punkty.

§ 5. FORMA PRZECHWYTYWANIA RÓWNANIA PŁASZCZYZNY

Jeżeli samolot nie przechodzi przez początek współrzędnych, a więc nie przecina wszystkich osi w punktach $(a,0,0),(0,b,0)$ è $(0,0,c)$kartezjańskiego układu współrzędnych, to na podstawie poprzedniego akapitu możemy zapisać jego równanie w następujący sposób:

$$\begin{vmatrix} x-a & y & z \\ -a & b & 0 \\ -a & 0 & c \end{vmatrix} = 0$$

lub

$$\frac{x}{a}+\frac{y}{b}+\frac{z}{c}=1$$

Równanie to nazywane jest formą przechwytywania równania płaszczyzny.

§ 6. WZAJEMNE ROZMIESZCZENIE DWÓCH SAMOLOTÓW

Przypu¶ćmy, że dwie płaszczyzny s± ustawione z ich równaniami ogólnymi stosunkowo kartezjańskim układem współrzędnych *x, y, z:*

$$A_1x+B_1y+C_1z+D_1=0 \tag{3.12}$$

$$A_2x+B_2y+C_2z+D_2=0 \tag{3.13}$$

Rozważymy różne układy tych samolotów.

6.1. Warunek przecięcia się dwóch płaszczyzn i kąta między nimi

Twierdzenie. Aby założyć, że płaszczyzny, które są ułożone za pomocą równań (3.12) i (3.13) w kartezjańskim układzie współrzędnych, przecinają się, potrzebny jest warunek konieczny i wystarczający: odpowiednie współczynniki dla x, y, z w równaniach (3.12) i (3.13) nie powinny być proporcjonalne lub przynajmniej jeden z wyznaczników

$$\begin{vmatrix} A_1 & B_1 \\ A_2 & B_2 \end{vmatrix}, \begin{vmatrix} A_1 & C_1 \\ A_2 & C_2 \end{vmatrix}, \begin{vmatrix} B_1 & C_1 \\ B_2 & C_2 \end{vmatrix} \tag{3.14}$$

nie powinno być równe zeru.

Dowód. Warunkiem koniecznym i wystarczającym do skrzyżowania dwóch płaszczyzn jest brak współliniowości ich normalnych wektorów i $\vec{n}_1(A_1,B_1,C_1)\,\vec{n}_2(A_2,B_2,C_2)$. Wektory i $\vec{n}_1\,\vec{n}_2$nie są współliniowe tylko w przypadku, gdy odpowiadające im współrzędne nie są proporcjonalne (książka. 2, rozdz. 4, §3, s. 3.3), tzn. co najmniej jeden z wyznaczników (3.14) nie jest równy zero. Na przykład

$$\frac{A_1}{A_2} \neq \frac{B_1}{B_2} = \frac{C_1}{C_2} \text{ oznacza, że } \begin{vmatrix} A_1 & B_1 \\ A_2 & B_2 \end{vmatrix} \neq 0;$$

$$\frac{A_1}{A_2} = \frac{B_1}{B_2} \neq \frac{C_1}{C_2} \text{ oznacza, że } \begin{vmatrix} B_1 & C_1 \\ B_2 & C_2 \end{vmatrix} \neq 0.$$

Znajdźmy kąt pomiędzy przecinającymi się płaszczyznami. Kąt ten oznacza jeden z przyległych do siebie kątów dwunastościennych utworzonych z tych płaszczyzn.

Przypuszczamy, że kąt między danymi płaszczyznami wynosi φ. Następnie kąt między wektorami normalnymi i $\vec{n}_1(A_1,B_1,C_1)\,\vec{n}_2(A_2,B_2,C_2)$dla tych płaszczyzn również wynosi φ lub $\pi-\varphi$. Znajdujemy kąt φ, używając wzoru iloczynu skalarnego dwóch wektorów i $\vec{n}_1\,\vec{n}_2$:

$$\cos\varphi = \frac{\vec{n}_1\cdot\vec{n}_2}{|\vec{n}_1|\cdot|\vec{n}_2|} = \frac{A_1A_2 + B_1B_2 + C_1C_2}{\sqrt{A_1^2+B_1^2+C_1^2}\cdot\sqrt{A_2^2+B_2^2+C_2^2}} \quad (3.15)$$

Dodając $\varphi = \pi/2$ do tego wzór, mamy warunek prostopadłości ***samolotów:***

$$A_1A_2 + B_1B_2 + C_1C_2 = 0.$$

6.2. Warunek równoległości dwóch płaszczyzn

Twierdzenie. Aby założyć, że płaszczyzny (3.12) i (3.13) są równoległe, potrzebujemy koniecznego i wystarczającego warunku: odpowiednie współczynniki dla *x, y, z* w równaniach (3.12) i (3.13) powinny być proporcjonalne, ale wyrażenia bezwzględne nie powinny być do nich proporcjonalne, tzn. powinna istnieć taka liczba $\lambda \neq 0$, że $A_2 = \lambda A_1$, $B_2 = \lambda B_1$, $C_2 = \lambda C_1$, $D_2 \neq \lambda D_1$lub wyznaczniki

$$\begin{vmatrix} A_1 & B_1 \\ A_2 & B_2 \end{vmatrix} = \begin{vmatrix} A_1 & C_1 \\ A_2 & C_2 \end{vmatrix} = \begin{vmatrix} B_1 & C_1 \\ B_2 & C_2 \end{vmatrix} = 0,$$

chociaż co najmniej jeden z czynników warunkujących

$$\begin{vmatrix} A_1 & B_1 \\ A_2 & B_2 \end{vmatrix}, \begin{vmatrix} A_1 & C_1 \\ A_2 & C_2 \end{vmatrix}, \begin{vmatrix} B_1 & C_1 \\ B_2 & C_2 \end{vmatrix}$$

nie powinno być równe zeru.

Dowód. Warunkiem koniecznym i wystarczającym dla równoległości płaszczyzn (3.12) i (3.13) jest współliniowość ich normalnych wektorów i $\vec{n}_1(A_1, B_1, C_1)\, \vec{n}_2(A_2, B_2, C_2)$. W zależności od stanu współliniowości wektorów, mamy lub $A_2 = \lambda A_1$, $B_2 = \lambda B_1$, $C_2 = \lambda C_1$

$$\begin{vmatrix} A_1 & B_1 \\ A_2 & B_2 \end{vmatrix} = \begin{vmatrix} A_1 & C_1 \\ A_2 & C_2 \end{vmatrix} = \begin{vmatrix} B_1 & C_1 \\ B_2 & C_2 \end{vmatrix} = 0 \qquad (3.16)$$

Chociaż innym koniecznym i wystarczającym warunkiem równoległości płaszczyzn (3.12) i (3.13) jest niespójność układu, który zawiera równania (3.12) i (3.13), tzn. każde rozwiązanie równania (3.12) nie jest rozwiązaniem równania (3.13). Oznacza to, że żaden z punktów leżących na płaszczyźnie, ustalonych za pomocą równania (3.12), nie należy do płaszczyzny, ustalonej za pomocą równania (3.13). Zgodnie z twierdzeniem Kroneckera-Capellego, system jest niespójny, jeśli rangi macierzy rozszerzonych i współczynników nie są równe. W przypadku uwzględnienia wszystkich nieletnich z drugiego rzędu macierzy współczynników $A = \begin{pmatrix} A_1 & B_1 & C_1 \\ A_2 & B_2 & C_2 \end{pmatrix}$ w układzie są równe zeru i nie wszyscy nieletni z pierwszego rzędu są równe zeru, ponieważ jeden ze współczynników w równaniach (3.12) i (3.13) nie powinien być równy zero. Stąd ranga matrycy współczynników jest równa 1: $r(A)=1$. Tak więc, aby system równań (3.12) i (3.13) był niespójny, ranga jego macierzy rozszerzonej $A^* = \begin{pmatrix} A_1 & B_1 & C_1 & D_1 \\ A_2 & B_2 & C_2 & D_2 \end{pmatrix}$ powinna być równa 2 i dlatego powinniśmy mieć małoletniego, który nie jest równy zero wśród małoletnich drugiego rzędu. Podany warunek jest równoważny z $D_2 \neq \lambda D_1$.

6.3. Warunek koincydencji dwóch samolotów

Jeżeli płaszczyzny (3.12) i (3.13) pokrywają się ze sobą, to szeregi macierzy rozszerzonych i współczynników w układzie zawierającym równania (3.12) i (3.13) powinny również pokrywać się ze sobą (układ jest spójny) lub być równe 1 (wektory normalne i $\vec{n}_1\,\vec{n}_2$ są współliniowe), tj.

$$=r\begin{pmatrix} A_1 & B_1 & C_1 \\ A_2 & B_2 & C_2 \end{pmatrix} r^*\begin{pmatrix} A_1 & B_1 & C_1 & D_1 \\ A_2 & B_2 & C_2 & D_2 \end{pmatrix}=1.$$

Tam mamy warunek zbiegu dwóch samolotów:

$$\begin{vmatrix} A_1 & B_1 \\ A_2 & B_2 \end{vmatrix}=\begin{vmatrix} A_1 & C_1 \\ A_2 & C_2 \end{vmatrix}=\begin{vmatrix} B_1 & C_1 \\ B_2 & C_2 \end{vmatrix}=\begin{vmatrix} A_1 & D_1 \\ A_2 & D_2 \end{vmatrix}=\begin{vmatrix} B_1 & D_1 \\ B_2 & D_2 \end{vmatrix}=\begin{vmatrix} C_1 & D_1 \\ C_2 & D_2 \end{vmatrix}=0,$$

lub

$$\frac{A_1}{A_2}=\frac{B_1}{B_2}=\frac{C_1}{C_2}=\frac{D_1}{D_2}$$

§ 7. WZAJEMNY UKŁAD TRZECH SAMOLOTÓW

Załóżmy, że trzy płaszczyzny są ułożone z ich równaniami ogólnymi, względnie kartezjańskim układem współrzędnych *x, y, z*:

$$\begin{aligned} &A_1x+B_1y+C_1z+D_1=0, \\ &A_2x+B_2y+C_2z+D_2=0 \qquad (3.17) \\ &A_2x+B_3y+C_3z+D_3=0 \end{aligned}$$

Na podstawie poprzedniego warunku, otrzymujemy niezbędne i wystarczające warunki do wzajemnego uzgodnienia trzech samolotów.

1. Jeżeli wyznacznik $D(A)$macierzy współczynników $A=\begin{pmatrix} A_1 & B_1 & C_1 \\ A_2 & B_2 & C_2 \\ A_3 & B_3 & C_3 \end{pmatrix}$nie jest równy zero, to trzy płaszczyzny mają tylko jeden punkt wzajemny, ponieważ w przypadku $D(A)\neq 0$układu mamy tylko jedno rozwiązanie: przy rozwiązywaniu układu (3.17) otrzymujemy to rozwiązanie, tj. współrzędne jednego punktu wzajemnego, który należy do trzech płaszczyzn (np. za pomocą wzorów Cramera)

2. Jeśli $r(A)=2$, ranga $r^*(A^*)$macierzy rozszerzonej $A^*=\begin{pmatrix} A_1 & B_1 & C_1 & D_1 \\ A_2 & B_2 & C_2 & D_2 \\ A_3 & B_3 & C_3 & D_3 \end{pmatrix}$ jest równa 3 i nie ma wektorów współliniowych wśród wektorów normalnych$\vec{n}_1(A_1,B_1,C_1)$, a $\vec{n}_2(A_2,B_2,C_2)\vec{n}_3(A_3,B_3,C_3)$układ jest niespójny ($r^*(A^*)>$); $r(A)$płaszczyzny przecinają się parami, ponadto wyróżnia się skrzyżowania proste.

3. Jeśli $r(A)=2$, $r^*(A^*)=3$to istnieją dwa współliniowe wektory wśród wektorów normalnych $\vec{n}_1(A_1,B_1,C_1)$, i ($\vec{n}_2(A_2,B_2,C_2)\vec{n}_3(A_3,B_3,C_3)$wszystkie trzy normalne wektory nie mogą być współliniowe, ponieważ $r(A)=2$) i system jest niespójny; ponadto dwie płaszczyzny są równoległe, a trzecia przecina je.

4. Jeśli $r(A)=2$, $r^*(A^*)=2$i istnieją dwa współliniowe wektory wśród wektorów normalnych $\vec{n}_1(A_1,B_1,C_1)$, a $\vec{n}_2(A_2,B_2,C_2)\vec{n}_3(A_3,B_3,C_3)$następnie samoloty są odrębne i przechodzą przez jedną linię prostą.

5. Jeśli $r(A)=2$, $r^*(A^*)=2$i istnieją dwa współliniowe wektory wśród wektorów normalnych $\vec{n}_1(A_1,B_1,C_1)$, a $\vec{n}_2(A_2,B_2,C_2)\vec{n}_3(A_3,B_3,C_3)$następnie dwie płaszczyzny zbiegają się ze sobą, a trzecia przecina je.

6. Jeśli $r(A)=1$, ale współczynniki dowolnej pary nie są proporcjonalne w równaniu (3.17), to płaszczyzny są wzajemnie równoległe.

7. Jeśli $r(A)=1$, ale istnieją tylko dwa równania, które mają współczynniki proporcjonalne pomiędzy równaniami (3.17), to dwie płaszczyzny pokrywają się ze sobą, a trzecia jest do nich równoległa.

8. Jeśli $r^*(A^*)=1$, to wszystkie samoloty pokrywają się ze sobą.

§ 8. NORMALNE RÓWNANIE PŁASZCZYZNY

Załóżmy, że jest jakiś samolot, który nie przechodzi przez początek współrzędnych. Rysujemy wiązkę z pochodzenia współrzędnych (punkt O) i jest ona prostopadła do płaszczyzny. Następnie wskazujemy punkt, w którym belka i płaszczyzna przecinają się z literą P oraz długością prostopadłą OP - z literą p (rys. 3.6).

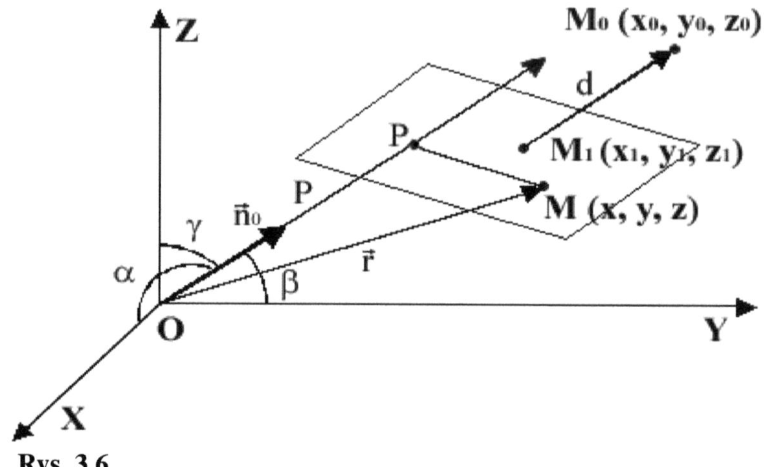

Rys. 3.6

Wybieramy wektor jednostkowy $\vec{n}_0$ z ukierunkowaniem cosinusów kątów α, β, γ na belce $\overrightarrow{OP}$. Pozytywny kierunek $\vec{n}_0$ ma być kierunek od 0 do P. Ustalmy równanie, biorąc pod uwagę długość $p = |\overrightarrow{OP}|$ i kąty nachylenia α, β, γ między wektorem $\vec{n}_0$ a osiami *Ox, Oy, Oz* znane.

Wybieramy dowolny punkt $M(x, y, z)$. Punkt ten należy do płaszczyzny ustawionej tylko w przypadku, gdy rzut jego promienia-wektora $\vec{r}(x, y, z)$ na wiązkę $\overrightarrow{OP}$ jest równy *p*; rzut ten można stwierdzić za pomocą iloczynu skalarnego $\vec{r}(x, y, z)\, \vec{n}_0(\cos\alpha, \cos\beta, \cos\gamma)$ na wektor jednostkowy:

$$p = \vec{r} \cdot \vec{n}_0 = x\cos\alpha + y\cos\beta + z\cos\gamma$$

Tam mamy równanie

$$x\cos\alpha + y\cos\beta + z\cos\gamma - p = 0\ , \qquad (3.18)$$

które jest nazywane normalnym równaniem płaszczyzny.

Należy zauważyć, że istnieje równość dla cosinusów o kątach skierowania wiązki $\overrightarrow{OP}$:

$$\cos^2\alpha + \cos^2\beta + \cos^2\gamma = 1 \qquad (3.19)$$

Tak więc równanie płaszczyzny o względnie kartezjańskim układzie współrzędnych jest nazywane normalnym, jeżeli suma kwadratów współczynników ze zmiennymi jest równa 1, a bezwzględny termin jest liczbą ujemną; tj. pod warunkiem, że

$$\begin{cases} A^2 + B^2 + C^2 = 1, \\ D < 0 \ (\text{т.к. } p = \left|\overrightarrow{OP}\right| > 0, \text{ и, следовательно, } D = -p < 0) \end{cases} \tag{3.20}$$

W formie wektorowej, normalne równanie płaszczyzny ma postać $\vec{r} \cdot \vec{n}_0 = p$ lub $\vec{r} \cdot \vec{n}_0 - p = 0$.

Jeżeli samolot przechodzi przez początek, to p = 0, a kierunek wektora $\vec{n}_0$może być wybrany arbitralnie.

§ 9. PRZEKSZTAŁCENIE OGÓLNEGO RÓWNANIA PŁASZCZYZNY W FORMĘ NORMALNĄ

Załóżmy, że podane jest ogólne równanie samolotu:

(3.21)

$$Ax + By + Cz + D = 0$$

Mnożymy obie strony tego równania przez liczbę$M \neq 0$:

$$AMx + BMy + CMz + DM = 0 \tag{3.22}$$

Równanie (3.22) można przekształcić na postać normalną, jeżeli spełnione są warunki (3.20):

$$\begin{cases} (AM)^2 + (BM)^2 + (CM)^2 = 1, \\ DM < 0 \end{cases}$$

Rozwiązując ten system stosunkowo dużą liczbą M, otrzymujemy

$$\begin{cases} |M| = \dfrac{1}{\sqrt{A^2 + B^2 + C^2}} \\ DM < 0 \end{cases}$$

Liczba M jest nazywana współczynnikiem normalizującym równanie (3.21).

Jeśli $D < 0$ więc mamy$M > 0$

$$M = \frac{1}{\sqrt{A^2 + B^2 + C^2}}$$

Jeśli $D > 0$więc mamy$M < 0$

$$M = -\frac{1}{\sqrt{A^2 + B^2 + C^2}}$$

Tak więc, znak czynnika normalizującego jest przeciwny do znaku terminu bezwzględnego dla równania na płaszczyźnie. Jeżeli $D = 0$, to można wybrać numer M za pomocą dowolnego znaku.

Dlatego, aby przekształcić ogólne równanie płaszczyzny w formę normalną, musimy pomnożyć obie części ogólnego równania przez jego współczynnik normalizujący.

§ 10. ODLEGŁOŚĆ MIĘDZY PUNKTEM A PŁASZCZYZNĄ

Twierdzenie. Jeżeli płaszczyzna jest ustawiona za pomocą normalnego równania

$Ax + By + Cz + D = 0$,

(w przypadku gdy istnieją $A = \cos\alpha,\ B = \cos\beta,\ C = \cos\gamma,\ D = -p$) względnie kartezjańskie układy współrzędnych, wówczas odległość d pomiędzy punktem $M_0(x_0, y_0, z_0)$a tą płaszczyzną oblicza się za pomocą wzoru

$$d = |Ax_0 + By_0 + Cz_0 + D| \text{ (lub } d = |x_0 \cos\alpha + y_0 \cos\beta + z_0 \cos\gamma - p|\text{)}.$$

Oznacza to, że odległość pomiędzy punktem a płaszczyzną, ustalona równaniem normalnym, względnie kartezjańskim układem współrzędnych, jest równa wartości bezwzględnej, która jest wynikiem podstawienia współrzędnych danego punktu na lewą stronę równania płaszczyzny.

Dowód. Zrzucamy prostopadłą z punktu M0 do tej płaszczyzny i rozważamy wektor$\overrightarrow{M_1M_0}$, gdzie punkt $M_1(x_1, y_1, z_1)$jest podstawą prostopadłościanu i należy do płaszczyzny. Następnie mamy to ($|\overrightarrow{M_1M_0}| = d$ rys. 3.6). Wektory i $\vec{n}_0(\cos\alpha, \cos\beta, \cos\gamma)$ $\overrightarrow{M_1M_0}(x_0 - x_1, y_0 - y_1, z_0 - z_1)$są współliniowe, stąd też, w odniesieniu do, $|\vec{n}_0| = 1$mamy

$$|\overrightarrow{M_1M_0} \cdot \vec{n}_0| = |\overrightarrow{M_1M_0}| = |(x_0 - x_1)\cos\alpha + (y_0 - y_1)\cos\beta + (z_0 - z_1)\cos\gamma|.$$

Tam otrzymujemy

$$d = |\overrightarrow{M_1M_0}| = |x_0 \cos\alpha + y_0 \cos\beta + z_0 \cos\gamma - p|,$$

pod warunkiem, że weźmiemy to pod uwagę $-x_1\cos\alpha - y_1\cos\beta - z_1\cos\gamma = -p$ (punkt M1 należy do samolotu).

Jeżeli płaszczyzna jest ustawiona za pomocą ogólnego równania

$$Ax + By + Cz + D = 0,$$

Następnie, aby znaleźć odległość d pomiędzy punktem $M_0(x_0, y_0, z_0)$ a płaszczyzną, powinniśmy najpierw przekształcić równanie na postać normalną, a następnie znaleźć wartość bezwzględną jego lewej strony w punkcie M0:

$$d = \left|\frac{Ax_0 + By_0 + Cz_0 + D}{\pm\sqrt{A^2 + B^2 + C^2}}\right|.$$

Uwaga. Czasami odległość między punktem a płaszczyzną uzyskuje jakiś znak; taka odległość nazywana jest odchyleniem i przypuszczamy, że

$$\delta = \left|\overrightarrow{M_1M_0}\right|\cos\psi = x_0\cos\alpha + y_0\cos\beta + z_0\cos\gamma - p,$$

gdzie ψ jest kąt między wektorami współliniowymi i $\overrightarrow{M_1M_0}$ $\vec{n}_0$.

Samolot dzieli przestrzeń na dwie półprzestrzenie. Tam i $\psi = -\pi$ $\delta < 0$dla punktów w półprzestrzeni, które zawierają pochodzenie O (0, 0, 0). Ta półprzestrzeń nazywana jest negatywną. Również tam i $\psi = 0$ $\delta > 0$ jeśli półprzestrzeń nie zawiera pochodzenia (rys.3.6). Ta półprzestrzeń nazywana jest pozytywną.

ROZDZIAŁ 4
LINIA PROSTA I PŁASZCZYZNA W PRZESTRZENI TRÓJWYMIAROWEJ

§ 1. RÓWNANIA LINII PROSTEJ W PRZESTRZEŃ TRÓJWYMIAROWA

W przestrzeni trójwymiarowej można wyznaczyć linię prostą za pomocą różnych wariantów: za pomocą punktu i kierunku, przecięcia dwóch płaszczyzn, dwóch punktów itp.

1.1. Równania kanoniczne i parametryczne linii

W kartezjańskim układzie współrzędnych równanie linii prostej przechodzącej przez punkt $M_0(x_0, y_0, z_0)$i posiadającej wektor kierujący to $\vec{a}(\ell, m, k)$

$$\frac{x-x_0}{\ell}=\frac{y-y_0}{m}=\frac{z-z_0}{k} \qquad (4.1)$$

Równania te nazywane są ***równaniami kanonicznymi o linii prostej w przestrzeni trójwymiarowej*** lub w formie parametrycznej:

$$x=x_0+\ell t,\ y=y_0+mt,\ z=z_0+kt\ . \qquad (4.2)$$

Załóżmy, że punkt $M(x,y,z)$jest punktem arbitralnym; leży na linii prostej, przechodzącej przez punkt M0, który jest współliniowy do wektora $\vec{a}$tylko w przypadku wektorów i $\overrightarrow{M_0M}(x-x_0, y-y_0, z-z_0)\,\vec{a}(\ell,m,k)$ jest współliniowy, tzn. tylko w przypadku gdy współrzędne tych wektorów są proporcjonalne:

$$\frac{x-x_0}{\ell}=\frac{y-y_0}{m}=\frac{z-z_0}{k}.$$

$\vec{a}\neq\vec{0}$Od tego czasu niezbędny i wystarczający warunek współliniowości wektorów $\overrightarrow{M_0M}$i $\vec{a}$może być również napisane w następujący sposób:

$\overrightarrow{M_0M}=t\vec{a}$ (wektory są proporcjonalne),

lub

$$(x-x_0, y-y_0, z-z_0)=t(\ell,m,k)\ , \qquad (4.3)$$

dzięki czemu otrzymujemy równania (4.2).

Jedna lub dwie liczby spośród liczb ℓ, m, k mogą być równe zeru w równaniach (4.1). Jednocześnie, wszystkie trzy liczby ℓ, m, k nie mogą iść do ℓ, m, k zera, ponieważ $\vec{a} \neq \vec{0}$. Załóżmy, że jeśli jeden z mianowników w równaniu (4.1) staje się zerem, to odpowiadający mu licznik również staje się zerem. Na przykład, stosunek oznacza, że $\frac{x-x_0}{0}$ lub $x-x_0=0$ $x=x_0$, czyli określa płaszczyznę, która jest prostopadła do osi Ox.

Jeśli $\ell=0$, to skierowanie wektora jest prostopadłe do osi odciętych. Następnie równania

$$\frac{x-x_0}{0}=\frac{y-y_0}{m}=\frac{z-z_0}{k}$$

określić linię prostą, która jest prostopadła do osi Oh.

W ten sam sposób równania z i $m=0$ $k=0$, wyznaczają linie proste, które są prostopadłe odpowiednio do osi *Oy* i *Oz*. Jeżeli $\ell=m=0$, lub $\ell=k=0$ $m=k=0$, równania (4.1) określają linie proste, które są równoległe do osi współrzędnych *Oz, Oy, Ox* odpowiednio.

Równania kanoniczne i parametryczne linii prostej w przestrzeni trójwymiarowej mogą być również zapisane w formie wektorowej. W tym celu wprowadzamy promień-wektor $\vec{r}_0$ dla punktu $M_0(x_0, y_0, z_0)$ i promień-wektor $\vec{r}$ dla punktu $M(x,y,z)$. Następnie, w odniesieniu do współliniowości wektorów i $\vec{a}(\ell, m, k)$ $\overrightarrow{M_0M}=\vec{r}-\vec{r}_0$ ich iloczynu wektorowego jest równy zero-wektorowi

$$[\vec{r}-\vec{r}_0]\times\vec{a}=\vec{0} \qquad (4.4)$$

a równanie (4.3) ma postać

$$(\vec{r}-\vec{r}_0)=t\vec{a} \text{ lub } \vec{r}=\vec{r}_0+t\vec{a}. \qquad (4.5)$$

W wyrażeniu współrzędnych, równanie (4.4) ma postać równań (4.1) i dlatego nazywane jest równaniem ***kanonicznym linii w postaci wektorowej***, a równanie (3.27) jest formą równań (4.2) i nazywane jest ***równaniem linii prostej w przestrzeni trójwymiarowej w postaci wektorowej-parametrycznej***.

1.2. Równania linii prostej przechodzącej przez dwa punkty

Równania linii prostej przechodzącej przez dwa różne punkty i $M_1(x_1, y_1, z_1)$ $M_2(x_2, y_2, z_2)$ustalonej kartezjańskim układem współrzędnych można zapisać w postaci

$$\frac{x-x_1}{x_2-x_1}=\frac{y-y_1}{y_2-y_1}=\frac{z-z_1}{z_2-z_1},$$

lub w formie parametrycznej

$$x=x_1+t(x_2-x_1),\ y=y_1+t(y_2-y_1),\ z=z_1+t(z_2-z_1).$$

Dowód. Wektor $\overrightarrow{M_1M_2}(x_2-x_1,\ y_2-y_1,\ z_2-z_1)$można nazwać wektorem kierującym linią prostą, a po nim możemy wykorzystać wynik z poprzedniego akapitu.

1.3. Linia prosta jako linia przecięcia dwóch płaszczyzn Ogólne równanie linii

W przypadku ogólnym, linia prosta może być ustawiona za pomocą równań dwóch płaszczyzn

$$\begin{cases} A_1x+B_1y+C_1z+D_1=0 \\ A_2x+B_2y+C_2z+D_2=0 \end{cases}, \qquad (4.6)$$

które przecinają się wzdłuż tej prostej linii. Układ (4.6) jest nazywany ***ogólnym równaniem linii prostej w przestrzeni trójwymiarowej***.

Aby przekształcić linię prostą, ustawioną dwoma przecinającymi się płaszczyznami (4.6), w formę kanoniczną, powinniśmy znaleźć jakieś rozwiązanie x_0, y_0, z_0dla układu (4.6). Punkt $M_0(x_0, y_0, z_0)$leży na linii prostej, gdzie przecinają się płaszczyzny (4.6). Następnie wektor $\vec{a}$o współrzędnych

$$\ell=\begin{vmatrix} B_1 & C_1 \\ B_2 & C_2 \end{vmatrix},\quad m=\begin{vmatrix} C_1 & A_1 \\ C_2 & A_2 \end{vmatrix},\quad k=\begin{vmatrix} A_1 & B_1 \\ A_2 & B_2 \end{vmatrix}$$

kieruje wektor tej linii prostej, ponieważ nie jest on równy zeru i koplanarny każdemu z tych samolotów. Rzeczywiście, stosując niezbędne i wystarczające warunki dla współbieżności wektora i płaszczyzny, otrzymujemy

$$A_1\ell+B_1m+C_1k=A_1\begin{vmatrix} B_1 & C_1 \\ B_2 & C_2 \end{vmatrix}+B_1\begin{vmatrix} C_1 & A_1 \\ C_2 & A_2 \end{vmatrix}+C_1\begin{vmatrix} A_1 & B_1 \\ A_2 & B_2 \end{vmatrix}=\begin{vmatrix} A_1 & B_1 & C_1 \\ A_1 & B_1 & C_1 \\ A_2 & B_2 & C_2 \end{vmatrix}=0$$

a więc, $A_2\ell + B_2m + C_2k = 0$ ponieważ wektor $\vec{a}(\ell, m, k)$ jest współliniowy do linii prostej, gdzie przecinają się płaszczyzny (4.6).

Następnie można zapisać równania kanoniczne z linii prostej (4.6) w postaci

$$\frac{x - x_0}{\begin{vmatrix} B_1 & C_1 \\ B_2 & C_2 \end{vmatrix}} = \frac{y - y_0}{\begin{vmatrix} C_1 & A_1 \\ C_2 & A_2 \end{vmatrix}} = \frac{z - z_0}{\begin{vmatrix} A_1 & B_1 \\ A_2 & B_2 \end{vmatrix}}$$

§ 2. KĄT MIĘDZY DWIEMA LINIAMI PROSTYMI W PRZESTRZEŃ TRÓJWYMIAROWA

Kąty pomiędzy dwoma prostymi w przestrzeni to dowolny kąt pomiędzy dwoma równoległymi do niego liniami, które przechodzą przez jakiś punkt w przestrzeni. Tak więc dwie proste linie w przestrzeni (jeśli nie są prostopadłe) tworzą dwa różne kąty: ostry i nieprostopadły. Suma tych kątów wynosi π.

Załóżmy, że wektory i $\vec{a}(\ell_1, m_1, k_1)\,\vec{b}(\ell_2, m_2, k_2)$ wektory kierujące dla danych linii wyznaczają relatywnie kartezjański prostokątny układ współrzędnych. Kąt pomiędzy tymi wektorami jest równy jednemu z kątów utworzonych z danych linii prostych. Stąd cosinusy kątów pomiędzy danymi liniami wyrażone są wzorem

$$\cos\varphi_{1,2} = \pm\frac{\ell_1\ell_2 + m_1m_2 + k_1k_2}{\sqrt{\ell_1^2 + m_1^2 + k_1^2}\cdot\sqrt{\ell_2^2 + m_2^2 + k_2^2}}\,.$$

Tam uzyskujemy niezbędny i wystarczający warunek prostopadłości dwóch linii:

$$\ell_1\ell_2 + m_1m_2 + k_1k_2 = 0\ ;$$

Aby wykonać dwie prostoliniowe, wzajemnie prostopadłe do siebie linie, potrzebujemy koniecznego i wystarczającego warunku: suma iloczynów dla odpowiednich współrzędnych, które odnoszą się do wektorów kierujących tymi liniami, powinna być równa zeru.

§ 3. WARUNEK DO ROZWAŻENIA DWÓCH LINII PROSTYCH NALEŻĄCY DO TEGO SAMEGO SAMOLOTU

Załóżmy, że dwie linie proste są ułożone za pomocą równań kanonicznych

$$\frac{x-x_1}{\ell_1}=\frac{y-y_1}{m_1}=\frac{z-z_1}{k_1}$$

$$\frac{x-x_2}{\ell_2}=\frac{y-y_2}{m_2}=\frac{z-z_2}{k_2}$$

(4.7)

Jeśli dwie linie proste należą do tej samej płaszczyzny, to ich wektory kierujące $\vec{a}_1(\ell_1,m_1,k_1)\,\vec{a}_2(\ell_2,m_2,k_2)$i wektory $\overrightarrow{M_1M_2}(x_2-x_1,y_2-y_1,z_2-z_1)$są koplanarne, tzn. istnieje produkt mieszany:

$$[\vec{a}_1\times\vec{a}_2]\cdot\overrightarrow{M_1M_2}=0$$

Tam, warunek rozważenia linii prostych należących do tej samej płaszczyzny, która jest zapisana w formie współrzędnych, ma postać

$$\begin{vmatrix} x_2-x_1 & y_2-y_1 & z_2-z_1 \\ \ell_1 & m_1 & k_1 \\ \ell_2 & m_2 & k_2 \end{vmatrix}=0$$

§ 4. ODLEGŁOŚĆ MIĘDZY PUNKTEM A LINIĄ PROSTĄ W PRZESTRZEŃ TRÓJWYMIAROWA

Załóżmy, że ten punkt $M_1(x_1,y_1,z_1)$i linia prosta są ustawione za pomocą równania kanonicznego

$$\frac{x-x_0}{\ell}=\frac{y-y_0}{m}=\frac{z-z_0}{g}$$

względnie kartezjański prostokątny układ współrzędnych w przestrzeni.

Odległość *d* pomiędzy punktem *M1* a linią prostą można zdefiniować jako wysokość równoległoboku, którego boki są $\overrightarrow{M_0M_1}$wektorem i wektorem kierującym dla linii prostej, która jest wyznaczona od punktu M0 tej linii. Dlatego, aby dowiedzieć się o odległości *d*, rozważamy moduł wektorowy produktu:

$$\left|\left[\overrightarrow{M_0M_1}\times\vec{a}\right]\right|=\left|\overrightarrow{M_0M_1}\right|\left|\vec{a}\right|sin\varphi$$

chociaż $|M_0M_1|\sin\varphi=d$ jest to wysokość równoległoboku, to dlatego mamy

$\left|\left[\overrightarrow{M_0M_1} \times \vec{a}\right]\right| = d|\vec{a}|$ więc..,

$$d = \frac{\left|\left[\overrightarrow{M_0M_1} \times \vec{a}\right]\right|}{|\vec{a}|}$$

$\overrightarrow{M_0M_1}(x_1 - x_0, y_1 - y_0, z_1 - z_0)$Od tego czasu otrzymujemy, że $\vec{a}(\ell, m, g)$

$$d = \frac{\left\| \begin{matrix} \vec{i} & \vec{j} & \vec{k} \\ x_1 - x_0 & y_1 - y_0 & z_1 - z_0 \\ \ell & m & g \end{matrix} \right\|}{\sqrt{\ell^2 + m^2 + g^2}} =$$

$$= \frac{\sqrt{\begin{vmatrix} y_1 - y_0 & z_1 - z_0 \\ m & g \end{vmatrix}^2 + \begin{vmatrix} z_1 - z_0 & x_1 - x_0 \\ g & \ell \end{vmatrix}^2 + \begin{vmatrix} x_1 - x_0 & y_1 - y_0 \\ \ell & m \end{vmatrix}^2}}{\sqrt{\ell^2 + m^2 + g^2}}$$

§ 5. KĄT MIĘDZY LINIĄ PROSTĄ A PŁASZCZYZNĄ. WARUNEK PROSTOPADŁOŚCIŁOŚCI LINII PROSTEJ I PŁASZCZYZNY

Kąt pomiędzy linią prostą a płaszczyzną (o ile nie są one prostopadłe) nazywany jest mniejszym kątem pomiędzy dwoma kątami pomiędzy tą linią prostą a jej rzutem prostopadłym na tę płaszczyznę. Jeżeli linia prosta i płaszczyzna są prostopadłe, to kąt między nimi jest równy $\pi/2$.

Prostopadły rzut linii prostej na płaszczyznę jest linią prostą utworzoną przez przecięcie danej płaszczyzny z płaszczyzną przechodzącą przez daną prostą prostopadłą do niej.

Załóżmy, że samolot jest ustawiony z ogólnym równaniem

$$Ax + By + Cz + D = 0 \qquad (4.8)$$

a linia prosta jest ustawiona za pomocą równania kanonicznego

$$\frac{x - x_0}{\ell} = \frac{y - y_0}{m} = \frac{z - z_0}{g}. \qquad (4.9)$$

względnie kartezjański prostokątny układ współrzędnych.

Wyznaczamy kąt między linią prostą a płaszczyzną przez φ, kąt między wektorem normalnym $\vec{n}(A, B, C)$, prostopadłym do danej płaszczyzny, a wektorem kierującym $\vec{a}(\ell, m, g)$dla tej linii prostej przez (α rys. 3.7).

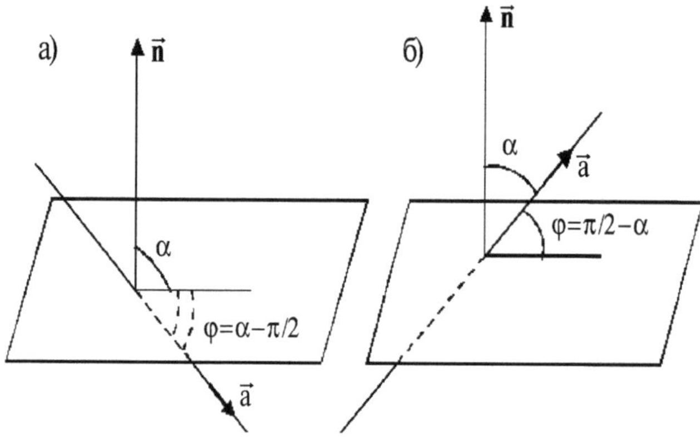

Rys. 3.7

Następnie (rys. $\varphi = \alpha - \pi/2$3.7, a) lub ($\varphi = {}^{\pi}\!/_{2} - \alpha$rys. 3.7, b) i $\sin\varphi = |\cos\alpha|$. Cosinus kąta α między wektorami i $\vec{n}$jest$\vec{a}$

$$\cos\alpha = \frac{\vec{n}\cdot\vec{a}}{|\vec{n}|\cdot|\vec{a}|} = \frac{A\ell + Bm + Cg}{\sqrt{A^2+B^2+C^2}\cdot\sqrt{\ell^2+m^2+g^2}},$$

tak więc sinus kąta φmiędzy daną linią prostą a daną płaszczyzną jest wyznaczany za pomocą

$$\sin\varphi = \frac{|A\ell + Bm + Cg|}{\sqrt{A^2+B^2+C^2}\cdot\sqrt{\ell^2+m^2+g^2}}.$$

Jeżeli linia prosta (4.9) jest prostopadła do płaszczyzny (4.8), to skierowanie wektora $\vec{a}(\ell, m, g)$dla linii prostej jest współliniowe do wektora $\vec{n}(A, B, C)$, który jest prostopadły do danej płaszczyzny. Współrzędne tych wektorów są więc proporcjonalne, tj. istnieje taka liczbaλ, która nie jest równa zeru, że

$$A = \lambda\ell,\quad B = \lambda m,\quad C = \lambda g,$$

lub

$$\frac{A}{\ell} = \frac{B}{m} = \frac{C}{g}.$$

Przeciwnie, jeśli proporcje te są osiągnięte, to wektory i $\vec{a}(\ell,m,g)$ $\vec{n}(A,B,C)$są współliniowe, tzn. wektor kierujący daną linią prostą jest współliniowy do wektora$\vec{n}(A,B,C)$, prostopadły do danej płaszczyzny, a więc dana linia prosta i płaszczyzna są prostopadłe do siebie.

Aby więc rozpatrywać prostą i płaszczyznę prostopadłą, które są ustawione względnie kartezjańskim prostokątnym układem współrzędnych, potrzebujemy koniecznego i wystarczającego warunku, zgodnie z którym współrzędne wektora kierującego dla linii prostej powinny być proporcjonalne do współczynników z *x*, *y*, *z* w równaniu płaszczyzny.

§ 6. NAJKRÓTSZA ODLEGŁOŚĆ MIĘDZY DWIEMA LINIAMI POCHYLENIOWYMI

Dwie proste o trójwymiarowej przestrzeni nazywane są pochyłymi, jeśli nie przecinają się i nie są równoległe, tzn. nie leżą na tej samej płaszczyźnie. Tylko dwie równoległe płaszczyzny mogą być rysowane przez linie pochylenia. Odległość pomiędzy tymi płaszczyznami jest najmniejszą odległością pomiędzy danymi liniami, która określa długość odcinka pomiędzy wspólną prostopadłą a tymi dwoma prostymi, których końce leżą na tych liniach prostych.

Załóżmy, że dwie linie pochylenia są ustawione za pomocą równań (4.7) i musimy znaleźć najkrótszą odległość *d* między nimi.

Iloczyn wektorowy wektorów kierujących i $\vec{a}_1(\ell_1,m_1,g_1)\,\vec{a}_2(\ell_2,m_2,g_2)$ dla danych linii prostych jest wektorem, który jest prostopadły do każdej z tych linii prostych: $\vec{n}=[\vec{a}_1\times\vec{a}_2]$. Wtedy najkrótsza odległość *d* między nimi jest równa bezwzględnej wartości projekcji wektorowej

$$\overrightarrow{M_1M_2}(x_2-x_1,y_2-y_1,z_2-z_1),$$

których początek $M_1(x_1,y_1,z_1)$i koniec leżą$M_2(x_2,y_2,z_2)$ wzajemnie na [1.] i [2.] linii prostej, na linii prostej, która jest równoległa do wektora $\vec{n}$.

$$d=\left|\frac{\overrightarrow{M_1M_2}\cdot\vec{n}}{|\vec{n}|}\right| \text{lub}\, d=\frac{\left|\overrightarrow{M_1M_2}\cdot[\vec{a}_1\times\vec{a}_2]\right|}{\left|[\vec{a}_1\times\vec{a}_2]\right|}$$

We współrzędnych

$$d=\frac{\left\|\begin{matrix} x_2-x_1 & y_2-y_1 & z_2-z_1 \\ \ell_1 & m_1 & g_1 \\ \ell_2 & m_2 & g_2 \end{matrix}\right\|}{\sqrt{\begin{vmatrix} m_1 & g_1 \\ m_2 & g_2 \end{vmatrix}^2+\begin{vmatrix} g_1 & \ell_1 \\ g_2 & \ell_2 \end{vmatrix}^2+\begin{vmatrix} \ell_1 & m_1 \\ \ell_2 & m_2 \end{vmatrix}^2}}$$

Należy wspomnieć, że wzór pasuje również do dwóch przecinających się linii prostych: licznik znika zera, mianownik nie jest równy zeru i dlatego $d=0$.

ROZDZIAŁ 5
LINIE I POWIERZCHNIA ZAMÓWIEŃ [2.]

Pamiętajmy równanie powierzchni [drugiego] rzędu (1.6):

$$a_{11}x^2 + a_{22}y^2 + a_{33}z^2 + 2a_{12}xy + 2a_{23}yz + 2a_{13}xz + 2a_{10}x + 2a_{20}y + 2a_{30}z + a_{00} = 0 \qquad (5.1)$$

Jeżeli jakaś płaszczyzna (powierzchnia [I] rzędu) przecina powierzchnię [II rzędu], wówczas otrzymana linia staje się krzywą [II] rzędu. Bez utraty ogólnikowości, możemy wziąć dowolny z samolotów współrzędnych jako samolot odosobniony.

Układ równań składający się z równania (5.1) i jednego z równań $x = 0,\ y = 0,\ z = 0$, wyznacza krzywą [drugiego] rzędu, która z kolei nakłada na siebie płaszczyzny współrzędnych *yOz, xOz* i *xOy*. Następnie rozważymy linie [2.] rzędu, które zakładają *xOy*.

Ogólne równanie takiej linii ma postać (1.4)

$$a_{11}x^2 + a_{22}y^2 + 2a_{12}xy + 2a_{10}x + 2a_{20}y + a_{00} = 0\,, \qquad (5.2)$$

gdzie jest $a_{11}^2 + a_{12}^2 + a_{22}^2 \neq 0$, i. e. przynajmniej jedna z liczb a_{11}, a_{12}, a_{22} nie jest równa zeru.

§ 1. POŁĄCZENIA ZAMÓWIEŃ [2.] PYTANIA

1.1. Ellipse

Definicja. Elipsa to miejsce położenia punktów na płaszczyźnie, którego suma odległości dla każdego z nich pomiędzy dwoma punktami (które są ogniskami) tej samej płaszczyzny jest stałą liczbą *2a* i jest większa od odległości ***ogniskowej*** 2c pomiędzy ogniskami $(a > 0, c > 0)$.

Załóżmy, że M jest dowolną liczbą elipsy, a *F1* i *F2* (i długości segmentów *r1* i *r2*) są jej punktami ciężkości. Segmenty *MF1* i *MF2* są nazywane ***promieniami ogniskowymi*** punktu *M* dla elipsy. Zgodnie z tą definicją o elipsie mamy

$$r_1 + r_2 = 2a = const \qquad (5.3)$$

Ogniskowe promienie *r1* i *r2* wyrażamy za pomocą współrzędnych punktów M, *F1* i *F2*. W tym celu wprowadzamy do płaszczyzny kartezjański prostokątny układ współrzędnych *xOy*, przyjmując odcinek środkowy *F1F2 jako początek,* a linię *F1F2* (odległość między punktami *F1* i *F2*) jako oś Ox (rys. 3.8). W tym układzie współrzędnych ostrość *F1 ma współrzędne* -c, 0, a ostrość *F2* ma współrzędne c, 0. Wyrażając współrzędne punktów *M* przez x i *y*, otrzymujemy

$$r_1 = \sqrt{(x+c)^2 + y^2}, \quad r_2 = \sqrt{(x-c)^2 + y^2}$$

a stosunek (5.3) ma postać

$$\sqrt{(x+c)^2 + y^2} + \sqrt{(x-c)^2 + y^2} = 2a \qquad (5.4)$$

Na początku może wydawać się niejasne, czy równanie (5.4) odnosi się do równań krzywych drugiego rzędu jako równanie (5.2). Nieco przekształcamy równanie (5.4), w szczególności pozbywamy się irracjonalności. Pierwszy rodnik przenosimy na prawą stronę i kwadratujemy obie części otrzymanego równania:

$$(x-c)^2 + y^2 = 4a^2 - 4a\sqrt{(x+c)^2 + y^2} + (x+c)^2 + y^2.$$

Po transformacji znajdujemy

$$a\sqrt{(x+c)^2 + y^2} = a^2 + cx.$$

Podzielenie obu części tego równania otrzymujemy (zgodnie z warunkiem $a > c$, то $a^2 - c^2 > 0$)

$$a^2\left[(x+c)^2 + y^2\right] = \left(a^2 + cx\right)^2,$$

lub

$$\left(a^2 - c^2\right)x^2 + a^2y^2 = a^2\left(a^2 - c^2\right).$$

Wyrażając $a^2 - c^2\, b^2$ i biorąc $a^2\left(a^2 - c^2\right) = a^2b^2 > 0$ pod uwagę, znajdujemy

$$\frac{x^2}{a^2} + \frac{y^2}{b^2} = 1\,. \qquad (5.5)$$

Udowodniliśmy, że współrzędne dowolnego punktu *M* (*x*, *y*) elipsy spełniają równanie (5.5), a więc równanie krzywej drugiego rzędu (5.2), pod warunkiem, że

$$a_{11} = \frac{1}{a^2},\ a_{22} = \frac{1}{b^2},\ a_{00} = -1,\ a_{12} = a_{10} = a_{20} = 0.$$

Jednakże równanie (5.5) nie może być jeszcze nazwane równaniem elipsy, ponieważ nie jest udowodnione i. e. jeżeli liczby *x* i *y* spełniają równanie (5.5), a następnie punkt $a^2-c^2=b^2>0\,M$ o współrzędnych x i y spełnia współczynnik (5.4), i. e. leży na elipsie.

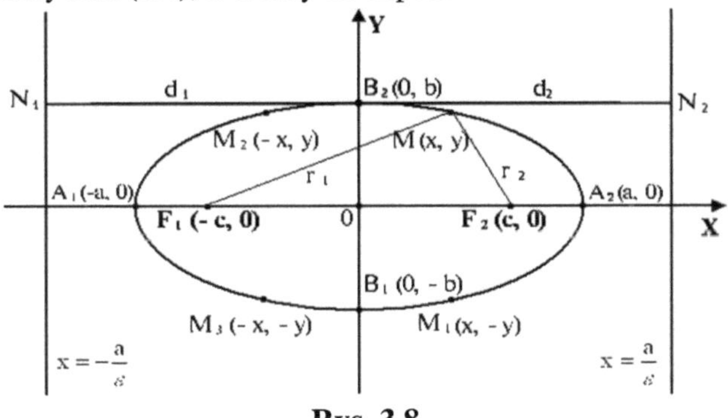

Rys. 3.8

Mamy to udowodnić. Załóżmy, że współrzędne punktu M (x, y) spełniają równanie (5.5). Następnie za pomocą równania (5.5) znajdujemy $y^2=\frac{b^2}{a^2}\left(a^2-x^2\right)$.

Definiujemy promienie ogniskowe punktu M (x, y)

$$r_1=\sqrt{(x+c)^2+\frac{b^2}{a^2}\left(a^2-x^2\right)}=\sqrt{(x+c)^2+\frac{a^2-c^2}{a^2}\left(a^2-x^2\right)}=$$

$$=\sqrt{\frac{a^4+2a^2cx+c^2x^2}{a^2}}=\sqrt{\frac{\left(a^2+cx\right)^2}{a^2}}=\left|a+\frac{cx}{a}\right|.$$

W ten sam sposób możemy uzyskać wartość $r2$:

$$r_2=\left|a-\frac{cx}{a}\right|.$$

Od

$$\frac{x^2}{a^2}+\frac{y^2}{b^2}=1,$$

to mamy $|x|\le a$ $0<c<a$, a od tego czasu mamy, a $a+\frac{cx}{a}>0$ $a-\frac{cx}{a}>0$ więc..,

$$r_1=a+\frac{cx}{a}\ r_2=a-\frac{cx}{a},, \qquad (5.6)$$

a zatem

$$r_1+r_2=2a.$$

Tak więc, równanie (5.5) jest równaniem elipsy i jest nazywane kanonicznym.

Właściwości elipsoidalne

1. Zgodnie z kanonicznym równaniem elipsy (5.5), elipsa odnosi się do krzywych drugiego rzędu.

2. Zgodnie ze wzorem (5.5), $|x| \le a$, $|y| \le b$.

W sensie geometrycznym oznacza to, że elipsa znajduje się wewnątrz prostokąta, którego boki są liniami $x = a$, $x = -a$, $y = b$, $y = -b$, i. e. elipsa jest krzywą ograniczoną.

3. Ponieważ współrzędne x i y unoszą się do potęgi parzystej (czyli do drugiej potęgi), to jeżeli punkt M (x, y) leży na elipsie, to punkty M1(x,-y) i M2(-x, y) leżą na tej samej elipsie, które są symetryczne (albo punkt M) względnie osi Ox i Oy, a M3(-x, -y) jest symetryczny (albo punkt M) względnie pochodzenia (rys.3.8). Dlatego też osie współrzędnych Ox i Oy dla zbioru elipsy z równaniem kanonicznym (5.5) są osiami symetrii, a początek jest środkiem symetrii.

Punkty, w których elipsa i jej osie symetrii przecinają się, nazywane są ***wierzchołkami elipsy***. Tak więc elipsa $\frac{x^2}{a^2} + \frac{y^2}{b^2} = 1$ ma cztery wierzchołki: $A_1(-a,0)$, $A_2(a,0)$, $B_1(0,-b)$, $B_2(0,b)$ (rys.3.8)

Wartości 2 a $2b$ i nazywane są osiami durowymi i małymi elipsy na zasadzie wzajemności, a i b nazywane są osiami durowymi i małymi półosiowymi.

Rozwiązanie równania elipsy stosunkowo y i przyjęcie dla niej tylko wartości nieujemnej

$$y = \frac{b}{a}\sqrt{a^2 - x^2} \qquad (5.7)$$

$0 \le x \le a$ a biorąc pod uwagę, otrzymujemy punkty elipsy (5,5), które leżą na pierwszym kwadrancie. Z równania (5.7) wynika, że wartości y zmniejszają się, gdy x wzrasta od zera do x = a, ponadto gdy x $y = b =$ 0 i y = 0, gdy x = a. Poprzez dodanie do zestawu łuków z równaniem (5.7) łuków, które są symetrycznymi, względnie współrzędnymi osiami i początkiem łuku, otrzymujemy linię zamkniętą, która reprezentuje wykres elipsy.

Elipsa jest więc zamkniętą linią o jednym środku symetrii i tylko dwóch prostopadłych do siebie osiach symetrii (если $a \ne b$).

Krzywa o środku symetrii nazywana jest ***środkową***.

4. Jeśli w równaniu (5.5) jest $a = b$, to otrzymujemy równanie koła (
5 $x^2 + y^2 = a^2$ .8)
z pochodzeniem jako centrum i promieniem a.

Tak więc, okrąg jest elipsą, której ogniska zbiegają się z centrum symetrii, i.e. ogniskowa odległość $2c = 2\sqrt{(a^2 - b^2)}$ jest równa zeru.

Aby nadać elipsie charakterystykę, wprowadzamy proporcje $\xi = \frac{c}{a}$, które nazywamy ***ekscentrycznością elipsy***

$$\xi = \frac{c}{a} = \frac{\sqrt{a^2 - b^2}}{a} = \sqrt{1 - \frac{b^2}{a^2}} \qquad (5.9)$$

Ekscentryczność charakteryzuje odchylenie elipsy od koła, i.e. jak bardzo jest ona rozciągnięta. Mamy $\xi = 0$ za kółko i $0 < \xi < 1$ za elipsę.

Linie $x = \pm\frac{a}{\xi}$ są nazywane ***kierunkami elipsy*** $0 < \xi < 1$. Od tego czasu $\frac{a}{\xi} > 0$, a więc i bezpośredniość elipsy jest bardziej oddalona od środka niż jej wierzchołki (rys. 3.8). Koło (które ma $\xi = 0$) nie posiada kierunkowskazów.

Osobliwością kierunkowskazów jest to, że stosunek promienia ogniskowego dowolnego punktu elipsy do odpowiedniej odległości od kierunkowskazu jest stałą wartością, która jest równa mimośrodowości elipsy. Rzeczywiście (patrz rys. 3.8),

$$d_1 = |MN_1| = \frac{a}{\xi} + x; \; d_2 = |MN_2| = \frac{a}{\xi} - x.$$

Następnie, biorąc pod uwagę (5.6), mamy

$$\frac{r_1}{d_1} = \frac{a + \xi x}{\frac{a}{\xi} + x} = \xi \; \frac{r_2}{d_2} = \frac{a - \xi x}{\frac{a}{\xi} - x} = \xi, \quad .$$

Tak więc, $\frac{r_1}{d_1} = \frac{r_2}{d_2} = \xi$.

5. W przypadku $a < b$ dużej półosi staje się ona b i ogniska znajdują się na osi Oy w odległości $\sqrt{b^2 - a^2}$ od środka elipsy.

6. Jeśli chodzi o równanie (5.5), elipsa jest ustawiona, jeśli jej półosi a i *b* lub a i c są ustawione. Elipsa może być wykreślona za pomocą tych półosi.

Jest inny sposób na narysowanie elipsy. Bierzemy nierozciągliwą nitkę o długości 2 a; jej końce są osadzone w ogniskach *F1* i *F2*; nitka jest rozciągana ołówkiem i rysowana elipsą.

W podsumowaniu rozważamy równania parametryczne i polarne elipsy.

Równania parametryczne elipsy są równaniami

$x = a\cos\beta,\ y = b\sin\beta,$ (5.10)

Łatwo jest udowodnić, zastępując te równania kanonicznym równaniem elipsy (5.5): $0 \le \beta < 2\pi$

$$\frac{x^2}{a^2}+\frac{y^2}{b^2}=\frac{(a\cos\beta)^2}{a^2}+\frac{(b\sin\beta)^2}{b^2}=\cos^2\beta+\sin^2\beta=1.$$

Parametrem jest β ***mimośrodowy kąt*** punktu dla elipsy. Jeżeli dla elipsy wyznaczony jest punkt *M*, wówczas odnalezienie β wymaga narysowania okręgu na głównej osi elipsy (jak na średnicy) i narysowania linii prostej, która jest równoległa do mniejszej osi elipsy przez punkt *M*. Punkt *P*, w którym ta linia i okrąg leżący po tej samej stronie od głównej osi elipsy przecinają się (jak w przypadku punktu *M*), nazywany jest ***wstępnym obrazem punktu M*** (przy ustalaniu wzajemnej zgodności punktów okręgu i punktów elipsy). Kąt między osią *Ox* a belką *OP* β jest kątem mimośrodowym, który odpowiada podanemu punktowi *M* dla elipsy (rys.3.9).

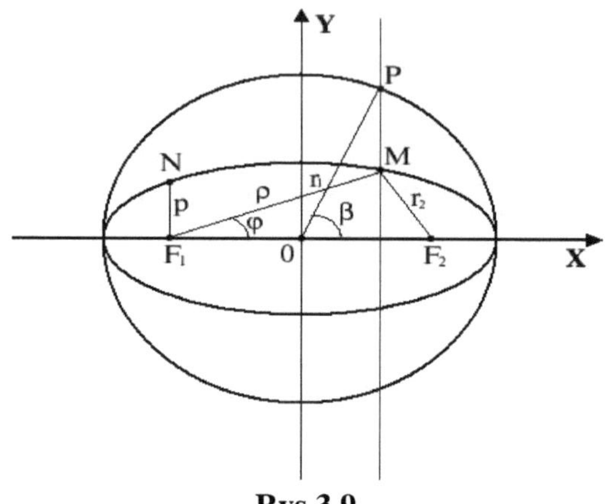

Rys.3.9

Aby ustalić równanie biegunowe, wprowadzamy biegunowy układ współrzędnych w taki sposób, aby jego biegun pokrywał się z ogniskiem *F1*, a oś biegunowa z wiązką *F1x* (rys.3.9).

Zgodnie z definicją elipsy, $r_1 + r_2 = 2a$.

Jeśli mamy przestrzegać warunku *r1=ρ.* to mamy *r2=2a-ρ.*

Używając trójkąta *MF1F2* i wzoru cosinusowego znajdujemy równanie

$$r_2^2 = \rho^2 + 4c^2 - 4\rho c\cos\varphi,$$

co prowadzi do

$$a^2 - c^2 = a\rho - c\rho\cos\varphi.$$

W odniesieniu do $a^2 - c^2 = b^2$, otrzymujemy $b^2 = \rho(a - c\cos\varphi)$. Tam mamy

$$\rho = \frac{b^2}{a - c\cos\varphi} \text{lub } \rho = \frac{\frac{b^2}{a}}{1 - \frac{c}{a}\cos\varphi}.$$

Wyznaczamy $\frac{b^2}{a} = p$. Numer p nazywany jest parametrem ogniskowym elipsy; jest on równy długości prostopadłościanu zrzuconego z ogniska na oś ogniskową przed przechwyceniem tego prostopadłościanu i elipsy, czyli $p = |F_1N|$ (rys. 3.9).

Tak więc, równanie elipsy o współrzędnych biegunowych ma postać

$$\rho = \frac{p}{1 - \xi \cos\varphi},$$

gdzie ξ i p są mimośrodowością i ogniskowym parametrem elipsy na zasadzie wzajemności.

Możemy również stwierdzić, że jeśli ostrość *F2* jest przyjęta jako biegun układu współrzędnych biegunowych, pozostając bez zmian w kierunku osi biegunowej, to równanie elipsy we współrzędnych biegunowych ma postać

$$\rho = \frac{p}{1 + \xi \cos\varphi}.$$

1.2. Hyperbola

Definicja. Hiperbola jest lokalizacją punktów, których bezwzględna wartość różnicy odległości do dwóch stałych punktów płaszczyzny (które są ogniskami) dla każdego z nich jest daną dodatnią liczbą *2a* i jest mniejsza niż odległość 2c między ogniskami.

Załóżmy, że *M* jest arbitralnym punktem hiperboli, a *F1* i *F2* są jej ogniskami. Segmenty *F1M* i *F2M* (a także ich długości *r1* i *r2*) nazywane są ***ogniskowymi promieniami hiperboli***. W związku z tym mamy

$$|r_1 - r_2| = 2a = const\,. \qquad (5.11)$$

Wprowadzamy do płaszczyzny kartezjański układ współrzędnych, przyjmując jako początek odcinek środkowy *F1F2,* a linię *F1F2* jako oś *Ox,* która jest zorientowana od punktu *F1* do punktu *F2*. W tym układzie współrzędnych ognisko *F1 ma* współrzędne -*c*, 0, a ognisko *F2* ma współrzędne *c*, 0. Wyrażając współrzędne punktu *M* hiperboli przez *x*, *y*, otrzymujemy

$$r_1 = \sqrt{(x+c)^2 + y^2}\ r_2 = \sqrt{(x-c)^2 + y^2}\,,\,,$$

a stosunek (5.11) ma postać

$$\left|\sqrt{(x+c)^2 + y^2} - \sqrt{(x-c)^2 + y^2}\right| = 2a\,.$$

Jak równanie elipsy, przekształcamy to równanie (par. 1.1) i otrzymujemy

$$(a^2 - c^2)x^2 + a^2y^2 = a^2(a^2 - c^2).$$

Ale my już mamy $a < c$. Wyrażając różnicę przez $a^2 - c^2 - b^2$: lub $a^2 - c^2 = -b^2$ $c^2 = a^2 + b^2$, otrzymujemy

$$.\frac{x^2}{a^2} - \frac{y^2}{b^2} = 1 \qquad (5.12)$$

Tak więc, współrzędne dowolnego punktu hiperboli spełniają równanie (5.12). Odwrotne stwierdzenie jest również prawdziwe: jeżeli współrzędne punktu spełniają to równanie, to punkt ten leży na rozpatrywanej hiperboli. Dowód ten jest podobny do dowodu przeprowadzonego w przypadku wyprowadzenia równania elipsy.

W konsekwencji, równanie (5.12) jest równaniem hiperbolowym: nazywane jest ***równaniem kanonicznym hiperboli.***

Hiperbola ma następujące właściwości:

1. Hiperbola jest krzywą drugiego rzędu.

2. Kanoniczne równanie hiperboli (5.12) zawiera aktualne współrzędne do równych mocy, stąd hiperbola ma dwie osie symetrii, które są osiami współrzędnych i środkiem symetrii jako początkiem (podobny przypadek elipsy).

3. Jeśli chodzi o równanie (5.12), mamy$|x| \geq a$, i.e. rozwiązanie może być albo $x \geq a$, albo $x \leq -a$. Dlatego hiperbola składa się z dwóch gałęzi. Lewa gałąź leży w półpłaszczyznie$x < -a$, a prawa gałąź w półpłaszczyznie. Nie $x > a$ma punktów hiperbolowych między liniami i $x = a$ $x = -a$.

4. *Oś* symetrii *Oy nie przecina* zestawu hiperboli z równaniem (5.12), a nazywana jest ***osią wyobrażoną***; oś *Ox* przecina hiperbolę w dwóch punktach: i$A_1(-a,0)$ $A_2(a,0)$. Ta oś nazywana jest **prawdziwą osią** hiperboli. Punkty, w których oś rzeczywista przecina hiperbolę, nazywane są ***wierzchołkami hiperboli.***

Liczby a i bw równaniu kanonicznym hiperboli (5.12) nazywane są odpowiednio ***rzeczywistymi i urojonymi półosiami hiperboli.***

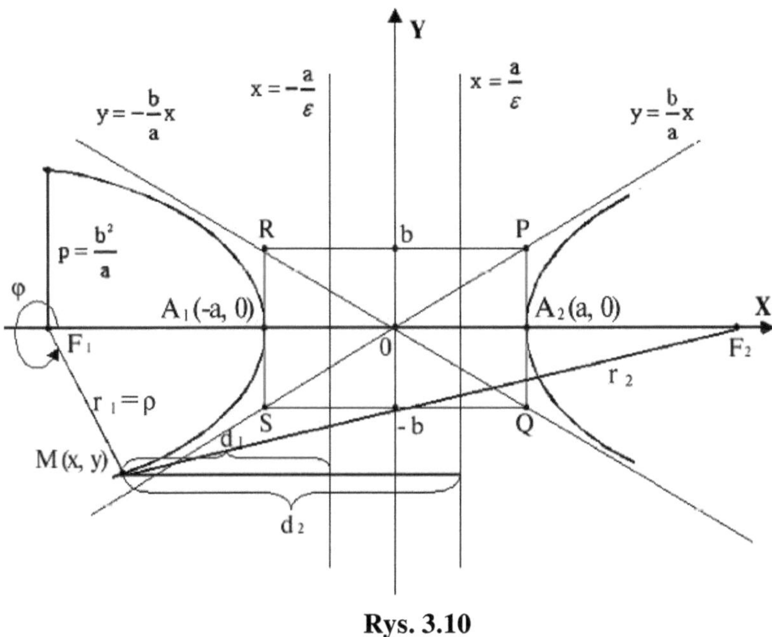

Rys. 3.10

5. Rozwiązanie równania (5.12) dla y, przyjmując dla niego tylko wartość dodatnią

$$y = \frac{b}{a}\sqrt{x^2 - a^2} \tag{5.13}$$

$x \geq a$i biorąc pod uwagę, otrzymujemy punkty hiperbolowe, które leżą w pierwszym kwadrancie. Jeśli chodzi o równanie (5.13), to mamy te wartości y rosną bez ograniczeń albo kiedy x rośnie od *wartości* bez ograniczeń. Następnie, biorąc pod uwagę fakt, że hiperbola jest symetryczną, względnie współrzędną, otrzymujemy punkty hiperboli, które leżą w innych (drugim, trzecim i czwartym) kwadrantach (rys.3.10).

6. Linie proste określone za pomocą równań i $y = \frac{b}{a}x$ $y = -\frac{b}{a}x$,

są nazywane ***asymptotami hiperboli***. Asymptota hiperboli jest linią, która posiada tę samą właściwość, co punkt hiperboli, który wycofuje się z pochodzenia w nieskończoność i zbliża się do swojej asymptoty (rys. 3.10).

Asymptoty hiperboli pokrywają się z przekątnymi prostokąta, który ma wierzchołki $P(a,b)$, $Q(a,-b)$, $R(-a,b)$, $S(-a,-b)$ (rys. 3.10).

Teraz rozważamy sposób na wykresowanie hiperboli z wykorzystaniem asymptotów. Wykreślamy prostokąt *SRPQ* (jego boki to 2a i $2b$); rysujemy linie zbieżne z przekątnymi tego prostokąta, i.e. asymptota; następnie wykreślamy hiperbolę z punktami A1 i A2 jako jej wierzchołkami.

7. Stosunek odległości pomiędzy centrum hiperboli a jej ogniskiem do rzeczywistej półosi hiperboli nazywany jest ***ekscentrycznością hiperboli***:

$$\xi = \frac{c}{a}$$

Skoro jest $0 < a < c$ dla hiperboli, to mamy $\xi > 1$ i ekscentryczność hiperboli jest więcej niż 1.

Dwie linie zestawione z równaniami i $x = \frac{a}{\xi}$ $x = -\frac{a}{\xi}$, nazywane są ***kierunkowskazami hiperboli***.

$\xi > 1$ Od tego czasu kierunkowskazy hiperboli znajdują się od jej środka w odległości mniejszej niż rzeczywista półosi (rys. 3.10). Directrices hiperboli ma takie same właściwości jak directrices elipsy, i.e.

$$\frac{r_1}{d_1} = \frac{r_2}{d_2} = \xi \quad \text{(rys. 3.10).}$$

W końcu rozważamy równania parametryczne i polarne hiperboli. Przepisujemy równanie hiperboli (5.12) jako

$$\left(\frac{x}{a} - \frac{y}{b}\right)\left(\frac{x}{a} + \frac{y}{b}\right) = 1.$$

Tam widzimy

$$\left(\frac{x}{a} - \frac{y}{b}\right) \neq 0 \left(\frac{x}{a} + \frac{y}{b}\right) \neq 0, .$$

Załóżmy, że $\left(\frac{x}{a} + \frac{y}{b}\right) = t$ wtedy, a $t \neq 0$ $\left(\frac{x}{a} - \frac{y}{b}\right) = \frac{1}{t}$ więc

$$x = \frac{a}{2}\left(t + \frac{1}{t}\right), \; y = \frac{b}{2}\left(t - \frac{1}{t}\right). \qquad (5.14)$$

Udowodniliśmy, że współrzędne dowolnego punktu dla hiperboli mogą być przedstawione jako równanie (5.14), gdzie $t \neq 0$. I odwrotnie, biorąc pod uwagę fakt $t \neq 0$, że punkt o współrzędnych (5.14) leży na hiperboli.

$$\frac{x^2}{a^2} - \frac{y^2}{b^2} = 1,$$

i łatwo jest to udowodnić poprzez zastąpienie wyrażeń x i y zamiast nich (wzór (5.14)). W konsekwencji, równunia (5.14) są nazywanc równaniami parametrycznymi hiperboli.

Aby wyprowadzić równanie polarne hiperboli, wprowadzamy polarny układ współrzędnych w taki sposób, że jej biegun zbiegałby się z ogniskiem *F1*, a oś polarna z dodatnim kierunkiem osi Ox. Współrzędne dowolnego punktu M dla hiperboli są oznaczone jako ρ i φ, i. e. $M(\rho,\varphi)$ (patrz rys. 3.10).

Piszemy równanie hiperboli w formie $|r_1 - r_2| = 2a$,

dla właściwego oddziału:

$$, r_1 - r_2 = 2a \tag{5.15}$$

dla lewego:

$$. r_2 - r_1 = 2a \tag{5.16}$$

We współrzędnych biegunowych piszemy równanie (5.16). Jest $r_1 = \rho$ dla każdego punktu *M po* lewej stronie hiperboli. Wtedy mamy

$r_2 = \rho + 2a$.

Zgodnie z tezą cosinusoidalną dla trójkąta (MF_1F_2 rys. 3.10) znajdujemy

$$r_2^2 = \rho^2 + 4c^2 - 4\rho c \cos\varphi,$$

lub

$$(\rho + 2a)^2 = \rho^2 + 4c^2 - 4\rho c \cos\varphi,$$

gdzie mamy

$$a^2 - c^2 = -\rho(a + c\cos\varphi).$$

Biorąc pod uwagę, że, $a^2 - c^2 = -b^2$ a $\frac{c}{a} = \xi$, otrzymujemy

$$-b^2 = -\rho a(1 + \xi\cos\varphi).$$

Wyznaczając parametr ogniskowy hiperboli jako ($p=\frac{b^2}{a}$ patrz rys. 3.10), wyprowadzamy ***równanie biegunowe lewej gałęzi hiperboli***:

$$\rho = \frac{p}{1+\xi \cos \varphi}.$$

W ten sam sposób wyprowadzamy równanie biegunowe prawej gałęzi hiperboli:

$$\rho = \frac{-p}{1-\xi \cos \varphi}.$$

Jeśli umieścimy biegun w prawym ognisku *F2* i zachowamy kierunek osi biegunowej, wówczas równanie biegunowe prawej gałęzi hiperboli przyjmuje postać

$$\rho = \frac{p}{1-\xi \cos \varphi}, \qquad (5.17)$$

a równanie biegunowe lewej gałęzi hiperboli ma postać

$$.\rho = \frac{-p}{1+\xi \cos \varphi} \qquad (5.18)$$

1.3. Parabola

Definicja. Parabola jest lokalizacją punktów, których odległość do jakiegoś stałego punktu na płaszczyźnie (zwanej ***ogniskiem***) dla każdego z nich jest równa odległości do jakiejś stałej linii, która nie przechodzi przez ognisko i jest nazywana ***directrix***.

Odległość pomiędzy ogniskiem paraboli a jej direksem nazywana jest ***parametrem paraboli***.

Mimośrodowość paraboli, która oznacza stosunek odległości pomiędzy dowolnym punktem paraboli i ogniska do odległości pomiędzy tym punktem a direksem, jest stałą liczbą, a połowa direksa (rys.3.11) jest równa 1.

Znajdźmy równanie paraboli. Wybieramy taki układ współrzędnych *xOy*, że oś odcięta przecinałaby ognisko *F* prostopadle do directrixa *d* paraboli, a oś rzędnej dzieliłaby odległość pomiędzy ogniskiem a directrixa na pół (rys. 3.11).

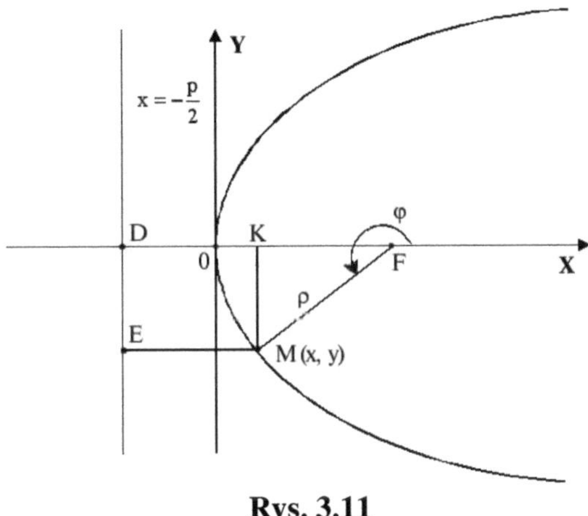

Rys. 3.11

Odległość FD pomiędzy ogniskiem a direksem paraboli oznaczana jest jako p (parametr paraboli). W tym układzie współrzędnych ognisko F ma współrzędne $\frac{p}{2}, 0$, a równania prostokąta wyglądają jak $x = -\frac{p}{2}$.

Załóżmy, że jest to $M(x, y)$dowolny punkt samolotu. Wtedy M, zgodnie z definicją, jest punktem paraboli tylko w przypadku $|ME| = |MF|$.

Od

$$|ME| = \left|x + \frac{p}{2}\right|, \text{ a } |MF| = \sqrt{\left(x - \frac{p}{2}\right)^2 + y^2},$$

to równanie paraboli wygląda jak $\sqrt{\left(x - \frac{p}{2}\right)^2 + y^2} = \left|x + \frac{p}{2}\right|$.

Równanie to jest równoznaczne z poniższym one:

$$\left(x - \frac{p}{2}\right)^2 + y^2 = \left(x + \frac{p}{2}\right)^2,$$

lub

$$.\, y^2 = 2px \qquad (5.19)$$

Równanie (5.19) nazywane jest ***kanonicznym równaniem paraboli***.

Właściwości Paraboli:

1. Porównując równania (5.19) i (5.2), upewniamy się, że parabola jest krzywą drugiego rzędu.

$p>0$2. Od tego czasu, biorąc pod uwagę równanie (5,19), mamy $x\geq 0,\ y=\pm\sqrt{2px}$. W związku z tym parabola jest bezgraniczną krzywą, która znajduje się w prawej półpłaszczyznie względnie osi Oy, a oś Ox jest osią dla symetrii paraboli (rys. 3.11). Jest to jedna oś dla symetrii paraboli.

Parabola nie ma centrum symetrii, nie jest krzywą centralną.

Punkt, w którym parabola i jej oś symetrii przecinają się, nazywany jest wierzchołkiem ***paraboli***. Parabola (5.19) ma tylko jeden wierzchołek, który leży na
pochodzenie O(0, 0).

3. Równanie $x^2=2py$, gdzie $p>0$, określa parabolę, której wierzchołek i oś symetrii Oy. Parabola znajduje się w wysokim półpłaszczyznie względnie osi Ox.

Równanie $x^2=2py$jest często pisane jako, co jest możliwe stosunkowo ordynarne y:

$$y=ax^2,\text{ gdzie } a=\frac{1}{2p}.$$

4. Równanie $y^2=-2px$, gdzie $p>0$, określa parabolę, która jest symetryczna do paraboli względem $y^2=2px$osi Oy, a równanie $x^2=-2py$ określa parabolę, która jest symetryczna do paraboli względem $x^2=2py$osi Ox.

5. Znajdujemy równanie biegunowe paraboli. Załóżmy, że biegun polarnego układu współrzędnych pokrywa się z ogniskiem paraboli $F\left(\frac{p}{2},0\right)$, a oś polarna z dodatnim kierunkiem osi Oh (rys. 3.11). Współrzędne biegunowe punktu $M(x,y)$dla paraboli są oznaczone jako i ρ φ, i. e.$M(\rho,\varphi)$. Za pomocą trójkąta *FMK* znajdujemy

$$y=\rho\sin\varphi\ x=|OF|-|FK|=\frac{p}{2}+\rho\cos\varphi,.$$

Zastępując wartości x i y w równaniu (5.19), otrzymujemy

$$(\rho\sin\varphi)^2=2\mathrm{p}\left(\frac{\mathrm{p}}{2}+\rho\cos\varphi\right),$$

i w rezultacie $\rho^2=(p+\rho\cos\varphi)^2$. . .

W odniesieniu do i $\rho>0$ $p+\rho\cos\varphi>0$, mamy $\rho=p+\rho\cos\varphi$.

Wtedy równanie biegunowe paraboli jest

$$.\rho=\frac{p}{1-\cos\varphi} \qquad (5.20)$$

§ 2. REDUKCJA OGÓLNEGO STOSOWANIA WARUNKÓW OGÓLNYCH LINII II ZAMÓWIENIA DO PODSTAWOWEGO (KANONICZNEGO) FORMULARZA

Aby zredukować ogólne równanie [2.] do najprostszej formy

$$a_{11}x^2+a_{22}y^2+2a_{12}xy+2a_{10}x+2a_{20}y+a_{00}=0 \qquad (5.21)$$

jest przekształcenie go w taką formę, która pozwoli nam łatwo zdefiniować, czy równanie to wyznacza krzywą, oraz jaki rodzaj tej krzywej jest (okrąg, hiperbola, parabola, linia lub punkt).

Twierdzenie 1. **Za** pomocą obrotu i przełożenia osi współrzędnych, ogólne równanie linii drugiego rzędu ustawionego względnie kartezjańskiego układu współrzędnych xOy, można zredukować do jednego z poniższych typów:

$$b_{11}x^2+b_{22}y_1^2+d=0, \quad \text{gdzie } b_{11}\neq 0,\ b_{22}\neq 0,$$

$$b_{11}x^2+2b_{20}y_1=0, \text{ gdzie } b_{11}\neq 0,\ b_{20}\neq 0,$$

$$b_{11}x^2+d=0, \quad \text{gdzie } b_{11}\neq 0.$$

Równania te nazywane są najprostszymi równaniami z linii drugiego rzędu.

Dowód. Dowodzimy, że osie xOy można obracać pod takim kątem α, że w transponowanym równaniu współczynnik znikałby zero przy tworzeniu nowych współrzędnych $x'y'$. Tak więc, przypuszczamy, że istnieje ($a_{12}\neq 0$jeśli $a_{12}=0$, to możemy pominąć tę część dowodu) i obracać osie xOy do jakiegoś arbitralnego kąta α. Następnie współrzędne x i y dla punktu M w układzie xOy z wykorzystaniem współrzędnych x'i y'dla tego samego punktu M w układzie$x'Oy'$ są wyrażone za pomocą współczynników (patrz książka 2, rozdz. 8, §1, pkt 1.1).

$$X=TX'\text{lub } \begin{pmatrix}x\\y\end{pmatrix}=\begin{pmatrix}\cos\alpha & -\sin\alpha\\ \sin\alpha & \cos\alpha\end{pmatrix}\cdot\begin{pmatrix}x'\\y'\end{pmatrix},$$

gdzie jest $T=\begin{pmatrix}\cos\alpha & -\sin\alpha\\ \sin\alpha & \cos\alpha\end{pmatrix}$ matryca przekształcenia, $\alpha=\angle(\vec{i}\wedge\vec{i}')=\angle(\vec{j}\wedge\vec{j}')$

a równanie (5.21) ma postać

$$a_{11}(x'\cos\alpha-y'\sin\alpha)^2+2a_{12}(x'\cos\alpha-y'\sin\alpha)(x'\sin\alpha+y'\cos\alpha)+$$
$$+a_{22}(x'\sin\alpha+y'\cos\alpha)^2+2a_{10}(x'\cos\alpha-y'\sin\alpha)+2a_{20}(x'\sin\alpha+y'\cos\alpha)+$$
$$+a_{00}=0$$

lub

$$b_{11}x'^2+2b_{12}x'y'+b_{22}y'^2+2b_{10}'x'+2b_{20}y'+a_{00}=0,$$

gdzie

$$b_{11}=a_{11}\cos^2\alpha+2a_{12}\cos\alpha\sin\alpha+a_{22}\sin^2\alpha$$
$$b_{12}=a_{12}(\cos^2\alpha-\sin^2\alpha)+(a_{22}-a_{11})\sin\alpha\cos\alpha,$$
$$b_{22}=a_{11}\sin^2\alpha-2a_{12}\cos\alpha\sin\alpha+a_{22}\cos^2\alpha,$$
$$b_{10}=a_{10}\cos\alpha+a_{20}\sin\alpha,$$
$$b_{20}=-a_{10}\sin\alpha+a_{20}\cos\alpha.$$

Stan $b_{12}=0$ ma postać

$$a_{12}(\cos^2\alpha-\sin^2\alpha)+(a_{22}-a_{11})\sin\alpha\cos\alpha=0,$$

i w związku z tym

$$ctg\,2\alpha=\frac{a_{11}-a_{22}}{2a_{12}} \qquad (5.22)$$

W transponowanym równaniu współczynnik b_{12} zanika zero przy obrocie do kąta α, określony tym współczynnikiem, i przyjmuje postać

$$.b_{11}x'^2+b_{22}y'^2+2b_{10}x'+2b_{20}y'+a_{00}=0 \qquad (5.23)$$

Powinniśmy wspomnieć, że kwadratowa forma

$$\varpi(\vec{x})=a_{11}x^2+2a_{12}xy+a_{22}y^2\ \text{где}\ \vec{x}=(x,y),$$

w ogólnym równaniu (5.21), jest zredukowana do formy kanonicznej podczas obrotu

układ współrzędnych do kąta α, określony stosunkiem (5.22) (patrz Księga 2, Rozdz. 8, § 3, p. 3.1):

$$a_{11}x^2+2a_{12}xy+a_{22}y^2=b_{11}x'^2+b_{22}y'^2.$$

W tym przypadku współczynniki i $b_{11}\,b_{22}$ są liczbami charakterystycznymi dla ρ tej kwadratowej formy i macierzy $A=\begin{pmatrix}a_{11} & a_{12}\\ a_{21} & a_{22}\end{pmatrix}$, gdzie

$a_{11} = a_{21}$. W związku z tym można je również określić za pomocą charakterystycznego równania macierzy A:

$$\begin{vmatrix} a_{11} - \rho & a_{12} \\ a_{21} & a_{22} - \rho \end{vmatrix} = 0,$$

lub

$$\rho^2 - (a_{11} + a_{22})\rho + (a_{11}a_{22} - a_{12}^2) = 0.$$

Tutaj znajdujemy

$$\rho_1 = b_{11} = \frac{a_{11} + a_{22}}{2} + \sqrt{\left(\frac{a_{11} - a_{22}}{2}\right)^2 + (a_{12})^2},$$

$$\rho_2 = b_{22} = \frac{a_{11} + a_{22}}{2} - \sqrt{\left(\frac{a_{11} - a_{22}}{2}\right)^2 + (a_{12})^2}.$$

Aby zredukować równanie do najprostszej formy (5.23), wystarczy dokonać translacji układu współrzędnych.

Pierwszy **przypadek**: $b11 \neq 0, \quad b22 \neq 0$.

Zmniejszamy równanie (5.23) do postaci

$$b_{11}\left(x' + \frac{b_{10}}{b_{11}}\right)^2 + b_{22}\left(y' + \frac{b_{20}}{b_{22}}\right)^2 + a_{00} - \frac{b_{10}^2}{b_{11}} - \frac{b_{20}^2}{b_{22}} = 0.$$

Dokonując przesunięcia osi w taki sposób $x'Oy'$, że punkt $O_1\left(-\frac{b_{10}}{b_{11}}, -\frac{b_{20}}{b_{22}}\right)$ stałby się nowym początkiem (współrzędne tego punktu są ustalone w relatywnym układzie $x'Oy'$) i wyrażając nowy układ współrzędnych przez, $x_1O_1y_1$ mamy $x_1 = x' + \frac{b_{10}}{b_{11}}$, $y_1 = y' + \frac{b_{20}}{b_{22}}$, zatem równanie (5.23) w postaci

$$b_{11}x_1 + b_{22}y_1 + d = 0, \tag{5.24}$$

gdzie

$$d = a_{00} - \frac{b_{10}^2}{b_{11}} - \frac{b_{20}^2}{b_{22}}.$$

Drugi **przypadek**: $b22 = 0$ oraz $b20 \neq 0$, lub $b11 = 0$ oraz $b10 \neq 0$.

Załóżmy, że $b22 = 0$, $b20 \neq 0$. Następnie równanie (5.23) ma postać

$$b_{11}x'^2 + 2b_{10}x' + 2b_{20}y' + a_{00} = 0,$$

lub

$$b_{11}\left(x'+\frac{b_{10}}{b_{11}}\right)^2+2b_{20}y'+a_{00}-\frac{b_{10}^2}{b_{11}}=0,$$

lub

$$b_{11}\left(x'+\frac{b_{10}}{b_{11}}\right)^2+2b_{20}\left(y'+\frac{a_{00}-\frac{b_{10}^2}{b_{11}}}{2b_{20}}\right)=0.$$

Dokonując przesunięcia osi w taki sposób $x'Oy'$, że punkt $0_1\left(-\frac{b_{10}}{b_{11}},\ -\frac{a_{00}-\frac{b_{10}^2}{b_{11}}}{2b_{20}}\right)$ stałby się nowym początkiem (współrzędne tego punktu są ustalone w relatywnym układzie $x'Oy'$) i wyrażając nowy układ współrzędnych poprzez $x_1O_1y_1$, mamy $x_1=x'+\frac{b_{10}}{b_{11}}$, $y_1=y'+\frac{a_{00}-\frac{b_{10}^2}{b_{11}}}{2b_{20}}$ więc równanie (5.23) w postaci

$$b_{11}x_1^2+2b_{20}y_1=0.$$

To jest równanie paraboli.

Trzeci **przypadek**: lub $b_{22}=b_{20}=0,\ b_{11}=b_{10}=0.$

Załóżmy, że $b_{22}=b_{20}=0.$ wtedy równanie (5.23) ma postać

$$b_{11}x'^2+2b_{10}x'+a_{00}=0,\ \text{lub}\ b_{11}\left(x'+\frac{b_{10}}{b_{11}}\right)^2+a_{00}-\frac{b_{10}^2}{b_{11}}=0.$$

Dokonując przesunięcia osi w taki sposób $x'Oy'$, że punkt $O_1\left(-\frac{b_{10}}{b_{11}},\ 0\right)$, stałby się nowym początkiem (współrzędne tego punktu są ustalone w relatywnym układzie $x'Oy'$) i wyrażając nowy układ współrzędnych przez, $x_1O_1y_1$ mamy $x_1=x'+\frac{b_{10}}{b_{11}},\ y_1=y'$, zatem równanie (5.23) w postaci

$$b_{11}x_1^2+d=0,\ \text{gdzie}\ d=a_{00}-\frac{b_{10}^2}{b_{11}}.$$

Twierdzenie 2. Ogólne równanie linii drugiego rzędu (5.21), ustawione względnie kartezjańskim układem współrzędnych, określa jedną z następujących 9 linii (patrz tabela).

Dowód. W poprzednim tezie udowodniliśmy, że jeżeli ogólne równanie linii drugiego rzędu (5.21) jest ustawione względnie kartezjańskim układem współrzędnych, to za pomocą przekształcenia kartezjańskiego układu współrzędnych na kartezjański można go zredukować do jednej z najprostszych form:

$$b_{11}x^2 + b_{22}y^2 + d = 0, \quad b_{11} \neq 0,\ b_{22} \neq 0, \tag{I}$$

$$b_{11}x^2 + 2b_{20}y = 0, \quad b_{11} \neq 0,\ b_{20} \neq 0, \tag{II}$$

$$b_{11}x^2 + d = 0, \quad b_{11} \neq 0. \tag{III}$$

Tutaj wyrażamy współrzędne punktu przez x i y w tym układzie współrzędnych, gdzie równanie linii jest najprostsze.

Tabela

Grupa	№ par.	Równanie linii	Tytuł wiersza
I	1	$\frac{x^2}{a^2} + \frac{y^2}{b^2} = 1$	Ellipse
	2	$\frac{x^2}{a^2} + \frac{y^2}{b^2} = -1$	Wyimaginowana elipsa
	3	$\frac{x^2}{a^2} + \frac{y^2}{b^2} = 0$	Dwie wyimaginowane, przecinające się elipsy
	4	$\frac{x^2}{a^2} - \frac{y^2}{b^2} = 1$	Hyperbola
	5	$\frac{x^2}{a^2} - \frac{y^2}{b^2} = 0$	Dwie przecinające się linie
II	6	$x^2 = 2py$	Parabola
III	7	$x^2 = a^2\ (a \neq 0)$	Dwie równoległe linie
	8	$x^2 = -a^2\ (a \neq 0)$	Dwie wyimaginowane równoległe linie

	9	$x^2=0$	Dwie zbieżne linie

Zastanówmy się, które z najprostszych równań linii drugiego rzędu można zredukować $(\mathrm{I}),(\mathrm{II}),(\mathrm{III})$do zależności od znaków współczynników w tych równaniach.

(I): 1. jeżeli b_{11} i ma b_{22}ten sam znak, a d ma znak dodatni, wówczas zmniejszamy równanie (I) do postaci

$$\frac{x^2}{a^2}+\frac{y^2}{b^2}=1,$$

pomnożenie obu części równania (I) przez - d i przypuszczenie $-\frac{d}{b_{11}}=a^2,\ -\frac{d}{b_{22}}=b^2$. To jest kanoniczne równanie elipsy.

2. Jeśli b_{11}, i $b_{22}d$ mają ten sam znak, wtedy równanie (I) jest zredukowane do postaci

$$\frac{x^2}{a^2}+\frac{y^2}{b^2}=-1$$

i określa wyimaginowaną elipsę (nie ma punktów (rzeczywistych) dla wyimaginowanej elipsy, ponieważ x i y są liczbami rzeczywistymi, a więc $\frac{x^2}{a^2}+\frac{y^2}{b^2}=\geq 0$).

3. Jeśli i b_{11} b_{22}mają ten sam znak i d =0, wtedy równanie (I) zostaje zredukowane do postaci

$$\frac{x^2}{a^2}+\frac{y^2}{b^2}=0.$$

To równanie jest spełnione tylko w przypadku, gdy x = y = 0. Ale biorąc pod uwagę

$$\frac{x^2}{a^2}+\frac{y^2}{b^2}=\left(\frac{y}{b}+i\frac{x}{a}\right)\left(\frac{y}{b}-i\frac{x}{a}\right),$$

wtedy mówimy, że równanie to dzieli się na parę urojonych linii $\frac{y}{b}\pm i\frac{x}{a}=0$, które przecinają się w rzeczywistym punkcie O1(0, 0).

4. Jeśli i b_{11} b_{22}mają różne znaki, $d\neq 0$wówczas równanie (I) jest zredukowane do postaci

$$\frac{x^2}{\frac{-d}{b_{11}}} - \frac{y^2}{\frac{d}{b_{22}}} = 1$$

Biorąc pod uwagę $-\frac{d}{b_{11}} > 0,\ \frac{d}{b_{22}} > 0$ i zakładając $-\frac{d}{b_{11}} = a^2,\ \frac{d}{b_{22}} = b^2$, otrzymujemy kanoniczne równanie hiperboli

$$\frac{x^2}{a^2} - \frac{y^2}{b^2} = 1$$

(jeżeli $-\frac{d}{b_{11}} < 0,\ \frac{d}{b_{22}} < 0$, to otrzymamy $-\frac{x^2}{a^2} + \frac{y^2}{b^2} = 1$ i przy obrocie osi do kąta 90°, i. e. zakładając $x = -y'$ $y = x'$, że mamy $\frac{x'^2}{a^2} - \frac{y'^2}{b^2} = 1$.)

5. Jeśli i b_{11} b_{22} mają różne znaki i $d = 0$, to równanie (I) jest zredukowane do postaci $\frac{x^2}{a^2} - \frac{y^2}{b^2} = 0$ i określa dwie przecinające się linie:

$$\frac{x}{a} + \frac{y}{b} = 0,\quad \frac{x}{a} - \frac{y}{b} = 0.$$

(II) Równanie (II) może być zredukowane do postaci $x^2 = 2py$, gdzie liczba p $p = -\frac{b_{20}}{b_{22}} \neq 0$. może być uznana za dodatnią, ponieważ w przeciwnym razie wystarczy zmienić dodatni kierunek osi Oy na ujemny.

(III) Równanie (III) zostaje zredukowane do postaci

$$x^2 = -\frac{d}{b_{11}} \text{lub} \quad x^2 = a^2,\ x^2 = -a^2,\ x^2 = 0$$

w zależności od tego, czy jest lub $-\frac{d}{b_{11}} > 0,\ -\frac{d}{b_{11}} < 0$ $d = 0$.

Równanie $x^2 = a^2$ określa dwie równoległe linie i $x = a$ $x = -a$.

Równanie $x^2 = -a^2$ na zbiorze liczb rzeczywistych odpowiada pustemu zbiorowi punktów i wyznacza dwie wyimaginowane równoległe linie i $x = ia$ $x = -ia$.

Równanie $x^2 = 0$ określa dwie zbieżne linie - oś odcięta.

Przykład. Zredukuj równanie krzywej do formy kanonicznej i narysuj krzywą $2x^2 + 6xy + 2y^2 + 2x - 2y + 3 = 0$,

która jest określona za pomocą podanego równania.

Rozwiązanie. Określmy do jakiego kąta α powinniśmy obracać układ współrzędnych, aby uzyskać współczynnik $b_{12}=0$.w przekształconym równaniu. Stosujemy stan (5.12)

$$ctg2\alpha=\frac{a_{11}-a_{22}}{2a_{12}}=\frac{2-2}{6}=0.$$

gdzie w $\alpha=\pm\pi/4$.rezultacie mamy.

Wybierając dowolny kąt, oba i$\alpha=\pi/4\ \alpha=-\pi/4$, otrzymujemy tę samą krzywą. W naszym przypadku wybieramy $\alpha=\pi/4$. Wtedy dostaniemy

$$b_{11}=a_{11}\cos^2\alpha+2a_{12}\cos\alpha\sin\alpha+a_{22}\sin^2\alpha=5,$$

$$b_{22}=a_{11}\sin^2\alpha-2a_{12}\cos\alpha\sin\alpha+a_{22}\cos^2\alpha=-1,$$

$$b_{10}=a_{10}\cos\alpha+a_{20}\sin\alpha=0,$$

$$b_{20}=-a_{10}\sin\alpha+a_{20}\cos\alpha=-\frac{2}{\sqrt{2}}$$

a równanie krzywej w układzie współrzędnych $x'Oy'$ma postać

$$5x'^2-y'^2-\frac{4}{\sqrt{2}}y'+3=0.$$

W lewej części tego równania wypełniamy idealny kwadrat:

$$5x'^2-\left(y'+\frac{2}{\sqrt{2}}\right)^2+5=0.$$

Następnie wykonujemy tłumaczenie układu współrzędnych za $x'Oy'$ pomocą wzorów:

$$\begin{cases}x_1=x';\\ y_1=y'+\sqrt{2}\end{cases}\text{lub}\begin{cases}x'=x_1;\\ y'=y_1-\sqrt{2}.\end{cases}$$

Następnie otrzymujemy

$$5x_1^2-y_1^2=-5,$$

w układzie $x_1O_1y_1$ współrzędnych

$$\frac{x_1^2}{1}-\frac{y_1^2}{5}=-1.$$

Obracając osie $x_1O_1y_1$ do kąta $-\pi/2$(lub $\pi/2$), tzn. zakładając$x_1=y_2$ $y_1=-x_2$, że otrzymamy $\frac{x_2^2}{5}-\frac{y_2^2}{1}=1$.to równanie wyznaczamy hiperbolę z półosiami $a=\sqrt{5}$ i ($b=1$rys.3.12).

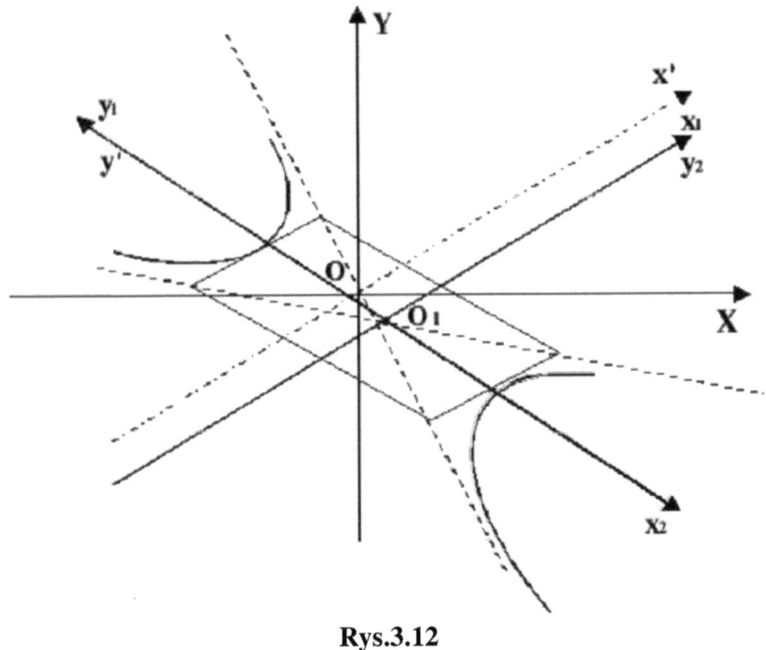

Rys.3.12

§ 3. ZESTAW ZAMÓWIEŃ 2. RÓWNANIA KANONICZNE

3.1. Elipsoida

Definicja. Elipsoida nazywana jest powierzchnią, której równanie ma postać

$$\frac{x^2}{a^2}+\frac{y^2}{b^2}+\frac{z^2}{c^2}=1 \qquad (5.25)$$

w jakimś szczególnie wybranym kartezjańskim układzie współrzędnych.

Załóżmy, że jeśli punkt $a \geq b \geq c.$ (x, y, z)leży na elipsoidzie (5,25), to punkty $(\pm x, \pm y, \pm z)$z dowolnymi zestawami znaków dodatnich i ujemnych również tam leżą. Dlatego elipsoida (5.25) ma początek współrzędnych jako środek symetrii i ten początek jest nazywany środkiem elipsoidy; osie współrzędnych są osiami symetrii i nazywane są osiami głównymi; płaszczyzny współrzędnych są płaszczyznami symetrii i nazywane są płaszczyznami głównymi.

$a > b > c$, Wtedy elipsoida (5.25) nazywana jest trójosiową.

Jeżeli $a > b = c$, wtedy elipsoida (5.25) nazywana jest prolatywną sferoidą, to powstaje ona przez obracającą się elipsę $\frac{x^2}{a^2} + \frac{y^2}{b^2} = 1$ wokół swojej głównej osi (rys.3.13,a).

Jeżeli $a = b > c$, wtedy elipsoida (5.25) nazywana jest sferoidem oblatowym, to powstaje ona przez obracanie elipsą $\frac{x^2}{a^2} + \frac{y^2}{b^2} = 1$ wokół swojej małej osi (rys.3.13,b).

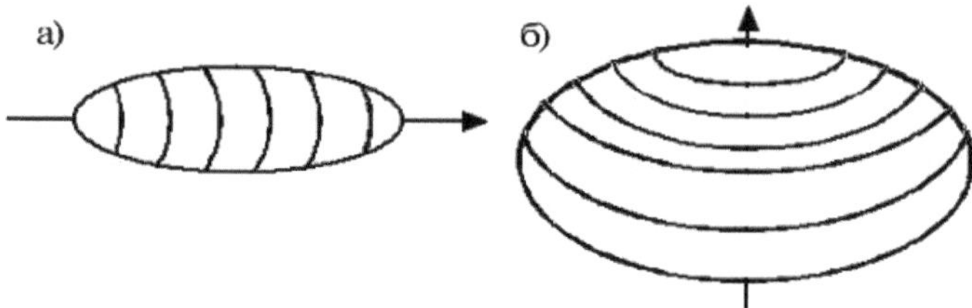

Rys. 3.13

Jeśli $a = b = c$, to elipsoida (5.25) jest nazywana kulą o promieniu a, która ma środek na początku współrzędnych.

Pionowe trójosiowe elipsoidy są punktami przecięcia elipsoidy i jej głównych osi. Elipsoida trzyosiowa ma sześć wierzchołków $(\pm a,0,0), (0,\pm b,0), (0,0,\pm c)$.

Biorąc pod uwagę równanie (5,52), otrzymujemy $|x| \le a, |y| \le b, |z| \le c$.

Oznacza to, że elipsoida (5,25) leży wewnątrz prostokątnej równoległościanu z wierzchołkami $(\pm a,\pm b,\pm c)$. Każda twarz tego równoległościennego i elipsoidalnego (5,25) ma tylko jeden wspólny punkt - swój wierzchołek.

Płaszczyzna xOy przechwytuje elipsoidę (5.25) w linii wyrażonej równaniami

$$\frac{x^2}{a^2}+\frac{y^2}{b^2}+\frac{z^2}{c^2}=1,\ z=0$$

lub jego odpowiednik

$$\frac{x^2}{a^2}+\frac{y^2}{b^2}=1,\ z=0 \qquad (5.26)$$

W ten sam sposób płaszczyzna yOz przechwytuje elipsoidę (5.25) w linii, której równanie jest równe

$$\frac{y^2}{b^2}+\frac{z^2}{c^2}=1,\ x=0 \qquad (5.27)$$

i samolot xOz przechwytuje go w linii

$$\frac{x^2}{a^2}+\frac{z^2}{c^2}=1,\ y=0 \qquad (5.28)$$

Linie (5.26), (5.27), (5.28) tworzą elipsy. Te elipsy, tj. przekroje elipsoidy (5.25) utworzone przez jej główne płaszczyzny, nazywane są ***głównymi przekrojami***.

Rozważmy przekroje elipsoidy (5.25) wykonane przez płaszczyzny równoległe do jakiejś płaszczyzny współrzędnych, na przykład przez płaszczyzny równoległe do płaszczyzny xOy, i. płaszczyzny e. wyrażone równaniem

$z=h$ gdzie h to dowolna liczba rzeczywista.

Równania linii przekroju mają postać

$$\frac{x^2}{a^2}+\frac{y^2}{b^2}+\frac{z^2}{c^2}=1,\ z=h$$

lub

$$\frac{x^2}{a^2}+\frac{y^2}{b^2}=1-\frac{h^2}{c^2},\ z=h\ . \qquad (5.29)$$

Jesli $|h|>c$, wtedy pierwszy równanie tego systemu nie zadowala jakies pary rzeczywistych liczb x, y, i. e. system (5.29) nie ma rozwiazania. Oznacza to, że samolot $z=h\,|h|>c$ z nie przechwytuje elipsoidy (5.25).

Biorąc pod uwagę $h=\pm c$ pierwsze równanie systemu (5.29) ma postać

$$\frac{x^2}{a^2}+\frac{y^2}{b^2}=0,$$

gdzie otrzymujemy $x = y = 0$. W ten sposób samoloty spotykają w swoich wierzchołkach elipsoidę (5,25) $z = \pm c$ $(0,0,\pm c)$. Wreszcie, jeżeli $|h| < c$, to układ równań, które wyrażają linię przekroju, można przepisać w następujący sposób:

$$\frac{x^2}{\left(a\sqrt{1-\frac{h^2}{c^2}}\right)^2} + \frac{y^2}{\left(b\sqrt{1-\frac{h^2}{c^2}}\right)^2} = 1, \quad z = h$$

Równania te są równaniami elipsy znajdującej się w przekroju płaskim $z = h$; środkiem tej elipsy jest punkt $(0,0,h)$, osie symetrii są równoległe do osi Oh i Oy, a półosi są równe

$$a' = a\sqrt{1-\frac{h^2}{c^2}}, \quad b' = b\sqrt{1-\frac{h^2}{c^2}} .$$

Rozważane przekroje dają wyobrażenie o tym, jak wygląda elipsoida. Taki sposób rozważania powierzchni nazywany jest metodą odcinków równoległych; będziemy go używać przy rozważaniu innych powierzchni.

3.2. Hiperboloid w jednym arkuszu

Definicja. Hiperboloid jednokartkowy to powierzchnia, której równanie ma postać

$$\frac{x^2}{a^2} + \frac{y^2}{b^2} - \frac{z^2}{c^2} = 1 \qquad (5.30)$$

w jakimś szczególnie wybranym kartezjańskim układzie współrzędnych.

Pomyślmy, że $a \geq b$. Podobnie jak w poprzednim paragrafie udowadniamy, że początek jest środkiem symetrii, osie współrzędnych to osie symetrii (osie główne), a płaszczyzny współrzędnych to płaszczyzny symetrii (płaszczyzny główne) dla hiperbolidu jednowymiarowego (5.30).

Jeśli $a = b$ w równaniu (5.30), to hiperboloid jednokrotny (5.30) jest nazywany hiperboloidem obrotu (5.30), ponieważ może być generowany przez obracanie hiperboli

$$\frac{x^2}{a^2} - \frac{z^2}{c^2} = 1$$

wokół swojej wyimaginowanej osi (rys. 3.14).

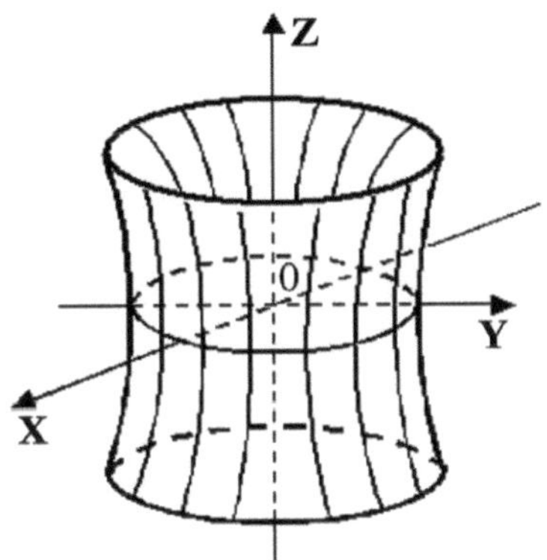

Rys. 3.14

Punkty przecięcia hiperbolidu i jego głównych osi są punktami przecięcia hiperbolidu. W przypadku $a \neq b$ hiperboli ma cztery wierzchołki $(0,\pm b,0)$. $(\pm a,0,0)$,

Płaszczyzna xOy przechwytuje jednokartkowy hiperboloid (5.30) w elipsie wyrażonej równaniami

$$\frac{x^2}{a^2}+\frac{y^2}{b^2}=1,\ z=0$$

i nazywana elipsą gardłową hiperboli jednego arkusza. Płaszczyzna yOz przechwytuje jednokartkowy hiperboloid (5.30) w hiperboli wyrażony za pomocą równań

$$\frac{y^2}{b^2}-\frac{z^2}{c^2}=1,\ x=0$$

a płaszczyzna xOz przechwytuje ją w hiperboli wyrażonej równaniami

$$\frac{x^2}{a^2}-\frac{z^2}{c^2}=1,\ y=0$$

Przyjrzyjmy się przekrojowi hiperbolidu (5.30) wykonanego przez płaszczyzny, które są równoległe do płaszczyzny współrzędnych xOy, i.e. przez płaszczyzny $z=h$.

Równania linii przekroju są następujące

$$\frac{x^2}{a^2}+\frac{y^2}{b^2}-\frac{z^2}{c^2}=1,\ z=h$$

lub

$$\frac{x^2}{\left(a\sqrt{1+\frac{h^2}{c^2}}\right)^2}+\frac{y^2}{\left(b\sqrt{1+\frac{h^2}{c^2}}\right)^2}=1,\ z=h$$

Równania te wyrażają elipsę z półosiami

$$a_1=a\sqrt{1+\frac{h^2}{c^2}},\ b_1=b\sqrt{1+\frac{h^2}{c^2}} \qquad (5.31)$$

i wyśrodkować w punkcie $(0,0,h)$na osi Oz oraz na osiach, które są równoległe do osi odpowiednio Oh i Oou. Rozpatrując równania (5.31) stwierdzamy, że$a_1 \geq a\, b_1 \geq b$, e. e. e. elipsa gardłowa jest najmniejszą ze wszystkich elips, w której hiperboloida jednopłaszczyznowa (5.30) jest przecięta przez płaszczyzny, które są równoległe do płaszczyzny xOy.

Płaszczyzna, $x=h$która jest równoległa do płaszczyzny yOz, przechwytuje jednokartkowy hiperboloid (5.30) w linii wyrażonej przez

$$\frac{y^2}{b^2}-\frac{z^2}{c^2}=1-\frac{h^2}{a^2}\ x=h,.$$

Jeżeli $|h|<a$, to równania te określają hiperbolę z osią w punkcie (h,0,0) który leży na płaszczyźnie $x=h$, której oś rzeczywista jest równoległa do osi OU, a oś urojona jest równoległa do osi Oz. Półosi tej hiperboli są ($b\sqrt{1-\frac{h^2}{a^2}}$ prawdziwe półosi) i ($c\sqrt{1-\frac{h^2}{a^2}}$ wyimaginowane półosi).

Jeżeli $|h|=a$, to równania linii przekroju mają postać

$$\frac{y^2}{b^2}-\frac{z^2}{c^2}=0\ x=\pm a\ ,.$$

Równania

$$\frac{y^2}{b^2}-\frac{z^2}{c^2}=0\ ,x=a$$

są równaniami dwóch przecinających się linii prostych:

$\frac{y}{b}+\frac{z}{c}=0$, $x=a$ - pierwsza linia;

$\frac{y}{b}-\frac{z}{c}=0$, $x=a$ - druga linia.

W ten sam sposób równania $\frac{y^2}{b^2}-\frac{z^2}{c^2}=0$, $x=-a$ są równaniami dwuwierszowymi:

$\frac{y}{b}+\frac{z}{c}=0$ i $x=-a$ $\frac{y}{b}-\frac{z}{c}=0$ $x=-a$...

Jeśli $|h|>a$, wówczas sekcja tworzy hiperbolę, której równania są

$$\frac{z^2}{\left(c\sqrt{\frac{h^2}{c^2}-1}\right)^2}-\frac{y^2}{\left(b\sqrt{\frac{h^2}{c^2}-1}\right)^2}=1\ x=h,.$$

Prawdziwa oś tej hiperboli jest równoległa do osi Oz, wyimaginowana oś jest równoległa do osi Oy; środek leży w punkcie$(h,0,0)$. Asymptoty wszystkich hiperboli otrzymanych w momencie przechwycenia przez samoloty jednego arkusza hiperbolidu (5.30) $x=h\,(h\neq\pm a)$są równoległe do linii otrzymanych w momencie przechwycenia przez samoloty hiperbolidu$x=\pm a$. Przekroje wykonane z płaszczyzn równoległych do płaszczyzny xOz $y=h$, są podobne do rozpatrywanych przekrojów. Wszystkie te sekcje dają wyobrażenie o tym, jak wygląda hiperboloida jednokartkowa (5.30) (rys. 3.14).

3.3. Hiperboloid dwuwarstwowy

Definicja. ***Hiperboloid dwuwarstwowy*** to powierzchnia, której równanie ma postać

$$.\frac{x^2}{a^2}+\frac{y^2}{b^2}-\frac{z^2}{c^2}=-1 \qquad (5.32)$$

w jakimś szczególnie wybranym kartezjańskim układzie współrzędnych.

Początkiem jest środek symetrii (***środek***), współrzędne to osie symetrii (***główne osie),*** a płaszczyzny współrzędnych to płaszczyzny symetrii (***główne płaszczyzny***) dla hiperbolidu dwuelementowego.

Jeśli $a=b$w równaniu (5.32), to hiperboloid dwupłaszczyznowy (5.32) jest nazywany ***hiperboloidem dwupłaszczyznowym o obrocie,*** ponieważ jest on generowany przez obracanie hiperboli

$$\frac{x^2}{a^2}-\frac{z^2}{c^2}=-1$$

wokół jego prawdziwej osi Oz (rys. 3.15).

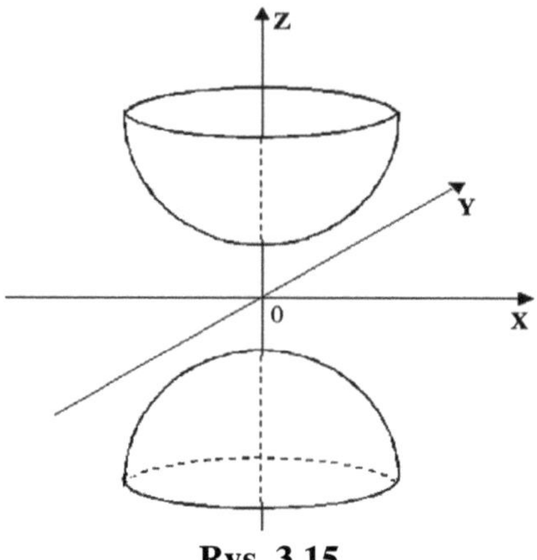

Rys. 3.15

Pionki dwupłaszczyznowego hiperbolidu są punktami przecięcia tego hiperbolidu z osią główną Oz.

Hiperboloid dwuwarstwowy (5,32) ma dwa wierzchołki $(0,0,\pm c)$.

Samoloty xOz i yOz przechwytują dwupłytowy hiperbolid (5.32) w hiperboli

$$\frac{x^2}{a^2}-\frac{z^2}{c^2}=-1 \text{ i } y=0 \; \frac{y^2}{b^2}-\frac{z^2}{c^2}=-1 \; x=0\ldots$$

Przekroje dwupłaszczyznowego hiperbolidu wykonane w płaszczyźnie wyrażone są za $z=h$pomocą równań

$$\frac{x^2}{a^2}+\frac{y^2}{b^2}=\frac{h^2}{c^2}-1 \; z=h, .$$

Jeśli$|h|<c$, pierwsze równanie nie ma rozwiązania - płaszczyzna $z=h$nie przechwytuje powierzchni.

Jeśli$h=\pm c$, to

$$\frac{x^2}{a^2}+\frac{y^2}{b^2}=0 \quad \text{gdzie otrzymujemy } x=y=0,$$

i płaszczyzny $z=\pm c$stykają się z powierzchnią dwupłaszczyznowego hiperbolidu w jego wierzchołkach $(0,0,\pm c)$.

Jeżeli $|h|>c$, wówczas równania linii przekroju można przepisać jako

$$\frac{x^2}{\left(a\sqrt{\frac{h^2}{c^2}-1}\right)^2}+\frac{y^2}{\left(b\sqrt{\frac{h}{c^2}-1}\right)^2}=1\ z=h,.$$

Równania te wyrażają elipsę z półosiami

$$a_1=a\sqrt{\frac{h^2}{c^2}-1}, b_1=b\sqrt{\frac{h^2}{c^2}-1}$$

i wyśrodkować w punkcie $(0,0,h)$i na osiach, które są równoległe do osi Ox i Oy odpowiednio. Płaszczyzna $x=h$przechwytuje powierzchnię dwuwarstwowego hiperbolidu w linii wyrażonej równaniami

$$\frac{x^2}{a^2}+\frac{y^2}{b^2}-\frac{z^2}{c^2}=-1\ x=h,,$$

lub

$$\frac{z^2}{\left(c\sqrt{1+\frac{h^2}{a^2}}\right)^2}-\frac{y^2}{\left(b\sqrt{1+\frac{h^2}{a^2}}\right)^2}=1\ x=h,,$$

i. e. w hiperboli ze środkiem w punkcie $(h,0,0)$, który leży na płaszczyźnie $x=h$. Prawdziwa oś tej hiperboli jest równoległa do osi *Oz*, a wyimaginowana jest równoległa do osi Oy.
W ten sam sposób rozpatrujemy odcinki powierzchni (5,32) wykonane przez samoloty $y=h$.

3.4. Stożek [2.] rzędu

Definicja 1. ***Stożek*** ***drugiego*** ***rzędu*** nazywany jest powierzchnią, której równanie ma postać

$$\frac{x^2}{a^2}+\frac{y^2}{b^2}-\frac{z^2}{c^2}=0 \qquad (5.33)$$

w jakimś szczególnie wybranym kartezjańskim układzie współrzędnych (uważamy, że $a\geq b$w tym równaniu).

Punktem początkowym jest środek symetrii (wierzchołek), osie współrzędnych są osiami symetrii (główne osie), a płaszczyzny współrzędnych są płaszczyznami symetrii (główne płaszczyzny). Oś stożka (5,33) jest zwykle nazywana *Oz*.

Główna cecha stożka: jeżeli punkt ($M_0(x_0, y_0, z_0)$który nie pokrywa się z wierzchołkiem) leży na stożku, to wszystkie punkty linii prostej OM_0, która przechodzi przez punkt O i punkt M0 , również tam leżą.

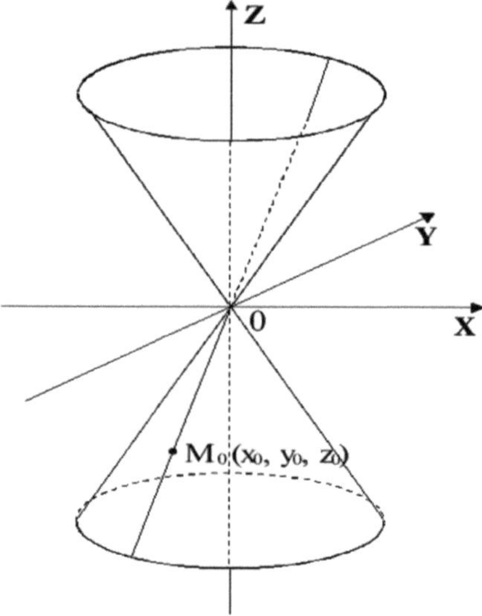

Rys. 3.16

Rzeczywiście, jeśli $M(x, y, z)$jest to punkt arbitralny, leżący na linii prostej OM_0, to $x = \lambda x_0$, $y=\lambda y0$, $z = \lambda z_0$ a zatem mamy

$$\frac{x^2}{a^2} + \frac{y^2}{b^2} - \frac{z^2}{c^2} = \lambda^2\left(\frac{x_0^2}{a^2} + \frac{y_0^2}{b^2} - \frac{z_0^2}{c^2}\right) = 0,$$

a punkt należy do stożka.

Tak więc, powierzchnia (5.33) jest generowana przez linie przechodzące przez źródło. Tak więc, przedstawiając formę tej powierzchni, wystarczy rozważyć jej przekrój wykonany przez jakąś płaszczyznę, $z = h$ która jest równoległa do płaszczyzny xOy. Tnąc ją, otrzymujemy elipsę, której równaniem jest

$$\frac{x^2}{\left(\frac{ah}{c}\right)^2} + \frac{y^2}{\left(\frac{bh}{c}\right)^2} = 1 \; z = h, .$$

Środek tej elipsy leży w punkcie $(0,0,h)$na osi Oz i w konsekwencji powierzchnia (5,33) jest generowana przez linie łączące początek i wszystkie punkty tej elipsy (rys. 3.16).

Na podstawie głównej cechy stożka II rzędu podamy definicję arbitralnej powierzchni stożka.

Definicja 2. ***Powierzchnia stożkowa** (lub **stożek**)* to powierzchnia powstała w wyniku przesunięcia linii, która przechodzi przez ten sam punkt i ustawia krzywą.

Przesuwana linia prosta nazywana jest ***generatrycą stożka***, dany punkt jest ***wierzchołkiem***, a zestaw linii jest ***bezpośrednią linią*** stożka.

Zgodnie z definicją, równanie powierzchni stożkowej $F(x,y,z)=0$ powinno być spełnione przez współrzędne wszystkich punktów dla generatrycy stożka, i. e. punkty o współrzędnych $(\lambda x,\lambda y,\lambda z)$, gdzie λjest dowolna liczba rzeczywista; w związku $F(x,y,z)=F(\lambda x,\lambda y,\lambda z)=0$z tym funkcja $F(x,y,z)$powinna być jednorodna w równaniu, które określa powierzchnię stożkową.

Definicja 3. Funkcja $F(x,y,z)$jest nazywana jednorodną, jeśli posiada następujące cechy:

1. Jeśli punkt należy do domeny (x,y,z)funkcji$F(x,y,z)$, to punkt ($(\lambda x,\lambda y,\lambda z)$gdzie λjest dowolną liczbą rzeczywistą) również należy do domeny tej funkcji;

2. Jest taka liczba k, że stosunek

$$F(\lambda x,\lambda y,\lambda z)=\lambda^k F(x,y,z).$$

jest wykonywana dla każdego punktu (x,y,z)funkcji $F(x,y,z)$.

Numer k jest nazywany ***stopniem jednorodności***. Dla stożka II rzędu stopień homogeniczności $k = 2$.

3.5. paraboloid eliptyczny

Definicja. ***Eliptyczny paraboloid*** nazywany jest powierzchnią, której równanie ma postać

$$\frac{x^2}{p}+\frac{y^2}{q}=2z \qquad \text{gdzie}\, p>0, q>0 \qquad (5.34)$$

w jakimś szczególnie wybranym kartezjańskim układzie współrzędnych.

Pomyślmy, że $p \geq q$. Jeśli $p = q$, to paraboloid eliptyczny (5.34) jest paraboloidem obrotu, ponieważ jest generowany przez obracającą się parabolę wokół osi $y^2 = 2pzOz$, która jest parabolą (rys. 3.17).

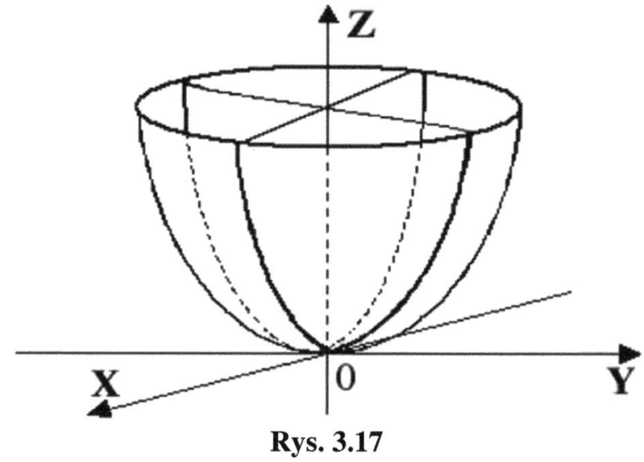

Rys. 3.17

Oś Oz jest osią symetrii dla parabolidu eliptycznego (5,34) (jest to oś parabolidu), a osie xOz i yOz są płaszczyznami symetrii (płaszczyznami głównymi). Dla parabolidu eliptycznego punktem początkowym jest punkt przecięcia tej powierzchni i jej osi, zwany wierzchołkiem.

Samolot $z = h$przechwytuje eliptyczny paraboloid (5.34) w linii

$$, . \frac{x^2}{p} + \frac{y^2}{q} = 2z \; z = h \qquad (5.35)$$

Jeśli $h < 0$, to pierwsze równanie nie ma rozwiązania od tego czasu $p > 0, q > 0$; w konsekwencji, płaszczyzna z $z = h \; h < 0$nie przechwytuje eliptycznego parabolidu. Jeśli $z = 0$, to $x = y = 0$, i. e. płaszczyzna xOy i eliptyczny paraboloid mają tylko jeden punkt wzajemny - wierzchołek $(0,0,0)$.

Jeżeli $h > 0$, to po przepisaniu równania (5.35) jako

$\frac{x^2}{\left(\sqrt{2ph}\right)^2} + \frac{y^2}{\left(\sqrt{2qh}\right)^2} = 1$ z=hZauważamy, że odcinek jest elipsą ze środkiem w punkcie $(0,0,h)$i półosi oraz $a = \sqrt{2ph} \; b = \sqrt{2qh}$.

Samolot *xOz przechwytuje* eliptyczny paraboloid (5,34) w paraboli $x^2 = 2pz$, y = 0, a samolot *yOz* przechwytuje go w paraboli $y^2 = 2qz$, x = 0.

Tak więc liczby p i q są parametrami paraboli nabytymi podczas odcinania parabolidy przez jej płaszczyzny symetrii (rys. 3.17).

Rozważmy przekroje parabolidu eliptycznego wykonane przez płaszczyzny równoległe do płaszczyzny *xOz,* i. e. płaszczyzny wyrażone równaniem $y = t$.

Równania linii przekroju to $\frac{x^2}{p} + \frac{y^2}{q} = 2z$, $y = t$, lub

$$x^2 = 2p\left(z - \frac{t^2}{2q}\right) y = t\ ,. \qquad (5.36)$$

Równania te wyrażają parabolę z wierzchołkiem w punkcie $\left(0, t, \frac{t^2}{2q}\right)$, którego oś symetrii ma ten sam kierunek co oś *Oz*. Parametr paraboli (5.36) jest równy p, i. e. parametrowi głównego przekroju parabolidu eliptycznego wykonanego przez płaszczyznę *xOz* (natomiast $t = 0$).

Stąd, eliptyczny paraboloid może być wygenerowany przez tłumaczenie paraboli (5.36), gdzie wierzchołek tej paraboli porusza się w paraboli
$y^2 = 2qz$x = 0, uzyskane przez przechwycenie eliptycznego parabolidu przez samolot *yOz*. W związku z tym płaszczyzny tych paraboli są równoległe, a osie również są równoległe i mają ten sam kierunek.

Podobny przypadek mamy w przypadku rozpatrywania odcinków parabolidu eliptycznego (5,34) wykonanych przez płaszczyzny równoległe do płaszczyzny *yOz*.

3.6. Paraboloid hiperboliczny

Definicja. ***Paraboloid hiperboliczny*** nazywany jest powierzchnią, której równanie ma postać

$$\frac{x^2}{p}-\frac{y^2}{q}=2z \qquad \text{, gdzie } p>0,\ q>0. \qquad (5.37)$$

w jakimś szczególnie wybranym kartezjańskim układzie współrzędnych.

Płaszczyzny xOz i yOz są płaszczyznami symetrii, a oś Oz jest osią symetrii dla parabolidu hiperbolicznego (5,37).

Oś symetrii parabolidu hiperbolicznego nazywana jest ***osią***. Punkt, w którym oś parabolidu hiperbolicznego przechwytuje tę powierzchnię, nazywany jest ***wierzchołkiem***. Paraboloid hiperboliczny (5,37) ma pochodzenie jako jego wierzchołek.

Płaszczyzny xOz u $yOz,$ które są płaszczyznami symetrii dla parabolidu hiperbolicznego (5,37) są nazywane głównymi płaszczyznami parabolidu hiperbolicznego.

W przypadku parabolidu hiperbolicznego $p\neq q$(5,37) ma tylko jedną oś symetrii (oś Ox), w przypadku $p=q$parabolidu ma jeszcze dwie osie symetrii: i $y=x,\ z=0$ $y=-x,\ z=0$.

Rzeczywiście, jeśli współrzędne punktu $M(x,y,z)$spełniają równanie $M(x,y,z)$ $x^2-y^2=2pz$, to współrzędne punktu$M_1(y,x,-z)$, który jest symetryczny do punktu stosunkowo prostych$M(x,y,z)$ $y=x,\ z=0$, również spełniają to równanie. W ten sam sposób udowadniamy, że linia prosta $y=-x,\ z=0$jest osią symetrii.

Samolot xOy przechwytuje paraboloid hiperboliczny w dwóch liniach:

$$\frac{x^2}{p}-\frac{y^2}{q}=0 \,\text{lub}\, \frac{z}{\sqrt{p}}+\frac{y}{\sqrt{q}}=0,\ z=0,$$

oraz

$$\frac{z}{\sqrt{p}}-\frac{y}{\sqrt{q}}=0,\ z=0.$$

Płaszczyzna$z=h$, która jest równoległa do płaszczyzny xOy, przechwytuje hiperboliczny paraboloid w hiperboli (rys. 3.18, a).

$$\frac{x^2}{p}-\frac{y^2}{q}=2z,\ z=h\ . \qquad (5.38)$$

Jeżeli $h>0$, to te równania można zapisać ponownie jako

$$\frac{x^2}{\left(\sqrt{2ph}\right)^2}-\frac{y^2}{\left(\sqrt{2qh}\right)^2}=1,\ z=h.$$

Jest to hiperbola, która znajduje się na płaszczyźnie $z=h$ z centrum w punkcie $(0,0,h)$, którego prawdziwa oś jest równoległa do osi OOx, a wyobrażona oś jest równoległa do osi Oy.

Jeżeli $h<0$, to równania linii przekroju mogą być przedstawione jako

$$\frac{y^2}{\left(\sqrt{-2qh}\right)^2}-\frac{x^2}{\left(\sqrt{-2ph}\right)^2}=1,\ z=h.$$

Jest to hiperbola, która znajduje się w płaszczyźnie $z=h$ z centrum w punkcic $(0,0,h)$, ktorcj oś rzcczywista jcst równolcgła do osi OU, a oś wyobrażona jest równoległa do osi OU. Asymptoty wszystkich hiperboli otrzymujemy podczas przechwytywania parabolidu hiperbolicznego (5.37) przez płaszczyzny $z=h,\ h\neq 0$ które są równoległe do linii, a ten parabolik przechwytuje płaszczyznę $z=0$ w tych liniach.

Samolot xOz przechwytuje paraboloid hiperboliczny w paraboli (rys. 3.18,b)

$$x^2=2pz,\ y=0 \qquad (5.39)$$

i samolot yOz przechwytuje go w paraboli

$$.\ y^2=-2qz,\ x=0 \qquad (5.40)$$

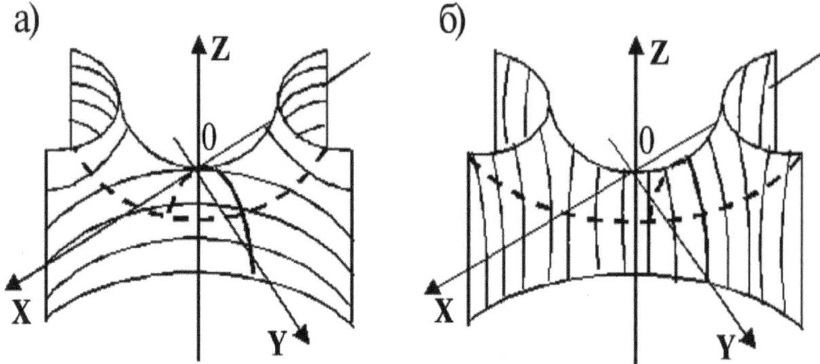

Rys. 3.18

Zatem liczby p i q są parametrami paraboli nabytymi podczas odcinania parabolidu hiperbolicznego (5,37) przez jego główne płaszczyzny.

Rozważmy fragmenty parabolidu hiperbolicznego (5.37) wykonane przez płaszczyzny równoległe do płaszczyzny (yOz rys. 3.18, b), i. e. przez płaszczyzny wyrażone równaniem $x=t$.

Równania linii przekroju mają postać

$$\frac{x^2}{p}-\frac{y^2}{q}=2z,\ x=t \text{ lub } y^2=-2q\left(z-\frac{t^2}{2p}\right),\ x=t.$$

Równania te wyrażają parabolę z wierzchołkiem w punkcie $\left(t,0,\frac{t^2}{2p}\right)$, którego oś jest wyrażona równaniami $x=t$, y = 0, a kierunek osi pokrywa się z ujemnym kierunkiem osi Oz. Parametr paraboli

$$y^2=-2q\left(z-\frac{t^2}{2p}\right),\ x=t \tag{5.41}$$

jest równy parametrowi q, i. e. głównego przekroju (5.40) parabolidu hiperbolicznego wytworzonego przez płaszczyznę yOz ($t = 0$).

Tak więc, paraboloid hiperboliczny może być wygenerowany poprzez translację paraboli (5.41), gdzie wierzchołek paraboli porusza się w paraboli (5.39); płaszczyzna paraboli (5.39) jest prostopadła do płaszczyzny paraboli (5.41), osie tych paraboli są równoległe i mają przeciwny kierunek (rys. 3.18, b).

Mamy ten sam przypadek, gdy rozważamy odcinki parabolidu hiperbolicznego wykonane przez płaszczyzny równoległe do płaszczyzny xOz.

Hiperboliczny paraboloid nazywany jest czasem powierzchnią w kształcie siodła.

3.7. Cylindry 2. rzędu

*Definicja 1. Powierzchnia **cylindryczna*** to powierzchnia utworzona przez linie, które są równoległe do siebie i nazywane jej ***generatrami***.

Jeśli jakaś płaszczyzna, przechwytująca wszystkie generatory powierzchni cylindrycznej, również przechwytuje ją w linii P, wówczas linia ta nazywana jest ***prostą*** tej powierzchni cylindrycznej.

Twierdzenie. Jeżeli w przestrzeni wprowadzony jest kartezjański układ współrzędnych, a równanie $F(x, y)=0$jest równaniem jakiejś linii P w płaszczyźnie xOy, to w przestrzeni równanie to jest równaniem powierzchni cylindrycznej L z direktorem P, a generatory są równoległe do osi Oz (rys. 3.19, a).

Dowód. Punkt $M(x, y, z)$leży na powierzchni cylindrycznej L *tylko w przypadku, gdy* rzut $M_1(x, y,0)$punktu M na płaszczyznę xOy równolegle do osi Oz leży na linii P, i. e. tylko w przypadku, gdy zostanie wykonane równanie$F(x, y)=0$.

Wyciągamy te same wnioski dla równań typu (rys$F(y, z)=0$. 3.19, b) i $F(z,x)=0$(rys. 3.19, c).

Definicja 2. Powierzchnie cylindryczne, których bezpośrednimi kierunkami są linie drugiego rzędu, nazywane są ***powierzchniami cylindrycznymi drugiego rzędu***.

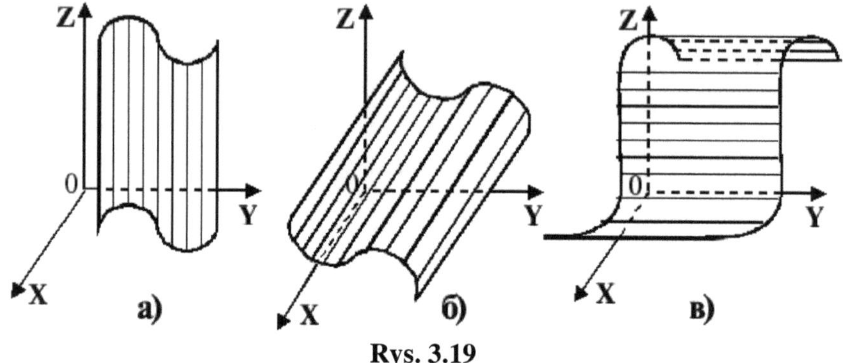

Rys. 3.19

Istnieją trzy rodzaje butli drugiego rzędu:

- ***eliptyczny*** (rys. 3.20)

$$\frac{x^2}{a^2}+\frac{y^2}{b^2}=1 \qquad (5.42)$$

- ***hiperboliczny*** (rys. 3.21)

$$\frac{x^2}{a^2}-\frac{y^2}{b^2}=1, \qquad (5.43)$$

- ***paraboliczny*** (rys. 3.22)

$$.\, y^2=2px \qquad (5.44)$$

Dla butli ustawionych za pomocą równań (5.42), (5.43) i (5.44), kierunkami są

elipsa

$$\frac{x^2}{a^2}+\frac{y^2}{b^2}=1,\ z=0,$$

hiperbola

$$\frac{x^2}{a^2}-\frac{y^2}{b^2}=1,\ z=0,$$

parabola

$$y^2=2px,\ z=0$$

a generatory są równoległe do osi Oz.

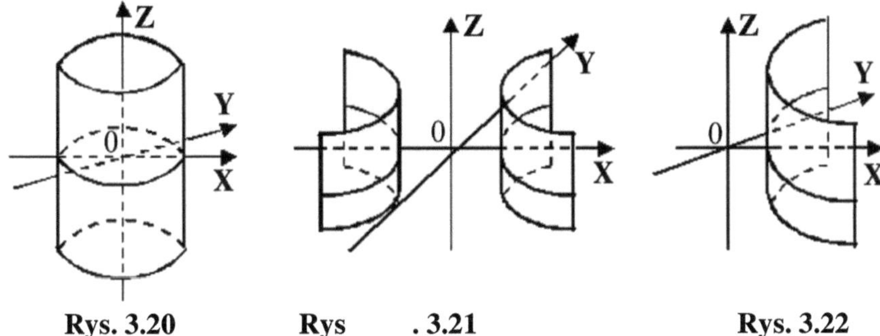

Rys. 3.20 Rys . 3.21 Rys. 3.22

Uwaga. Jak widzieliśmy wcześniej, powierzchnie stożkowe i cylindryczne drugiego rzędu mają generatory prostoliniowe, poza tym każda z tych powierzchni może być generowana przez ruch linii prostej w przestrzeni.

Okazuje się, że hiperboloid i paraboloid hiperboliczny o jednym arkuszu mają również generatory prostoliniowe wśród wszystkich powierzchni drugiego rzędu (oprócz cylindra i stożka), poza tym obie te powierzchnie, jak również cylinder i stożek, mogą być generowane przez ruch linii prostej w przestrzeni (patrz literatura przedmiotu specjalistycznego).

§ 4. REDUKCJA OGÓLNEGO STOSOWARZYSZENIA POWIERZCHNI 2 ZAMÓWIENIA DO FORMY KANONICZNEJ

Ogólne równanie powierzchni drugiego rzędu

$$a_{11}x^2+a_{22}y^2+a_{33}z^2+2a_{12}xy+2a_{13}xz+2a_{23}yz+2a_{10}x++2a_{20}y+2a_{30}z+a_{00}=0 \quad (5.45)$$

zawiera następujące terminy:

- forma kwadratowa

$$\omega(\vec{r})=a_{11}x^2+a_{22}y^2+a_{33}z^2+2a_{12}xy+2a_{13}xz+2a_{23}yz, \quad (5.46)$$

gdzie $\vec{r}=(x,y,z)$;

- forma liniowa

$$\varphi(\vec{r})=2a_{10}x+2a_{20}y+2a_{30}z, \quad (5.47)$$

gdzie $\vec{r}=(x,y,z)$;

- termin bezwzględny a_{00} .

Aby zredukować równanie (5.45) do formy kanonicznej, musimy przekształcić współrzędne x, y, z i w konsekwencji powiązaną podstawę ortonormalną, $\vec{i},\vec{j},\vec{k}$ która przekształca formę kwadratową (5.46) do formy kanonicznej (patrz Księga II, Rozdz. 8, § 3, s. 3.1).

Matryca tej kwadratowej formy ma postać

$$A=\begin{pmatrix} a_{11} & a_{12} & a_{13} \\ a_{21} & a_{22} & a_{23} \\ a_{31} & a_{32} & a_{33} \end{pmatrix},$$

gdzie $a_{12}=a_{21}, a_{13}=a_{31}, a_{23}=a_{32}$, i. e. matryca A jest symetryczna. Numery charakterystyczne oznaczamy jako $\lambda_1,\lambda_2,\lambda_3$i ortonormalną podstawę, $\vec{i}_1,\vec{j}_1,\vec{k}_1$ która składa się z charakterystycznych wektorów macierzy A. Załóżmy, że

$$T=\begin{pmatrix} \ell_1 & \ell_2 & \ell_3 \\ m_1 & m_2 & m_3 \\ n_1 & n_2 & n_3 \end{pmatrix}$$

jest macierzą transformacji od podstawy $\vec{i},\vec{j},\vec{k}$ do $\vec{i}_1,\vec{j}_1,\vec{k}_1$, i x',y',z'jest nowym układem współrzędnych związanym z tą podstawą.

Podczas przekształcania współrzędnych

$$\begin{cases} x=\ell_1x'+m_1y'+n_1z' \\ y=\ell_2x'+m_2y'+n_2z' \\ z=\ell_3x'+m_3y'+n_3z' \end{cases} \qquad (5.48)$$

forma kwadratowa (5,46) przybiera formę kanoniczną

$\omega(\vec{r})=\lambda_1x'^2+\lambda_2y'^2+\lambda_3z'^2$,

gdzie $\vec{r}=(x',y',z')$.

Tutaj, wykorzystując transformację współrzędnych (5.48) do postaci liniowej (5.47), otrzymujemy

$$\varphi(\vec{r})=2\mu_1x'+2\mu_2y'+2\mu_3z',$$

gdzie $\vec{r}=(x',y',z')$, μ_1,μ_2,μ_3 są nowe współczynniki formularza (5,47).

Tak więc, równanie (5.45) przyjmuje postać

$$\lambda_1x'^2+\lambda_2y'^2+\lambda_3z'^2+2\mu_1x'+2\mu_2y'+2\mu_3z'+a_{00}=0.$$

Równanie to można zredukować do formy kanonicznej za pomocą translacji układu współrzędnych według wzorów

$$\begin{cases} x_1 = x' + \frac{\mu_1}{\lambda_1} \\ y_1 = y' + \frac{\mu_2}{\lambda_2} \\ z_1 = z' + \frac{\mu_3}{\lambda_3} \end{cases} \text{ lub } \begin{cases} x' = x_1 - \frac{\mu_1}{\lambda_1} \\ y' = y_1 - \frac{\mu_2}{\lambda_2} \\ z' = z_1 - \frac{\mu_3}{\lambda_3} \end{cases} \qquad (5.49)$$

Po przetworzeniu układu współrzędnych za pomocą translacji (5.49), ogólne równanie powierzchni drugiego rzędu (5.45) względnie kartezjańskiego układu współrzędnych x_1, y_1, z_1, wyraża jedną z 17 następujących powierzchni:

1) elipsoida $\frac{x_1^2}{a^2} + \frac{y_1^2}{b^2} + \frac{z_1^2}{c^2} = 1$;

2) wyimaginowana elipsoida $\frac{x_1^2}{a^2} + \frac{y_1^2}{b^2} + \frac{z_1^2}{c^2} = -1$;

3) hiperboloid jednokartkowy $\frac{x_1^2}{a^2} + \frac{y_1^2}{b^2} - \frac{z_1^2}{c^2} = 1$;

4) hiperboloid dwuwarstwowy $\frac{x_1^2}{a^2} + \frac{y_1^2}{b^2} - \frac{z_1^2}{c^2} = -1$;

5) stożek $\frac{x_1^2}{a^2} + \frac{y_1^2}{b^2} - \frac{z_1^2}{c^2} = 0$;

6) wyimaginowany stożek $\frac{x_1^2}{a^2} + \frac{y_1^2}{b^2} + \frac{z_1^2}{c^2} = 0$;

7) paraboloid eliptyczny

$$\frac{x_1^2}{p} + \frac{y_1^2}{q} = 2z,\ p > 0,\ q > 0$$

8) paraboloid hiperboliczny

$$\frac{x_1^2}{p} - \frac{y_1^2}{q} = 2z,\ p > 0,\ q > 0$$

9) cylinder eliptyczny

$$\frac{x_1^2}{a^2} + \frac{y_1^2}{b^2} = 1;$$

10) wyimaginowany cylinder eliptyczny

$$\frac{x_1^2}{a^2} + \frac{y_1^2}{b^2} = -1;$$

11) dwie wyimaginowane przecinające się płaszczyzny

$$\frac{x_1^2}{a^2}+\frac{y_1^2}{b^2}=0;$$

12) cylinder hiperboliczny

$$\frac{x_1^2}{a^2}-\frac{y_1^2}{b^2}=1;$$

13) dwie przecinające się płaszczyzny

$$\frac{x_1^2}{a^2}-\frac{y_1^2}{b^2}=0;$$

14) cylinder paraboliczny

$$x_1^2=2py_1,\ p>0;$$

15) dwie równoległe płaszczyzny

$$x^2=a^2,\quad a\neq 0;$$

16) dwie wyimaginowane płaszczyzny równoległe

$$x^2=-a^2,\quad a\neq 0;$$

17) dwa zbieżne samoloty

$$x^2=0.$$

Przykład. Znajdź typ i położenie powierzchni, która jest ustawiona za pomocą równania

$$2x^2+y^2+2z^2-2xy-2yz+4x-2y=0 \qquad (5.50)$$

względnie kartezjański układ współrzędnych x, y, z i związane z nim podstawy ortonormalne $\vec{i}, \vec{j}, \vec{k}$

Rozwiązanie. Zmniejszamy kwadratową formę

$$\omega(\vec{r})=2x^2+y^2+2z^2-2xy-2yz \qquad (5.51)$$

do formy kanonicznej. Matryca tego formularza wygląda jak

$$A=\begin{pmatrix} 2 & -1 & 0 \\ -1 & 1 & 1 \\ 0 & 1 & 2 \end{pmatrix}.$$

Numery charakterystyczne tej macierzy poznajemy za pomocą charakterystycznego równania

$$\begin{vmatrix} (2-\lambda) & -1 & 0 \\ -1 & (1-\lambda) & 1 \\ 0 & 1 & (2-\lambda) \end{vmatrix}=(2-\lambda)\begin{Vmatrix} (1-\lambda) & 1 \\ 1 & (2-\lambda) \end{Vmatrix}+\begin{vmatrix} -1 & 1 \\ 0 & (2-\lambda) \end{vmatrix}=(2-\lambda)\cdot\lambda\cdot(\lambda-3)=0.$$

Tam otrzymujemy $\lambda_1 = 2$, $\lambda_2 = 0$, $\lambda_3 = 3$.

Teraz znajdujemy charakterystyczne wektory macierzy A:

1. Założmy, że $\lambda = \lambda_1 = 2$ wtedy użycie równania $A(\vec{U}_1') = \lambda_1 \vec{U}_1'$ lub formy współrzędnych

$$\begin{cases} (2-\lambda_1)\ell_1' - m_1' & = 0 \\ -\ell_1' + (1-\lambda_1)m_1' + n_1' & = 0 \\ m_1' + (2-\lambda_1)n_1' = 0 \end{cases} \Rightarrow \begin{cases} -m_1' = 0 \\ -\ell_1' + n_1' = 0 \\ (2-\lambda_1)n_1' = 0 \end{cases}$$

znajdziemy $\ell_1' = \alpha,\ m_1' = 0,\ n_1' = \alpha$, gdzie α jest dowolny numer i w rezultacie $\vec{U}_1 = \alpha\vec{i} + \alpha\vec{k} .. \vec{U}_1' = (\alpha, 0, \alpha)$. Następnie wybieramy wektor $\vec{U}_1 = \vec{i}_1$, którego modułem jest $|\vec{U}_1| = |\vec{i}_1| = 1$, i. e. normalizujemy wektor $\vec{U}_1$ z całego zestawu wektorów współliniowych $\vec{U}_1$.

$$\vec{i}_1 = \frac{\vec{U}_1}{|\vec{U}_1|} = \frac{\ell_1'}{|\vec{U}_1|}\vec{i} + \frac{m_1'}{|\vec{U}_1|}\vec{j} + \frac{n_1'}{|\vec{U}_1|}\vec{k} = \ell_1\vec{i} + m_1\vec{j} + n_1\vec{k} =$$

$$= \frac{1}{\sqrt{2}}\vec{i} + \frac{1}{\sqrt{2}}\vec{k}, \quad \text{ãäå} \ |\vec{U}_1| = \alpha\sqrt{2}$$

2. Mamy dla $\lambda = \lambda_2 = 0$

$$\begin{cases} (2-\lambda_2)\ell_2' - m_2' & = 0 \\ -\ell_2' + (1-\lambda_2)m_2' + n_2' & = 0 \\ m_2' + (2-\lambda_2)n_2' = 0 \end{cases} \Rightarrow \begin{cases} 2\ell_2' - m_1' = 0 \\ -\ell_2' - m_2' + n_2' = 0. \\ m_2' + 2n_2' = 0 \end{cases}$$

Tam otrzymujemy $\ell_2' = \frac{1}{2}\alpha,\ m_2' = \alpha,\ n_2' = -\frac{1}{2}\alpha$, gdzie α jest jakikolwiek numer. Następnie $\vec{U}_2' = \left(\frac{1}{2}\alpha, \alpha, -\frac{1}{2}\alpha\right)$, i $\vec{U}_2 = \frac{1}{2}\alpha\vec{i} + \alpha\vec{j} - \frac{1}{2}\alpha\vec{k}$. Po normalizacji wektora $\vec{U}_2$, znajdujemy wektor jednostkowy $\vec{j}_1$ dla kierunku ustawionego przez wektor $\vec{U}_2$:

$$\vec{j}_1 = \frac{\vec{U}_2}{|\vec{U}_2|} = \frac{1}{\sqrt{6}}\vec{i} + \sqrt{\frac{2}{3}}\vec{j} - \frac{1}{\sqrt{6}}\vec{k},$$

gdzie $|\vec{U}_2| = \alpha\sqrt{\frac{3}{2}}$.

3. $\lambda = \lambda_3 = 3$ to mamy system dla elementów $\ell_3',\ m_3',\ n_3'$ wektorowych $\vec{U}_3'$

$$\begin{cases} -\ell_3' - m_3' = 0 \\ -\ell_3' - 2m_3' + n_3' = 0 \\ m_3' - n_3' = 0 \end{cases}$$

Tam otrzymujemy $\ell_3' = -\alpha,\ m_3' = \alpha,\ n_3' = \alpha$, gdzie α jest jakikolwiek numer i w rezultacie , i $\vec{U}_3' = (-\alpha, \alpha, \alpha)\,\vec{U}_3 = -\alpha\vec{i} + \alpha\vec{j} + \alpha\vec{k}$. Po normalizacji wektora $\vec{U}_3$ znajdujemy wektor jednostkowy $\vec{k}_1$ dla kierunku ustawionego przez wektor $\vec{U}_3$:

$$\vec{k}_1 = \frac{\vec{U}_3}{\left|\vec{U}_3\right|} = \ell_3\vec{i} + m_3\vec{j} + n_3\vec{k} = -\frac{1}{\sqrt{3}}\vec{i} + \frac{1}{\sqrt{3}}\vec{j} + \frac{1}{\sqrt{3}}\vec{k},$$

gdzie $\left|\vec{U}_3\right| = \alpha\sqrt{3}$.

Teraz przechodzimy do ortonormalnej podstawy $\vec{i}_1, \vec{j}_1, \vec{k}_1$, składającej się z charakterystycznych wektorów macierzy A, i łączymy ją z nowym kartezjańskim układem współrzędnych x', y', z'. W przypadku takiej zmiany, matryca przekształcenia ma postać

$$T = \begin{pmatrix} \ell_1 & \ell_2 & \ell_3 \\ m_1 & m_2 & m_3 \\ n_1 & n_2 & n_3 \end{pmatrix} = \begin{pmatrix} \frac{1}{\sqrt{2}} & \frac{1}{\sqrt{6}} & -\frac{1}{\sqrt{3}} \\ 0 & \sqrt{\frac{2}{3}} & \frac{1}{\sqrt{3}} \\ \frac{1}{\sqrt{2}} & -\frac{1}{\sqrt{6}} & \frac{1}{\sqrt{3}} \end{pmatrix},$$

a współrzędne są zmieniane zgodnie z formułą

$$\begin{cases} x = \frac{1}{\sqrt{2}}x' + \frac{1}{\sqrt{6}}y' - \frac{1}{\sqrt{3}}z' \\ y = \sqrt{\frac{2}{3}}y' + \frac{1}{\sqrt{3}}z' \\ z = \frac{1}{\sqrt{2}}x' - \frac{1}{\sqrt{6}}y' + \frac{1}{\sqrt{3}}z' \end{cases} \qquad (5.52)$$

Stosując daną transformację współrzędnych do postaci kwadratowej (5.51), redukujemy ją do postaci kanonicznej $\omega(\vec{r}) = 2x'^2 + 3z'^2$, gdzie $\vec{r} = (x', y', z')$.

Teraz dowiadujemy się, jaka jest formuła liniowa

$$\varphi(\vec{r}) = 4x - 2y \text{ где } \vec{r} = (x, y, z),$$

ma, jeśli współrzędne są przekształcane za pomocą wzorów (5.52). Nabywamy

$$\varphi(\vec{r}) = 4\left(\frac{1}{2}x' + \frac{1}{\sqrt{6}}y' - \frac{1}{\sqrt{3}}z'\right) - 2\left(\sqrt{\frac{2}{3}}y' + \frac{1}{\sqrt{3}}z'\right) = 2\sqrt{2}x' - 2\sqrt{3}z'.$$

Jeśli więc przetransformujemy układ współrzędnych według x, y, z wzorów (5.52), to powierzchnia drugiego rzędu jest ustawiona za pomocą równania

$$2x'^2 + 3z'^2 + 2\sqrt{2}x' - 2\sqrt{3}z' = 0. \qquad (5.53)$$

stosunkowo nowy kartezjański układ współrzędnych.

Równanie (5.53) redukujemy do postaci kanonicznej poprzez translację układu współrzędnych według wzorów

$$\begin{cases} x' = x_1 - \dfrac{\sqrt{2}}{2} = x_1 - \dfrac{1}{\sqrt{2}} \\ z' = z_1 + \dfrac{\sqrt{3}}{3} = z_1 + \dfrac{1}{\sqrt{3}}, \end{cases}$$

na podstawie którego równanie powierzchni przybiera formę

$$2\left(x_1 - \frac{1}{\sqrt{2}}\right)^2 + 3\left(z_1 + \frac{1}{\sqrt{3}}\right)^2 + 2\sqrt{2}\left(x_1 - \frac{1}{\sqrt{2}}\right) - 2\sqrt{3}\left(z_1 + \frac{1}{\sqrt{3}}\right) = 2x_1^2 + 3z_1^2 - 2 = 0$$

lub

$$\frac{x_1^2}{1} + \frac{z_1^2}{\left(\sqrt{\frac{2}{3}}\right)^2} = 1.$$

względnie układ współrzędnych x_1, y_1, z_1.

Równanie to wyraża cylinder eliptyczny, którego elipsa prowadząca znajduje się w płaszczyźnie współrzędnych x_1, O_1, z_1, a generatory są równoległe do osi. O_1y_1.

Uwaga. Zarys ogólnego równania redukcji powierzchni drugiego rzędu do formy kanonicznej, który rozważaliśmy w tym paragrafie, może być stosowany przy redukcji ogólnego równania krzywej drugiego rzędu do formy kanonicznej.

EKSPERCJE

1. Tworzy równanie linii, która przechodzi przez punkt M(-2,5) równolegle i prostopadle do linii prostej $2x+5y+1=0$.

2. Zapisać równania boków trójkąta z wierzchołkami P(-4,3), $Q(2,5)$, $R(6,-2)$.

3. Znajdź odległość pomiędzy równoległymi liniami:
$5x-12y-26=0$; $5x-12y-65=0$.

4. Tworzy równanie linii, która przechodzi przez punkt M (1,2) i tworzy (podobnie jak linia wyznaczona przez równanie $3x-5y+3=0$,) taki kąt ostry, φże $tg\varphi=\frac{1}{2}$.

5. Znajdź odległość pomiędzy punktem M (2,-1) a linią $3x+4y-1=0$.

6. Stworzyć równanie płaszczyzny, która przechodzi przez punkt точку (-1,2,3) i linię $\frac{x-1}{3}=\frac{y+2}{1}=\frac{z+1}{2}$.

7. Stworzyć równanie płaszczyzny, która przechodzi przez trzy punkty M1(1,2,3), M2(3,-2,1), M3(1,1,1).

8. Znajdź punkt, który jest symetryczny do punktu (2,7,1) względnie płaski

$$x-4y+z+7=0.$$

9. Stwórz kanoniczne równanie elipsy, pod warunkiem, że jej główna półosiowa część jest równa 10, a mimośrodowość równa 0,8.

10. Hiperbola $\frac{x^2}{9}-\frac{y^2}{1}=1$.jest ustawiona. Znajdź współrzędne ognisk i wierzchołków, mimośrodowość i równania asymptot.

11. Parabola, której wierzchołek znajduje się w miejscu pochodzenia, przechodzi przez punkt A(-1,2) i jest stosunkowo symetryczną osią OU. Napisz jego równanie, znajdź ostrość i directrix.

12. Parabola, której wierzchołek znajduje się w miejscu pochodzenia, przechodzi przez punkt A(-2,-3) i jest stosunkowo symetryczną osią Ox. Napisz jego równanie, znajdź ostrość i directrix.

13. Zredukować ogólne równanie krzywej do formy kanonicznej:
a) $x^2-4xy+4y^2+2x-4y-3=0$;

b) $3x^2 + 2xy + 3y^2 + 8x + 8y + 4 = 0$;

c) $3x^2 - 10xy + 3y^2 - 16x + 16y + 24 = 0$;

d) $6xy + 8y^2 - 12x - 26y + 11 = 0$;

e) $x^2 + 4x - y + 5 = 0$.

14. Zredukować ogólne równanie powierzchni do formy kanonicznej:

a) $x^2 + 5y^2 + z^2 + 2xy + 6xz + 2yz - 2x + 6y + 2z = 0$;

b) $y^2 + 2xy + 4xz + 2yz - 4x - 2y = 0$;

c) $5x^2 - y^2 + z^2 + 4xy + 6xz + 2x + 4y + 6z - 8 = 0$;

d) $x^2 + y^2 + 4z^2 + 2xy + 4xz + 4yz - 6z + 1 = 0$;

e) $4x^2 + y^2 - z^2 - 24x - 4y + 2z + 35 = 0$;

f) $x^2 + 2y^2 + 2z^2 - 2xy - 2xz + 2x + y + z = 0$;

g) $xy + 2xz - 1 = 0$;

h) $7x^2 + 6y^2 + 5z^2 - 4xy - 4yz - 6x - 24y + 18z + 30 = 0$.

Printed by Books on Demand GmbH, Norderstedt / Germany